MATERIALIEN FÜR DIE SEKUNDARSTUFE II

BIOLOGIE

Evolution

von

Peter Hoff

und

Wolfgang Miram

Schroedel Schulbuchverlag

MATERIALIEN FÜR DIE SEKUNDARSTUFE II

BIOLOGIE

Evolution
Herausgegeben und bearbeitet von
Peter Hoff, Hamburg,
Wolfgang Miram, Wedel
unter Mitarbeit der Verlagsredaktion

Titelfoto: Radiolarien,
Rasterelektronenmikroskopische Aufnahme
M. Kage, Schloß Weißenstein

ISBN 3-507-**10505**-5

© 1979 Schroedel Schulbuchverlag GmbH, Hannover

Alle Rechte vorbehalten

Die Vervielfältigung und Übertragung auch einzelner Textabschnitte, Bilder oder Zeichnungen ist — mit Ausnahme der Vervielfältigung zum persönlichen und eigenen Gebrauch gemäß §§ 53, 54 URG — ohne schriftliche Zustimmung des Verlages nicht zulässig. Das gilt sowohl für die Vervielfältigung durch Fotokopie oder irgendein anderes Verfahren als auch für die Übertragung auf Filme, Bänder, Platten, Arbeitstransparente oder andere Medien.

Druck A^{9876} / Jahr 1986 85 84 83

Alle Drucke der Serie A sind im Unterricht parallel verwendbar. Die letzte Zahl bezeichnet das Jahr dieses Druckes.

Zeichnungen: Annette Wenzel und Jan Schütz, Hamburg
Umschlagentwurf: Gerhilde Glebocki, Hannover
Herstellung: Universitätsdruckerei H. Stürtz AG, Würzburg

Inhaltsverzeichnis

1.	**Entwicklung des Evolutionsgedankens**	**7**
1.1.	Altertum und Mittelalter	7
1.2.	Neuzeit	8
2.	**Beweise für die Evolutionstheorie**	**12**
2.1.	Anatomie und Morphologie	13
2.1.1.	Homologe Organsysteme	13
2.1.2.	Analoge Organsysteme — Konvergenzen	16
2.1.3.	Rudimentäre Organe und Atavismen	19
2.2.	Ontogenie	21
2.2.1	Embryologie	21
2.2.2.	Larvenstadien	24
2.2.3.	Die biogenetische Grundregel	26
2.3.	Paläontologie	27
2.3.1.	Datierungsmethoden	27
2.3.2.	Die Fossilisation	29
2.3.3.	Rekonstruktion	31
2.3.4.	Besondere Typen von Fossilien	31
2.3.5.	Das Problem des Aussterbens	31
2.3.6.	Fossilien von besonderer Bedeutung	32
2.4.	Tier- und Pflanzengeographie	36
2.4.1.	Die Hauptökosysteme der Welt	36
2.4.2.	Isolierte Gebiete	38
2.4.3.	Verbreitungsgeographische Bedeutung der Chromosomenzahl	39
2.5.	Cytologie	41
2.5.1.	Allen Lebewesen gemeinsame Strukturen	41
2.5.2.	Unterschiedliche Strukturen	42
2.5.3.	Cytologische Entwicklungsreihen	43
2.6.	Biochemie	44
2.6.1.	Lipide	45
2.6.2.	Kohlenhydrate	45
2.6.3.	Nukleotide und ihre Abkömmlinge	46
2.6.4.	Proteine	47
2.6.5.	Aminosäuresequenzanalyse	48
2.6.6.	Immunreaktionen	50
2.6.7.	Kohlenhydratsynthese	51
2.6.8.	Kohlenhydratabbau	52
2.7.	Parasitologie	53
2.7.1.	Entstehung der parasitischen Lebensweise	53
2.7.2.	Evolution von Parasit und Wirt	54
2.8.	Züchtung	55
2.9.	Ethologie	57
2.9.1.	Homologie von Verhaltensweisen	57
2.9.2.	Funktionswechsel von Verhaltensweisen	60
3.	**Mechanismen und Gesetzmäßigkeiten der Evolution**	**62**
3.1.	Die Theorien der Evolution	62
3.2.	Mutation und Selektion	64
3.2.1.	Mutation	64
3.2.2.	Selektion	67
3.2.3.	Evolutionsmodelle	71
3.3.	Domestikation	73
3.4.	Isolation	75
3.4.1.	Geographische Isolation	75
3.4.2.	Ökologische Isolation	76
3.4.3.	Jahreszeitliche Isolation	77
3.4.4.	Ethologische Isolation	77
3.4.5.	Anatomische und physiologische Isolation	78
3.4.6.	Genetische Isolation	78
3.5.	Populationsgenetik	79
3.5.1.	HARDY-WEINBERG-Gleichgewicht	79
3.5.1.	Anwendung des HARDY-WEINBERG-Gesetzes	81
4.	**Chemische Evolution**	**82**
4.1.	Die Entwicklung der Atmosphäre	82
4.2.	Erste organische Verbindungen	83
4.3.	Makromoleküle und Reaktionsketten	84
4.4.	Vorläufer der Zelle	85
4.5.	Physiologische Grundprozesse	86
4.6.	Entstehung der Zellorganellen	87
4.7.	Das Problem der „Entstehung des Lebens"	88
5.	**Wege der Stammesentwicklung**	**90**
5.1.	Probleme bei der Rekonstruktion der Stammesentwicklung	90
5.2.	Die Zeittafel der Evolution	92
5.3.	Die Entwicklung des Pflanzenreichs	94
5.4.	Die Entwicklung des Tierreichs	96
6.	**Evolution des Menschen**	**100**
6.1.	Die Problematik der Abstammung des Menschen	100
6.2.	Die Stellung des Menschen im System der Lebewesen	101

6.2.1.	Anatomische Vergleiche	102	6.6.1. Die Entwicklung des Gehirns	120
6.2.2.	Cytologischer und serologischer Vergleich	106	6.6.2. Die Entstehung der Sprache	121
6.2.3.	Vergleich der Verhaltensweisen	108	6.6.3. Die kulturelle Evolution	122
6.3.	Paläontologische Befunde	110	6.7. Die Zukunft des Menschen	123
6.4.	Die Entwicklung zum Menschen	112	**7.** **Literaturverzeichnis**	125
6.5.	Die Rassen des Menschen	118		
6.6.	Die Sonderstellung des Menschen	120	**8.** **Register**	126

Bildquellenverzeichnis

BERKALOFF, A. u.a., Biologie und Physiologie der Zelle, Vieweg, Braunschweig (1973): 41.1., 41.2., 41.3., 41.4.; BESSIS, M., Paris (Frankreich): 81.1. u.; COLEMAN, London: 116.2.; DEUTSCHES MUSEUM, München: 117.2.; FONATSCH, C., Medizinische Hochschule Hannover: 106.2.; HAECKEL, Antropogenie (1874): 11.1.; HORNET (1871): 100.1.; KAGE, M., Schloß Weißenstein: 29.2.; KLINGER, H.P. und KLINGER, H.P., MUTTON, D.E., LANG, E.M., Cytogenetics, Karger, Basel (1963): 107.1.; MALZ, H., Frankfurt: 29.1.; MAURITIUS, Mittenwald: 55.1.o., 55.1.m.; PHOTO-CENTER, Braunschweig: 55.1.u.; RECHENBERG I., Berlin: 71.1., 71.2.; RHEINISCHES LANDESMUSEUM, Bonn: 110.2.; SCHEUCHZER, J., Physica Sacra (1731): 110.1.; SENCKENBERG-NATURMUSEUM, Frankfurt: 34.1., 111.2.; TEMBROCK, G., Tierstimmen (Bremheft 250) Ziemsen Verlag, Wittenberg (1959): 58.2.; V-DIA, Heidelberg: 109.1.; WISSENSCHAFTLICHE VERLAGSGESELLSCHAFT, Stuttgart: 88.1.; ZEISS, C., Oberkochen: 65.1.0.

Vorwort

Die Evolutionstheorie ist die Klammer, die alle biologischen Wissensgebiete zu einem organischen Ganzen verbindet. Alle Teilwissenschaften der Biologie tragen mit ihren Erkenntnissen dazu bei, die Gedanken der Abstammungslehre zu stützen, andererseits erhalten sie durch den übergeordneten Aspekt einer zusammenfassenden Theorie ihre besondere Bedeutung.

Das Ziel der Abstammungslehre ist es, die uns umgebende Natur in ihrem geschichtlichen Zusammenhang zu sehen und sie aus ihrem Gewordensein heraus zu verstehen. Die Beschäftigung mit dieser Lehre soll zu einem „Weltbild" führen, das die Natur als Ganzes, ein in seinen Teilen vielfältig Verknüpftes und Zusammenhängendes versteht. Nicht zuletzt nimmt der **Mensch** in diesem Bild einen nicht zu übersehenden Platz ein, da er seit seiner Entstehung in zunehmendem Maße auf den Lauf der Entwicklung Einfluß nimmt. Die Folgen dieser Eingriffe in die Natur werden in unserer Zeit allenthalben schmerzlich bewußt. Doch auch das Verständnis seiner selbst ist für den Menschen ohne das Bewußtsein seiner biologischen Herkunft kaum zu erlangen. Die gegenwärtig anhaltenden Diskussionen über die Ursachen und Wirkungsmechanismen menschlichen Verhaltens und die Wandlungen der gesellschaftlichen Strukturen zeugen davon, daß noch viel Unklarheit über diese Zusammenhänge herrscht.

Der vorliegende Band soll einen Beitrag zur Lösung dieser Aufgabe leisten. Dabei werden die Wissensgebiete, die die Grundlage für die Evolutionstheorie bilden, nochmals andeutungsweise angesprochen. Der Umfang des Stoffes zwingt dazu, daß dies nur in Auszügen und anhand exemplarischer Beispiele erfolgen kann.

Der Band „Evolution" ist für einen Leistungskurs konzipiert. Die begleitenden **Aufgaben** und **Referatthemen** geben Gelegenheit, durch eigene Überlegungen und die Beschäftigung mit einschlägiger Fachliteratur das erworbene Wissen zu vertiefen und zu festigen. Insofern ist der Band wie die anderen Veröffentlichungen der Reihe als **Lehr- und Arbeitsbuch** anzusehen.

Für die Anwendung im Grundkursbereich werden naturgemäß Kürzungen und Auslassungen vorgenommen werden müssen, die meist im Bereich der Aufgaben und Referate liegen werden, wobei der Kursleiter die Schwerpunkte entsprechend den Interessen der Schüler zu setzen wissen wird. Herrn Diplombiologen BERND BIERMANN, der das Entstehen des Bandes als Redakteur tatkräftig unterstützte, sowie Herrn JAN SCHÜTZ und Frau ANNETTE WENZEL, die die Zeichnungen anfertigten, danken die Verfasser für die harmonische Zusammenarbeit. Für Anregungen und Verbesserungsvorschläge aus dem Kreis der Fachkollegen und Schüler, die mit dem Buch arbeiten, sind wir stets dankbar.

Die Verfasser
Wedel/Hamburg, im Januar 1979

Die Reihe **Materialien für die Sekundarstufe II, Biologie** enthält folgende Kurshefte:

Autor	Titel	Best.-Nr.
K. H. Scharf/W. Weber	**Cytologie**	10500
L. Hafner/P. Hoff	**Genetik**	10501
K. H. Scharf/W. Weber	**Stoffwechselphysiologie**	10502
W. Miram	**Informationsverarbeitung** Reiz-, Sinnes-, Neurophysiologie · Kybernetik	10503
L. Hafner/E. Philipp	**Ökologie**	10504
P. Hoff/W. Miram	**Evolution**	10505
G. Hornung/W. Miram	**Verhalten**	10506
K. H. Scharf/W. Weber	**Fortpflanzung und Entwicklung**	10507

1. Entwicklung des Evolutionsgedankens

1.1. Altertum und Mittelalter

Die Erde ist heute mit etwa 1,2 Millionen Tierarten und über 400 000 Pflanzenarten besiedelt. Dazu kommen jedes Jahr einige Hundert neuentdeckte Formen, denn die Erde ist trotz weitestgehender Kartierung noch nicht völlig durchforscht. Dieser Vielfalt von Lebewesen galt das Interesse der Menschheit seit dem Beginn der Geschichte.

Der Mensch muß sich nämlich nicht nur in seiner räumlichen Umgebung zurechtfinden, das tun auch die Tiere, er ist sich vielmehr seiner selbst bewußt und bedarf deshalb zusätzlich der Kenntnis seiner Stellung in der Natur. Er fragt nach dem Woher und Warum. Er hat eine Vorstellung von der Welt, in der er lebt, über das direkt Sichtbare hinaus. Er hat ein **Weltbild**.

Das Weltbild der frühen Menschheit ist bestimmt durch Geister, Dämonen und Götter, die in vielfältiger Weise in das Leben eingreifen, und die es zu besänftigen und möglicherweise zu beeinflussen gilt. Steinzeitliche Funde weisen darauf hin, daß übernatürliche Vorstellungen in kultischen Ritualen ihren Niederschlag fanden. Wir bezeichnen die frühen Ausdeutungen der Welt als **Mythen** (Sing. Mythos). Einige davon sind uns teils schriftlich, teils als Sagen überliefert. In zahlreichen Mythen entsteht die Welt als Schöpfungswerk einer oder mehrerer Gottheiten, zum Teil wird die Erschaffung von Pflanzen, Tieren und Menschen gesondert erwähnt. Für unseren Kulturkreis ist die Schöpfungsgeschichte der jüdischen Religion von besonderer Bedeutung. Sie ist im Alten Testament in den ersten Abschnitten aufgezeichnet. Sie enthält einen wesentlichen Gedanken, der die Vorstellungen bis in die Neuzeit hinein prägte: Alle Arten sind Produkte dieses Schöpfungsaktes, jedes Lebewesen, das wir heute kennen, hat Vorfahren, die in gleicher Gestalt seit Anbeginn der Welt vorhanden sind. „… Und Gott schuf große Walfische und allerlei Getier, das da lebt und webt, davon das Wasser sich erregte, ein jegliches nach seiner Art, und allerlei gefiedertes Gevögel, ein jegliches nach seiner Art. Und Gott sah, daß es gut war." Neunmal taucht in dem Text der Passus auf: „… ein jegliches nach seiner Art". Bei solch starker Betonung ist es nicht verwunderlich, daß diese Gedanken für die Vorstellungen der davon beeinflußten Kulturkreise bestimmend wurden. Wir nennen sie heute die **Lehre von der Konstanz der Arten**. Der schwedische Botaniker LINNÉ formulierte noch 1737: „Es gibt so viele Arten, wie das unendliche Sein von Anfang an verschiedene Formen hervorgebracht hat."

Die Schöpfungsgeschichte der Juden — vorher mündlich überliefert — wurde etwa im 5. Jahrhundert vor Christus aufgeschrieben. Nur wenig früher formuliert in der grie-

7.1. Darstellung der Schöpfungsgeschichte, lateinische Bibelausgabe von 1554.
Die Illustrationen alter Bibelausgaben zeichnen die im Text erwähnten Tatsachen entsprechend den Vorstellungen der Zeit nach. Insofern sind sie ein Abbild des naturwissenschaftlichen Denkgebäudes jener Epochen. Moderne Ausgaben verzichten auf Illustrationen, um zum Ausdruck zu bringen, daß die Vorstellungen der Schöpfungsgeschichte heute nicht mehr als naturwissenschaftliche Aussagen zu werten sind.

R Informieren Sie sich in Nachschlagewerken, Handbüchern und Lexika über die Kosmogonien des Altertums und sprechen Sie darüber.
Welche Vorstellungen über die Entstehung der Welt und der Lebewesen finden wir in den folgenden Kulturkreisen:
Ägypten,
Babylonien,
China,
die germanischen Stämme,
Griechenland,
Indien,
die Indianer Nord- und Südamerikas?

"Wir können wohl annehmen, all diese Dinge hätten sich rein zufällig gebildet, genauso wie sie es getan hätten, wenn sie zu irgendeinem Zweck gezeugt worden wären: Gewisse Dinge wären erhalten geblieben, weil sie spontan eine geeignete Struktur erworben hätten, während jene, die nicht derart gebildet waren, untergingen und noch immer untergehen ... aber das hieße, dem Zufall zu viel Platz einräumen."

8.1. ARISTOTELES

"Mehrere Arten demnach der Lebenden mußten schon damals
Nicht zur Vermehrung geschickt, sich ganz von der Erde verlieren.
Denn die wir jetzt noch sehn der belebenden Lüfte genießen,
Diese schützt' und erhielt seit erster Entstehung derselben
List und Stärke zum Teil, zum Teil das Vermögen zu fliehen."

8.2. TITUS LUCRETIUS CARUS (LUKREZ), 95–53 v. Chr., Rom

"... ob man nicht in gewisser Weise annehmen könnte, Gott habe nur ein einziges Tier geschaffen, das sich in eine unendliche Anzahl von Sorten und Arten aufgegliedert hat."

8.3. JAN SWAMMERDAM, 1637–1680, Holland

"Die Varietäten, die neue Tier- oder Pflanzenarten charakterisieren können, neigen zum Erlöschen: Es sind Seitensprünge der Natur, in denen sie nur aus Kunstfertigkeit oder aus Gesetzmäßigkeit weiterfährt." — "Die einzigen erhalten gebliebenen Individuen sind diejenigen, bei denen sich die Ordnung der Angemessenheit fand, die Arten, die wir heute sehen, sind der allerkleinste Teil dessen, was ein blindes Geschick einst geschaffen hat."

8.4. PIERRE MOREAU DE MAUPERTUIS, 1698–1759, Frankreich

R Informieren Sie sich über die geistigen Grundlagen des ausgehenden Mittelalters und der beginnenden Neuzeit.
Welche Entdeckungen und Erfindungen werden gemacht?
Welche Bedeutung haben Namen wie Giordano Bruno, Galilei, Kepler, Kopernikus, Leonardo da Vinci?
Suchen Sie nach weiteren bedeutenden Namen aus der Geschichte der Naturwissenschaften.

chischen Stadt Milet der Naturphilosoph ANAXIMANDER (611–564 v. Chr., ein Schüler des THALES von Milet): "Die Tiere sind aus dem Feuchten, das unter der Einwirkung der Sonne verdunstet, hervorgegangen, ... Die Ahnen des Menschen sind aus Fischen entstanden und vom Meer auf das Land gestiegen." ARISTOTELES (384–322 v. Chr.) ahnt die Ursache dieser Entwicklung, in seinem Text taucht die Vermutung auf, daß ein Ausleseprozeß die Spezialisierung der Arten bewirke. Er läßt diesen Gedanken jedoch wieder fallen zugunsten des Prinzips der **Entelechie**, wonach die Entwicklung zielgerichtet ist. Den Lebewesen ist ein inneres Formprinzip, eine Seele eigen, die auf die Ausbildung ihrer Eigenarten Einfluß nimmt. — Nichtsdestoweniger bleibt der Gedanke der Auslese in der Antike lebendig. 300 Jahre nach ARISTOTELES schreibt der römische Dichter LUKREZ Verse, die sich weitgehend mit unseren Vorstellungen decken.

Mit dem Niedergang des Römischen Reiches endet die Antike (ca. 5. Jahrhundert n.Chr.). Die Kultur des Mittelalters ist bestimmt durch die Verbreitung des Christentums und seiner Lehren. Damit wird die Schöpfungsgeschichte der Bibel zum Dogma, die Lehre von der Konstanz der Arten ist allgemeingültig.

1.2. Neuzeit

Erst in der Neuzeit (ab 16. Jahrh.) kommen die erstarrten Vorstellungen über die Welt wieder in Fluß. Expeditionen und Weltumsegelungen erweitern das Bild von der Erde, die Wiederentdeckung der Antike (Renaissance) bringt Diskussionen in Gang und gibt neue Denkanstöße. Mit exakten Beobachtungs- und Meßmethoden beginnen sich die Naturwissenschaften zu entwickeln, physikalische und astronomische Forschungsergebnisse setzen sich im Weltbild der Zeit durch. Nur die Betrachtung der Lebewesen und ihrer Entstehung kommt langsam voran. Ihre ausdrückliche Erwähnung in der Schöpfungsgeschichte bestimmt weiterhin die Gedanken. Nur vereinzelt taucht die Idee einer Entwicklung auf, vorsichtig formuliert, als Möglichkeit angedeutet, ohne Zusammenfassung zu einer geschlossenen Theorie (z.B. SWAMMERDAM).

Erst die **Aufklärung** (im 18. Jahrh.) sorgt für mutigere Äußerungen. Vergleichende Anatomie, die systematische Bestandsaufnahme der Tier- und Pflanzenwelt, geologische Untersuchungen von Ablagerungsgesteinen nähren den Gedanken, daß die Lehre von der Konstanz der Arten nicht unbedingt aufrechtzuerhalten sei. Zu deutlich zeigen sich Schwankungsbreiten in den Eigenschaften der Einzelindividuen, die eine genaue systematische Einordnung manchmal schwer werden lassen. Als Ursachen für die Artenvielfalt werden — wiederum nur als Vermutung — Erbänderungen und natürliche Auslese angesehen.

Ende des 18. Jahrhunderts entwickelt in England ERASMUS DARWIN, der Großvater von CHARLES DARWIN, ein Denkgebäude, das wesentliche Bestandteile unserer heutigen Vorstellungen enthält. Wettstreit und Auslese, der Kampf der Männchen um die Weibchen, Überbevölkerung, Fruchtbarkeit und Krankheiten spielen darin eine wesentliche Rolle für die Artbildung. Darüber hinaus erfindet er aber auch zahlreiche skurrile Dinge (z.B. ein Gerät zum Transport warmer Luft vom Süden in den Norden), die niemand recht ernst nimmt, so daß auch seine biologischen Ideen kein breites Echo finden. Sein Enkel nimmt sie jedoch zur Kenntnis und setzt sich später damit auseinander.

1809 veröffentlicht in Frankreich LAMARCK sein Hauptwerk „Philosophie Zoologique". Es enthält die zusammenfassende Darstellung einer Abstammungstheorie, die sowohl eine Stufenleiter der Organismen von primitiven zu hochentwickelten Wesen, wie auch die Ursachen für eine solche Entwicklung beschreibt. Ausschlaggebend sind für LAMARCK Gebrauch und Nichtgebrauch von Organen, die dadurch besonders stark ausgebildet werden oder verkümmern — eine Vorstellung, die uns von den Muskelpaketen der Leistungssportler geläufig ist — sowie die Tatsache, daß die so erworbenen Eigenschaften auf die Nachkommen vererbt werden. Diese Vorstellung wird das gesamte 19. Jahrhundert wesentlich bestimmen. Der Entwicklungsgedanke wird zur gleichen Zeit von GEOFFROY ST. HILAIRE unterstützt, der die Artenvielfalt als Abwandlungen eines ursprünglichen Grundtyps auffaßt.

LAMARCKs Ideen bleiben aber nicht unbestritten. Ein entschiedener Gegner der Abstammungslehre ist der Franzose CUVIER, dessen Einfluß auf Grund seiner politischen Stellung — er war zeitweise Generalinspekteur des Unterrichtswesens — besonders groß ist. CUVIER ist Anatom und Paläontologe. Er hält an der Lehre von der Konstanz der Arten fest und erklärt die Versteinerungen als Reste von Naturkatastrophen, die einzelne Teile der Welt heimsuchten und die dort lebenden Arten ausrotteten (**Katastrophentheorie,** 1828). Seine Schüler sprechen sogar von Neuschöpfungen nach jeder Katastrophe.

Etwa gleichzeitig entwickelt CHARLES DARWIN seine Version der Abstammungslehre. Es sind im wesentlichen zwei Faktoren, die ihn in seinen Gedanken bestimmen: das bisher gesammelte Wissen der zu dieser Zeit allgemein aufstrebenden Naturwissenschaften und seine eigenen Beobachtungen.

DARWIN liest die Fachliteratur seiner Zeit, die systematischen und verbreitungsgeographischen Arbeiten der zeitgenössischen Biologen sind ihm bekannt. Eine große Rolle spielen zwei nichtbiologische Veröffentlichungen: CHARLES LYELLs Werk „The Principles of Geology" weist ihn darauf hin, daß zur Entstehung der mächtigen Schich-

„... Die erste Wahrheit, die sich aus diesem ernsthaften Studium der Natur ergibt, ist für den Menschen vielleicht eine demütigende Wahrheit; er muß sich selbst unter die Tiere einordnen, denen er in allem Körperlichen ähnelt, und selbst ihr Instinkt wird ihm vielleicht sicherer als sein Verstand und ihre Bauten könnten ihm bewundernswerter als seine Kunst erscheinen."

„Die Vierhänder füllen den großen Zwischenraum zwischen den Menschen und den Vierfüßern. Würde man nur das Gesicht betrachten, so könnte man dieses Tier (den Orang-Utan) als den ersten der Affen oder den letzten der Menschen ansehen, denn abgesehen von der Seele fehlt ihm nichts von all dem, was wir auch haben, und auch in seinem Körper unterscheidet er sich weniger vom Menschen als von anderen Tieren, die auch als Affen bezeichnet werden."

9.1. GEORGES LOUIS BUFFON, 1707—1788

„Wer Charles Lyells großes Werk ‚The Principles of Geology' (von dem künftige Geschichtsschreiber sagen werden, es habe eine Revolution der Naturwissenschaft bedeutet) liest und nicht ohne weiteres zugibt, daß die verflossenen Zeitläufte ungeheuer lang waren, der mag das Werk nur getrost wieder zuschlagen. Damit soll nicht gesagt sein, daß es genüge, die ‚Principles of Geology' oder die Abhandlungen anderer Forscher über einzelne Formationen zu lesen und dabei zu beachten, wie der Autor bald so, bald anders eine Vorstellung von der Entstehung der Formationen oder der einzelnen Schichten zu geben versucht. Viel eher gewinnen wir eine Vorstellung von vergangenen Zeiträumen, wenn wir die tätigen Kräfte erkennen lernen, d.h. erfahren, wieviel Land angetragen (denudiert) wurde und wie viele Ablagerungen (Sedimente) zustande kamen. Wie Lyell sehr richtig sagt, ist die Ausdehnung und Mächtigkeit unserer Sedimentformationen der Maßstab für die Denudation, der die Erdrinde anderswo unterlag. Wer also einigermaßen die Zeitdauer vergangener Epochen erfassen will, deren Erinnerungszeichen wir rings um uns sehen, der muß die ungeheuren Massen der übereinandergelagerten Schichten prüfen, die Bäche beobachten, die Schlamm mit sich führen, und die Wellen, die Uferfelsen zernagen."

9.2. CHARLES ROBERT DARWIN

| R | Informieren Sie sich über die Biographie CHARLES DARWINs und sprechen Sie darüber.

„... Es ist merkwürdig, wie weitgehend mein Großvater, Dr. Erasmus Darwin, die Ansichten Lamarck's und deren irrige Begründung in seiner 1794 erschienenen Zoonomia (1. Bd. S. 500—510) anticipirte. Nach Isid. Geoffroy Saint-Hilaire war ohne Zweifel auch Goethe einer der eifrigsten Parteigänger für solche Ansichten, wie aus seiner Einleitung zu einem 1794—1795 geschriebenen, aber erst viel später veröffentlichten Werke hervorgeht. Er hat sich nämlich ganz bestimmt dahin ausgesprochen, dasz für den Naturforscher in Zukunft die Frage beispielsweise nicht mehr die sei, wozu das Rind seine Hörner habe, sondern wie es zu seinen Hörnern gekommen sei (K. Meding über Goethe als Naturforscher S. 34) – Es ist ein merkwürdiges Beispiel der Art und Weise, wie ähnliche Ansichten ziemlich zu gleicher Zeit auftauchen, dasz Goethe in Deutschland, Dr. Darwin in England und (wie wir sofort sehen werden) Et. Geoffroy St.-Hilaire in Frankreich fast gleichzeitig, in den Jahren 1794 bis 1795, zu gleichen Ansichten über den Ursprung der Arten gelangt sind."

10.1. CHARLES DARWIN, Über die Entstehung der Arten durch natürliche Zuchtwahl, Fußnote zu einer historischen Skizze.

„Herders neue Schrift ... macht wahrscheinlich, daß wir erst Pflanzen und Tiere waren, was nun die Natur weiter aus uns stampfen wird, wird uns wohl unbekannt bleiben. Goethe grübelt jetzt gar denkreich in diesen Dingen ..."

10.2. CHARLOTTE V. STEIN, 1742—1827, Weimar

„Es ist mir ein köstliches Vergnügen gewesen, ich habe eine anatomische Entdeckung gemacht, die wichtig und schön ist. Du sollst auch Dein Teil daran haben. Sage aber niemand ein Wort. Herder kündigt es auch ein Brief unter dem Siegel der Verschwiegenheit an. Ich habe eine solche Freude, daß sich mir alle Eingeweide bewegen."

10.3. GOETHE an FRAU VON STEIN

„Ich habe gefunden, weder Gold noch Silber, aber was mir unsägliche Freude macht — das Os intermaxillare am Menschen! Ich verglich Menschen- und Tierschädel, da ist es ... Es ist wie der Schlußstein am Menschen, fehlt nicht, ist auch da ..."

10.4. GOETHE an HERDER

ten von Ablagerungsgesteinen wesentlich größere Zeiträume notwendig sind, als man bisher für die Erdgeschichte angenommen hat. ROBERT MALTHUS' „Essay on the Principle of Population" enthält den Gedanken, daß die Bevölkerungszahl in geometrischer Progression wächst, während die Nahrungsmittelproduktion nur geradlinig zunehmen kann. Was MALTHUS auf die menschliche Gesellschaft anwendet, erweitert DARWIN für alle Lebewesen und formuliert die Idee vom „Kampf ums Dasein".

Die Weltreise mit dem Forschungsschiff Beagle bringt DARWIN reichhaltiges Beobachtungsmaterial. Er trägt in jahrelanger Arbeit eine Fülle von Dokumenten zusammen, wobei die wichtigsten Quellen die *Domestikationsforschung,* die *vergleichende Anatomie,* die *Embryologie,* die *Paläontologie* und *die Tiergeographie* sind.

1859 erscheint DARWINs Werk „The Origin of Species by Means of Natural Selection". Es enthält die endgültigen Beweise für die Widerlegung der Lehre von der Konstanz der Arten und für den Übergang von einer Form zur anderen in kleinen Schritten durch spontane Änderungen der Eigenschaften. Die Ursachen für die Höherentwicklung sieht DARWIN in der Auslese des Leistungsfähigsten durch die Umwelt (natürliche Zuchtwahl) und einer Bevorzugung der stärksten Männchen bei der Vermehrung (sexuelle Zuchtwahl).

Gleichzeitig mit DARWIN entwickelt ALFRED RUSSEL WALLACE in Südamerika und auf den Südseeinseln eine Entwicklungstheorie, die der DARWINs aufs Haar gleicht. DARWIN erfährt davon kurz vor der Veröffentlichung seines Hauptwerks. Es ist WALLACEs Großmut zuzuschreiben, daß er DARWIN das Prioritätsrecht an der Idee überließ. Er schreibt später in einem Brief: „Ich hätte nie die fundierte Gründlichkeit seines Werkes erreichen können, die unglaubliche Fülle seines Beweismaterials, seine überwältigende Argumentation, die Kraft seines Geistes. Ich bin wirklich dankbar, daß es nicht mir überlassen blieb, der Welt diese Theorie zu präsentieren."

Die Gleichzeitigkeit der Ideenentstehung war DARWIN während der Arbeit an der „Entstehung der Arten" schon aufgefallen. In einer Fußnote zu einem historischen Rückblick am Anfang des Werkes weist er — fast mit Verwunderung — darauf hin.

DARWINs Gedanken wurden von anderen weiterentwickelt und zu einem geschlossenen Gedankengebäude vervollkommnet, das heute als die wohl umfassendste und am besten begründete biologische Theorie gilt. Besonders die Entwicklung der **Genetik** brachte die Abstammungslehre deutlich voran. DARWIN selbst hatte nur undeutliche Vorstellungen vom Vererbungsgeschehen. Er sagte: „Die Gesetze, denen die Vererbung unterliegt, sind größtenteils unbekannt. Niemand weiß, warum dieselbe Eigentümlichkeit bei verschiedenen Individuen einer Art oder verschiedener Arten zuweilen erblich ist und zuweilen nicht; warum ein Kind oft diese und jene Merkmale des Großvaters oder der Großmutter oder noch früherer Ahnen aufweist; warum eine Eigentümlichkeit sich oft von einem Geschlecht auf beide vererbt oder nur auf ein Geschlecht, und zwar gewöhnlich, wenn auch nicht immer, auf dasselbe." Erst GREGOR MENDEL schuf 1865 Grundlagen für die Kenntnis der Gesetzmäßigkeiten der Vererbungslehre, die durch CORRENS, TSCHERMAK und DE VRIES um 1900 endgültig etabliert wurde. Die Chromosomentheorie und die Mechanismen der Mutationsbildung lieferten schließlich die Begründung für die empirisch gefundenen Gesetze.

1890 zeigte der Deutsche AUGUST WEISMANN, daß die Keimzellen autonome Einheiten darstellen, die die Erbanlagen unabhängig von den Eigenschaftsänderungen des Körpers weitergeben **(Keimbahntheorie)**. Damit war das — zu seiner Zeit geniale — Konzept LAMARCKs von der Vererbung erworbener Eigenschaften besiegt. — Der Jenaer Biologe ERNST HAECKEL wurde einer der glühendsten Verfechter der Abstammungslehre in Deutschland. Er faßte die bisher bekannten Berührungspunkte zwischen Embryologie und Abstammungslehre zum „Biogenetischen Grundgesetz" zusammen: „Die Ontogenie ist eine verkürzte Wiederholung der Phylogenie." Über seine „Natürliche Schöpfungsgeschichte" (1868) sagt DARWIN: „Wäre dieses Buch erschienen, ehe meine Arbeit niedergeschrieben war, so würde ich sie wahrscheinlich nie zu Ende geführt haben. Fast alle Folgerungen, zu denen ich gekommen bin, finde ich durch diesen Forscher bestätigt, dessen Kenntnisse in vielen Punkten weit reicher sind als die meinen."

So stellt sich die heute gültige Abstammungslehre als Ergebnis der Arbeit zahlreicher Wissenschaftler dar, die — sich gegenseitig beeinflussend und ergänzend — das gesamte Gebäude errichteten.

Nur vereinzelt findet man in der Gegenwart Äußerungen, die diese Theorie abwandeln oder ihr widersprechen. Von theologischer Seite versuchte der französische Jesuit TEILHARD DE CHARDIN — maßgeblich beteiligt an der Bearbeitung fossiler Reste des Frühmenschen — eine Synthese von Abstammungslehre und christlichem Glauben, indem er die Evolution als planvolles Wirken Gottes mit dem Ziel einer Vervollkommnung darstellt.

Als fehlgeschlagenes Unternehmen ist die Absicht des sowjetischen Biologen TROFIM DENISSOWITSCH LYSSENKO zu werten, der in der Regierungszeit STALINs versuchte, den Einfluß der Umwelt auf den Menschen durch botanische Experimente zur Vererbung erworbener Eigenschaften zu untermauern. Der Rückfall in den Lamarckismus scheiterte an der Nichtreproduzierbarkeit der Versuche.

A Wiederholen Sie die grundlegenden Tatsachen der klassischen Genetik (Mendelsche Regeln, Zellteilung, Chromosomen)!

A Geben Sie Antwort auf die Probleme, die DARWIN in dem nebenstehend angeführten Zitat aufwirft! Welche genetischen Fragen werden in dem Text angesprochen, und wie werden sie heute gelöst?

R Beschäftigen Sie sich mit GOETHEs Naturwissenschaftlichen Schriften, und sprechen Sie darüber! Welche Bedeutung hat das zitierte Os intermaxillare für die Entwicklungsgeschichte? Welche Ansichten äußert GOETHE über die Anatomie und Morphologie der Pflanzen?

R Informieren Sie sich über Leben und Werk von ERNST HAECKEL! Wodurch ist er neben seinem Einsatz für die Evolutionstheorie noch besonders hervorgetreten?

R Informieren Sie sich über Leben und Werk von TEILHARD DE CHARDIN! Welche Stellung nimmt die katholische Kirche heute zu seiner Lehre ein?

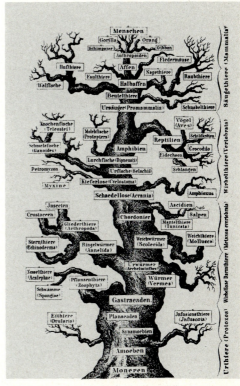

11.1. Stammbaum des Tierreichs von ERNST HAECKEL („Anthropogenie oder Entwicklungsgeschichte des Menschen" 1874)

2. Beweise für die Evolutionstheorie

Vom ersten Evolutionsgedanken zur formulierten Evolutionstheorie ist es ein gewaltiger Schritt. Verdeutlichen wir uns deshalb, auf welchen Wegen man in einer empirischen Wissenschaft (Erfahrungswissenschaft) wie der Biologie zu Theorien gelangt.

Man geht dabei von **Experimenten** aus. In einem *Protokoll* werden die beobachteten Ereignisse festgehalten. Das Registrieren der Ergebnisse, z.B. eines Kreuzungsversuchs mit der Fruchtfliege, Drosophila melanogaster, geschieht in Form einer **Protokollaussage:**

> Glas 6/Ansatz: 2.5.78, 10^{00}/kurzflügliges ♀ × normalflügligem ♂/Standardnährboden, 20 °C konstant/Auszählung der F_1: 16.5.78, 10^{00}/239 normalflüglige Tiere/130 ♀ und 109 ♂

Aufgrund weiterer solcher Protokollaussagen, die aus ähnlichen Experimenten gewonnen werden, stellt man *Hypothesen* auf, deren Aussagen über die Einzelbeobachtungen hinausgehen. In unserem Beispiel gelangen wir zur Hypothese, daß die Nachkommen zweier Individuen einer Art, die sich in einem Merkmal unterscheiden, gleich (uniform) aussehen. Eine solche, der Erklärung der Protokollaussagen dienende Hypothese bedarf nun der Nachprüfung an weiteren Fällen. Je nachdem, ob die Allgemeingültigkeit der Hypothese an wenigen oder an vielen Fällen überprüft wurde, spricht man von weniger gut oder gut überprüften Hypothesen. Aus einer Hypothese lassen sich schließlich neue, noch nicht vorliegende Versuchsergebnisse vorhersagen, die dann experimentell auf ihre Richtigkeit untersucht werden müssen. Diese Überprüfung heißt *Verifikation.* Eine Hypothese wird zum *Gesetz,* wenn sie in mehreren Fällen durch Verifikation bestätigt und in keinem Fall *falsifiziert* wurde.

Im von uns betrachteten Beispiel handelt es sich um das Gesetz der Uniformität, das auch als erstes MENDELsches Gesetz bezeichnet wird. Der nächste Schritt besteht in der Erklärung mehrerer verschiedener Gesetze mit möglichst allgemeinen Prinzipien. Gelangt man dabei zu Aussagen, die viele Gesetze erklären, so spricht man von einer *Theorie.* In unserem Beispiel gelangen wir zu der Theorie, die besagt, daß die Chromosomen die Träger der Erbanlagen sind. **Protokollaussagen** gründen also direkt auf *Erfahrung,* während **Hypothesen, Gesetze** und **Theorien** durch das *Denken* zustande kommen.

Der Weg von der Entstehung des Evolutionsgedankens bis zur Evolutionstheorie ist ein anderer.

Die Hypothese der Abstammungslehre (Deszendenztheorie) unterscheidet sich wesentlich von den vorher beschriebenen. Sie kann nicht durch Erfahrung verifiziert werden!

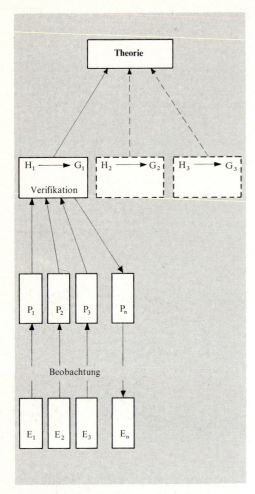

12.1. Schema der Struktur einer empirischen Wissenschaft. $E_1 - E_3$ = Ereignisse, $P_1 - P_3$ = Protokollaussagen, P_n = abgeleitete Protokollaussage, die mit E_n experimentell verifiziert wird, H = Hypothese, G = Gesetz

A Versuchen Sie, an weiteren Beispielen aus der Biologie, vielleicht auch anderer empirischer Wissenschaften, den Weg von der Protokollaussage zur Theorie nachzuvollziehen. Versuchen Sie auch umgekehrt, den Weg von einer wissenschaftlichen Theorie zur Protokollaussage zurückzuverfolgen.

A Versuchen Sie, sich in der Literatur (z.B. 6) eingehender über die Struktur einer Erfahrungswissenschaft zu informieren.

A Die MENDELschen Gesetze sind statistische Gesetze. Informieren Sie sich in der Literatur (z.B. 6) darüber, was das bedeutet.

Ihre Aussage bezieht sich auf Vergangenes, Nichtwiederholbares. Es gibt keine direkten Beweise. Wir können nicht experimentell überprüfen. Ausnahmen bilden z.B. Genetik und Züchtung. Zahlreiche Tatsachen, Hinweise, Zeugnisse usw. liefern aber dadurch eine Fülle indirekter Beweise, daß sie allein durch die Annahme einer gemeinsamen Abstammung aller Lebewesen sinnvoll zu klären sind und damit die Hypothese zur Theorie machen. Wir werden uns zunächst mit den aus verschiedenen biologischen Disziplinen stammenden Beweisen oder Zeugnissen befassen, die die *Tatsache* der Evolution belegen. Anschließend werden die *Ursachen* des Evolutionsgeschehens, die Evolutionsfaktoren, betrachtet.

2.1. Anatomie und Morphologie

2.1.1. Homologe Organsysteme

Die Entwicklung der Organismen vollzog sich in unvorstellbar langen Zeiträumen. Dabei entstanden zahlreiche, auseinanderlaufende Entwicklungslinien. Viele Tier- und Pflanzengruppen starben aus. Trotzdem erkennt schon der unbefangene Betrachter in der zunächst unüberschaubar scheinenden Mannigfaltigkeit lebendiger Strukturen Übereinstimmungen. So erblicken wir bei der Betrachtung von Beinen verschiedener Insekten unterschiedliche Formen, die uns sogleich auf ihre jeweilige Funktion hinweisen. Lauf- und Sprungbeine sind lang. Letztere sind zusätzlich gewinkelt. Grabbeine sind kompakter, flächiger gestaltet. Fang- und Klammerbeine sind an ihren Enden hakenartig ausgebildet usw. An allen aber lassen sich die Elemente des Grundtyps, Hüftglied, Schenkelring, Schenkel, Schiene und Fuß erkennen.

Ähnlich verhält es sich mit den aus Extremitäten hervorgegangenen Mundwerkzeugen der Insekten. Auch sie zeigen — angepaßt an ihre jeweilige Funktion — durchaus unterschiedliche Ausprägung. So sind die kauenden Mundwerkzeuge eines Käfers anders gestaltet als die stechend-saugenden einer Stechmücke, und diese wiederum weichen von den leckend-saugenden der Honigbiene ab.

Alle Mundwerkzeuge sind aber auf einen gemeinsamen **Grundtyp** zurückführbar. Übereinstimmungen deuten auf Verwandtschaftsverhältnisse hin und erlauben uns, die Organismen zu einer Gruppe zusammenzufassen, in diesem Fall zu den Insekten. Die Wirbeltierklassen Fische, Amphibien, Reptilien, Vögel und Säuger zeigen eine Fülle solcher Übereinstimmungen in bezug auf die äußere Gestalt und den Bau der Organe. Damit wird ein gemeinsamer Bauplan belegt. Das gilt für die Extremitäten, die Wirbelsäule, die Augen, die anderen Sinnesorgane, für den Verdauungstrakt, die Lungen und andere Organe.

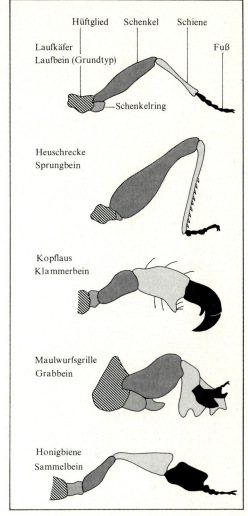

13.1. Homologie verschiedener Insektenbeine. Aus der Gestalt ist die jeweilige Funktion zu erschließen.

A Mikroskopieren und zeichnen Sie verschiedene Insekten-Extremitäten nach Dauerpräparaten. Vergleichen Sie mit der Abbildung und versuchen Sie, die verschiedenen Elemente dem Grundtyp zuzuordnen.

R Informieren Sie sich in der Literatur (z.B. 1) über den Bau der Mundwerkzeuge der Insekten, und verdeutlichen Sie sich, welche Elemente miteinander homolog sind.

A Mikroskopieren und zeichnen Sie Dauerpräparate verschiedener Typen von Insekten-Mundwerkzeugen.

Vergleichende Anatomie und **Morphologie** haben umfangreiches Material erbracht. Beruht die Übereinstimmung von Organen auf gemeinsamer Erbinformation, so nennt man sie **homolog**. Liegt **Homologie** vor, so ist die stammesgeschichtliche (phylogenetische) Verwandtschaft der verglichenen Tiere oder Pflanzen erwiesen. Beim Vergleich von Organen und Organsystemen spielt also der *Homologiebegriff* eine wichtige Rolle.

Während der Jahrmillionen andauernden Evolution hat sich bei vielen Organismen die Lebensweise geändert. Manche Organe haben dabei einen **Funktionswechsel** erfahren. Ihr Bau ist der Funktion angepaßt. Dieses **Angepaßtsein** (Adaptation) ist durch die Selektion bedingt. Wir werden noch erfahren, daß es sich dabei um eine Auslese arterhaltender Eigenschaften handelt. Homologe Organe können deshalb sehr unterschiedlich gestaltet sein. So hat die Walflosse zumindest äußerlich mit einem Schweinebein sehr wenig gemein. Es bedarf deshalb bestimmter Kriterien, um Homologien festzustellen.

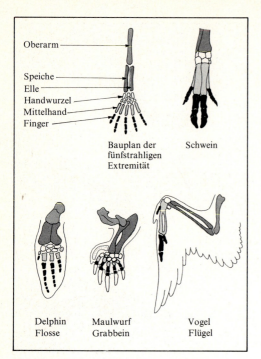

14.1. Homologie bei Wirbeltierextremitäten

1. Das Kriterium der Lage. Walflosse, Schweinebein und Vogelflügel lassen sich deshalb *homologisieren,* weil sie im Wirbeltier-Bauplan die gleiche Lage haben. Entsprechend ist ein einzelnes Element, z.B. die Handwurzel, im Gesamtgefüge der Extremität bei allen drei Tieren lagegleich.

A Untersuchen Sie vergleichend Extremitätenskelette aus der Schulsammlung, z.B. Rind, Pferd, Schwein, Reh, Fledermaus, Taube, Huhn, Frosch, Eidechse usw. Versuchen Sie zu homologisieren!

A Vergleichen Sie die Wirbelsäulen verschiedener Arten, und versuchen Sie, Bau und Funktion in Zusammenhang zu bringen.

A Welche Homologiekriterien werden durch Abb. 14.2. illustriert? Begründen Sie!

2. Das Kriterium der Kontinuität. Einander unähnliche, verschieden gelagerte Organe sind homolog, wenn sie durch Zwischenformen verbunden sind, die ihrerseits homolog sind. So erlauben uns die fossilen Funde, die Rekonstruktion der Vorfahrenreihe des Pferdes ermöglichen, die Griffelbeine als Mittelhandknochen zu homologisieren, deren schrittweise Reduktion an den Fossilien verfolgt werden kann. Weitere Beispiele werden wir im Kapitel Paläontologie kennenlernen.

Eine andere Möglichkeit stellen die in der Embryonalentwicklung durchlaufenen Zwischenformen dar. So besitzen z.B. die Fischläuse, kleine, parasitisch lebende Krebse, an der Unterseite ihres stark abgeplatteten Körpers Saugnäpfe, mit denen sie sich an ihren Wirten zeitweilig festhalten. Das Entstehen dieser Saugnäpfe während der Ontogenese erlaubt es, sie mit den 1. Maxillen, also einem Kopfgliedmaßenpaar, zu homologisieren. Beim ersten freien Jugendstadium sind sie noch nicht ausgebildet. Zum Festhalten am Wirt werden unter anderem die Endhaken der 1. Maxillen benutzt. Ein Saugnapf wird im Verlaufe mehrerer Häutungen allmählich ausgebildet. Er wird nach der fünften Häutung funktionsfähig und läßt nur noch ein rudimentäres Endglied als Anhang erkennen.

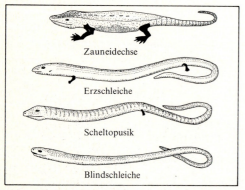

14.2. Rückentwicklung der Extremitäten bei Reptilien

3. Das Kriterium der spezifischen Qualität. Komplexe, aus vielen Einzelelementen aufgebaute Organe sind auch ohne Lagegleichheit homolog, wenn sie in vielen Einzelheiten gleichgebaut, also **homomorph** sind. Dadurch ist es möglich, auch einzelne, isolierte Gebilde, z.B. einen Knochen, entsprechend zuzuordnen, was für die Paläontologie eine große Rolle spielt. Die Schwimmblase der Fische und die Lungen der Landwirbeltiere bieten ein Beispiel für die Homologie innerer Organe. Schwimmblase und Lungen sind ihrer Herkunft nach Abkömmlinge des Vorderdarms. Wie häufig beim Vergleich homologer Organe läßt sich auch hier eine Organismenreihe bilden, die eine stufenweise Höherentwicklung vom Einfachen zum Komplizierten erkennen läßt (Progressionsreihe). Während die Schwimmblase der Fische nur eine einfache, blasenförmige Aussackung darstellt, ist bei den Landwirbeltieren, ausgehend von den Amphibien über die Reptilien hin zu den Vögeln und Säugern, eine zunehmende Vergrößerung der inneren Oberfläche der Lunge zu beobachten. Das wird durch Wandeinstülpungen sowie durch Bläschen- und Röhrenbildung erreicht und ist mit einem Ansteigen der Leistungsfähigkeit verbunden, so daß der intensivere Gaswechsel, entsprechend dem gesteigerten Stoffwechsel der Warmblüter, erfolgen kann.

Wie im Tierreich finden sich auch im Pflanzenreich viele Beispiele für homologe Organe. Dabei können die Grundorgane einer Blütenpflanze, Sproßachse, Blatt und Wurzel, jedes für sich, der Funktion entsprechend, sehr unterschiedlich gestaltet sein. In der Botanik spricht man von **Metamorphosen**. Betrachten wir als Beispiel einige Metamorphosen des Blattes. Die wenig differenzierten *Keimblätter* kommen als erste aus dem Boden. Bei der Keimpflanze einer Bohne läßt der dicke, fleischige Bau gut die Funktion, das junge Keimpflänzchen zu ernähren, erkennen. Vielgestaltig sind die grünen *Laubblätter* mit ihrer wichtigen photosynthetischen Funktion. Die farbigen, auffälliggestalteten Blumenkronenblätter locken Insekten an, die ihrerseits die Blüten bestäuben. *Staub-* und *Fruchtblätter* sind wesentliche, der Fortpflanzung und Vermehrung dienende Metamorphosen des Blattes. Das Staubblatt ist gegenüber der Grundform des Blattes stark abgewandelt. Es besteht aus dem *Staubfaden* und den *Pollensäcken*. Die Fruchtblätter sind bei den Bedecktsamern zum Fruchtknoten verwachsen, wodurch die Gestalt des einzelnen Fruchtblattes kaum noch zu erkennen ist. Blattdornen haben Abwehrfunktion. Sie schützen die Pflanze vor blattfressenden Tieren.

Beim Sonnentau, einer insektenfressenden Pflanze, sind die Blätter mit drüsenköpfchentragenden Tentakeln ausgestattet und ihrer Funktion nach zu Fangorganen geworden. Am klebrigen Sekret der Tentakeln bleiben kleine Insekten hängen, die der an extrem nährstoffarmen Standorten lebenden Pflanze eine vor allem stickstoffreiche Zusatznahrung verschaffen. Schließlich finden wir zu Ranken umgestaltete Blätter, die der damit kletternden Pflanze erlauben, an das lebenswichtige Licht zu gelangen.

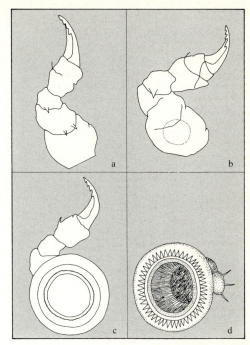

15.1. Entwicklung des Saugnapfes der Karpfenlaus. a, b, c Maxille von Jugendstadien, d funktionsfähiger Saugnapf.

A Lernen Sie weitere Progressionsreihen kennen. Informieren Sie sich im Ontogenie-Kapitel dieses Buches (Blutkreislauf, Nieren) und in der Literatur (z.B. 1 oder 22).

R Informieren Sie sich in der Literatur (z.B. 1 oder 14) über die Abwandlung des Kiefergelenks als Beispiel für die Veränderungen am Schädelskelett der Wirbeltiere.

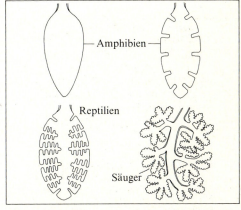

15.2. Zunehmende Vergrößerung der respiratorischen Oberfläche von Wirbeltierlungen

Hat man für mehrere Organismen die Homologie bestimmter Organe nachgewiesen, so lassen sich stets noch weitere Homologien finden. Je größer ihre Zahl ist, desto näher sind die untersuchten Lebewesen miteinander verwandt. Wir können so engere und weitere Homologiekreise ermitteln. Die Homologieforschung hat zur Aufstellung des natürlichen Systems der Organismen geführt.

2.1.2. Analoge Organsysteme — Konvergenzen

Vergleicht man das Bein eines Insekts mit dem eines Wirbeltiers, so wird schnell klar, daß beide nicht *homolog* sind. Sie gehören verschiedenen Bauplänen an. Das eine hat ein chitiniges Außenskelett, bei dem anderen befinden sich die stützenden, haltgebenden Elemente, die Knochen, im Inneren der Extremität. Unverkennbar gibt es andererseits Übereinstimmungen. In beiden Fällen sind die Extremitäten in Fuß, Unterschenkel und Oberschenkel gegliedert. Zwischen diesen Elementen finden sich in beiden Fällen Gelenke, die das Prinzip des Stützens und Formgebens durchbrechen, eine Bewegung der Teile gegeneinander erlauben und damit das übereinstimmende Funktionieren ermöglichen. Wirbeltier- und Insektenbein zeigen **Analogie.** Man nennt nichthomologe Organe mit gleicher Funktion **analog.** Ein weiteres Beispiel sind die Flügel von Vögeln und Insekten. Analog sind auch die Kiemen von Fischen und Krebsen. Funktionsgleich sind sie unterschiedlichen Grundbauplans und sitzen bei den Fischen an den Kiemenspalten, während sie bei den Krebsen Anhänge der Extremitäten sind.

Der Zusammenhang zwischen Gestalt und Funktion wurde schon bei den homologen Organen angesprochen. Organe gleichen Bauplans zeigen im Zusammenhang mit ihrer jeweiligen Funktion unterschiedliche Gestaltung. Auch bei den analogen Organen zeigt sich eine Beziehung zwischen Form und Funktion. Organe ganz verschiedener Herkunft, die unterschiedlichen Bauplänen angehören, können bei gleicher Funktion sehr ähnlich gestaltet sein. Eine solche Anpassung nichthomologer Organe an die gleiche Funktion im Laufe der Phylogenese beruht auf **konvergenter** Entwicklung (Konvergenz). Mit dem Begriff *Analogie* wird also die gleiche Funktion nichthomologer Organe festgestellt. Der Begriff Konvergenz schließt dagegen die Erklärung ein, daß die Annäherung aufgrund gleicher Lebensweise der betreffenden Organismen entstanden ist. Häufig werden die Begriffe Analogie und Konvergenz synonym benutzt. Ein Beispiel für analoge Organe sind die Ranken verschiedener Pflanzen. Sie sehen einander außerordentlich ähnlich, können aber durchaus auf verschiedene Grundorgane der Pflanze zurückführbar sein. Bei der Erbse sind es die oberen Blättchen des gefiederten Blattes, die sich zu Fadenranken gewandelt haben.

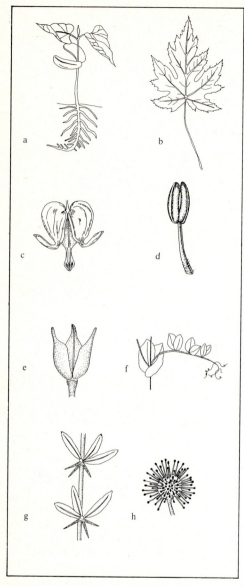

16.1. Metamorphosen des Blattes. a Bohne-Keimblatt, b Silberahorn-Laubblatt, c Tränendes Herz-Kronenblätter, d Staubblatt, e Rittersporn-Fruchtblätter, f Erbse-Blattranke, g Berberitze-Blattdorn, h Sonnentau-Fangblatt.

R Informieren Sie sich in der Literatur (z.B. 41) über weitere Fangeinrichtungen insektenfressender Pflanzen, die Blattmetamorphosen darstellen.

R Informieren Sie sich in der Literatur über Metamorphosen der Sproßachse und der Wurzel.

Bei der Platterbse ist die gesamte Blattspreite zur Ranke geworden. Die vergrößerten Nebenblätter haben die Funktion der weggefallenen Blätter übernommen. Beim Weinstock und beim Wilden Wein handelt es sich dagegen um Teile der Sproßachse, die zu Ranken umgewandelt sind. Die Vanilla hat Ranken, die aus Wurzeln entstanden sind. Dornen, deren gemeinsame Funktion im Abwehren von Feinden besteht, können ebenfalls aus allen drei Grundorganen der Pflanze entstanden sein. Es gibt Sproßdornen, wie sie der Weißdorn und die Schlehe aufweisen. Blattdornen finden sich bei der Berberitze und den Opuntien. Zu Dornen umgewandelte Wurzeln sind zwar selten, aber es gibt sie ebenfalls, z.B. bei einigen Palmenarten.

Der Grad der Übereinstimmung analoger Organe ist unterschiedlich, kann aber so hoch sein, daß man die betreffenden Organe fälschlich für homolog halten kann. So tritt das Linsenauge in der Phylogenese sehr verschiedener Tiergruppen als konvergente Entwicklung auf. Es findet sich bei den Wirbeltieren, bei den Tintenfischen, die zu den Weichtieren gehören, und den Polychaeten, also einer Ringelwurmgruppe. Vergleicht man das Linsenauge eines Tintenfisches mit dem eines Wirbeltiers, so erkennt man eine verblüffende Übereinstimmung in bezug auf einzelne funktionelle Strukturen (Augenlider, Iris, Linse, Netzhaut usw.), aber auch in bezug auf das ganze Auge. Man sträubt sich geradezu zu glauben, daß hier fast die gleiche, raffinierte, so außerordentlich sinnvolle Konstruktion mehrfach, unabhängig von phylogenetischer Verwandtschaft, entstanden sein soll. Die Entstehung beider Augen während der Ontogenese läßt an diesem Sachverhalt allerdings keinen Zweifel. Eindeutig weist sie beide Gebilde als *konvergente Organe* aus. Während Netzhaut und Pigmentschicht beim Wirbeltierauge aus einer Vorstülpung des Zwischenhirns hervorgehen, ist die Tintenfisch-Netzhaut der hintere Teil einer Epidermisblase, also ein Oberhautgebilde. Aber nicht nur die Herkunft ist unterschiedlich, auch in der Konstruktion zeigen sich Verschiedenheiten. Die Netzhaut des Wirbeltierauges ist mehrschichtig. Ihre Sehzellen sind vom Lichteinfall weggewandt (invers). Beim Tintenfisch sind dagegen die reizaufnehmenden Fortsätze des einschichtigen Sinnesepithels dem Licht zugewandt, also zur Höhle der Augenblase hin gerichtet (evers).

Besonders eindrucksvoll sind Konvergenzen dann, wenn mehrere Organe oder Organsysteme eines Lebewesens in diese Entwicklung einbezogen wurden. Solche Organismen zeigen in ihrer gesamten Gestalt eine verblüffende Übereinstimmung, was als Indiz für die ähnliche Umwelt oder Lebensweise gelten kann. Der Wurm ist ein solcher ‚Lebensformtyp'. Typisch sind die drehrunde Gestalt und ein nichtabgesetzter Kopf- und Schwanzteil. Die Wurmgestalt begegnet uns in vielen Tiergruppen.

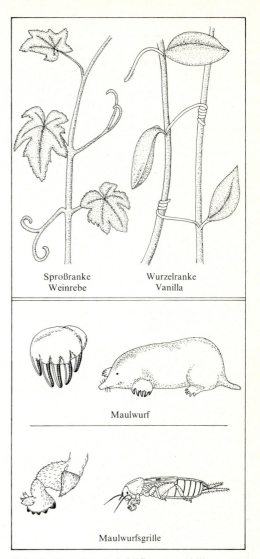

17.1. Analoge Organe bei Pflanzen und Tieren

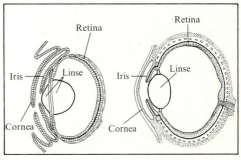

17.2. Konvergenz. Linsenauge von Tintenfisch (a) und Wirbeltier (b).

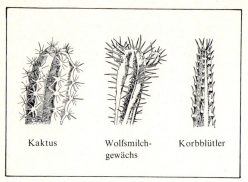

18.1. Konvergenz (Stammsukkulente)

R Informieren Sie sich in der Literatur (z.B. 41) über weitere Beispiele konvergenter Entwicklungen. Lesen Sie dazu die Beschreibungen gemeinsamer Lebensräume.

A Verdeutlichen Sie sich die „Wallaus" als Beispiel für Konvergenz im Kapitel Parasithologie!

Beispiele sind: die Ringelwürmer (Regenwurm), die Schnurwürmer, die Fadenwürmer (Pferdespulwurm), die Wurmschnecken, die Neunaugen, die Fische (Aal) und die Reptilien.

Ein weiteres Beispiel für die Übereinstimmung im Gesamthabitus findet sich bei Tieren mit Fischgestalt. Sie haben einen spindelförmigen Körper mit Flossen, der dem Wasser wenig Widerstand entgegensetzt, also besonders ‚wasserschnittig' gebaut ist. Fischgestalten gibt es z.B. bei Haifischen, Knochenfischen, Delphinen, Pinguinen, Garnelen und anderen.

Übereinstimmende Anpassung an die gleiche Umwelt ist auch im Pflanzenreich verbreitet. Als Anpassung an extrem trockene Standorte kennen wir die sukkulenten Pflanzen mit dickfleischigen, saftigen Geweben, die der Wasserspeicherung dienen. Stammsukkulenten, bei denen der Sproß in eine Sproßknolle als geräumiger Wasserspeicher umgewandelt ist, gibt es bei den Kakteen, den Wolfsmilchgewächsen, den Asclepiadaceen und unter den Korbblütlern. Die gemeinsame Kakteengestalt erlaubt es nur dem Fachmann, zu erkennen, welcher Pflanzenfamilie eine Sukkulente jeweils zuzuordnen ist.

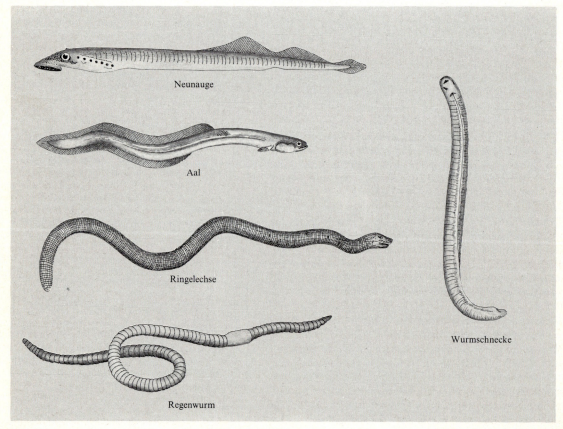

18.2. Wurmgestalten — Konvergente Entwicklung im Tierreich

2.1.3. Rudimentäre Organe und Atavismen

Manche Organe haben mit der Veränderung der Lebensweise ihre Funktion ganz oder zumindest weitgehend verloren. Überall bei Pflanzen, Tieren und dem Menschen finden wir solche funktionslos gewordenen Organe. Sie können im Laufe der Stammesentwicklung so weit zurückgebildet sein, daß sie nur noch als Reste erhalten sind. Sie geben Hinweis auf Struktur und Funktion, die sie im Verlauf der Phylogenese einmal hatten.

Man nennt solche Rückbildungen **rudimentäre Organe** (Rudimente). Sie sind wichtige Beweismittel der Deszendenztheorie. Als Beispiel eines Rudiments haben wir bereits das Endglied am Saugnapf der Karpfenlaus kennengelernt. Es zeugt noch davon, daß der Saugnapf aus einer gegliederten Extremität hervorgegangen ist. Während der Ontogenese tritt, wie wir gesehen haben, die vollausgebildete, gegliederte Maxille auf, so daß wir verfolgen können, aus welchen Elementen der Saugnapf gebildet wird, was wiederum darauf schließen läßt, wie er phylogenetisch entstanden ist. Daß ein rudimentäres Organ während der Embryonalentwicklung stärker ausgeprägt auftreten kann, ist auch am Beispiel des Wurmfortsatzes beim Menschen zu beobachten. Sein Appendix ist gegenüber dem eines Kaninchens stark reduziert. Embryonal ist er aber relativ stärker entwickelt. Weitere rudimentäre Organe des Menschen sind z.B.: die Körperbehaarung, die auf ein früheres, vollausgebildetes Haarkleid hinweist, die Reste einer Schwanzwirbelsäule und die Reste der funktionslos gewordenen Kopfhaut- und Ohrmuskeln.

Aus dem Tierreich läßt sich eine Fülle von Beispielen anführen. Die Griffelbeine der Pferde haben wir schon in anderem Zusammenhang als rudimentäre Mittelhandknochen angesprochen. Andere Wirbeltiere zeigen ebenfalls Rückbildungen des Skeletts. Bartenwale haben keine Hinterextremitäten. Im Inneren des Körpers finden sich aber Reste des Beckengürtels und Beinknochen, die zeigen, daß die Wale von vierfüßigen Formen abzuleiten sind.

Die beinlose Blindschleiche läßt ihre Abstammung von vierfüßigen Echsen an Schultergürtel- und Beckengürtelresten erkennen. Wie die Abbildung der Echsen weiter zeigt, läßt sich die Blindschleiche als beinlose Echse in eine sogenannte Regressionsreihe stellen. Die Rudimentation ist in dieser Reihe unterschiedlich weit fortgeschritten. Bei der Zauneidechse sind Vorder- und Hinterbeine gut ausgebildet und unterstützen die schlängelnde Fortbewegung wesentlich. Die kurzen Beinchen der Erzschleiche sind dagegen für die Fortbewegung des Tiers wenig bedeutsam. Der Scheltopusik hat nur noch funktionslose Hinterbeine. Die Blindschleiche ist schließlich beinlos. Regressionsreihen dürfen, wie die schon erwähnten Progressionsreihen, nicht dahingehend mißverstanden werden, als wären die Vertreter einer solchen Reihe einer aus dem anderen hervorgegangen.

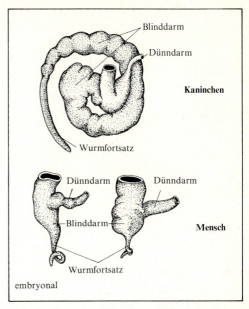

19.1. Rudimentärer Wurmfortsatz des Menschen im Vergleich zum wohlentwickelten des Kaninchens. Der Wurmfortsatz ist embryonal beim Menschen stärker ausgebildet.

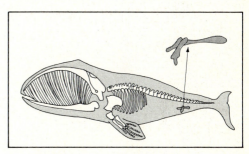

19.2. Rudimente des Oberschenkelknochens und des Beckens beim Bartenwal — im Innern des Körpers gelegen

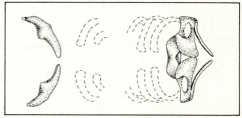

19.3. Reste von Schultergürtel und Beckengürtel bei der Blindschleiche

A Informieren Sie sich in der Literatur (z.B. 1) über weitere Beispiele für Regressionsreihen.

> **A** Informieren Sie sich in der Literatur (z.B. 70) über die Rudimente in der technischen und kulturellen Evolution des Menschen.

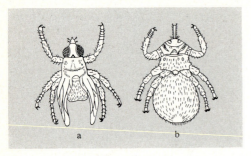

20.1. Schwalben- (a) und Schaflausfliege (b) als Beispiele für Flügelreduktion

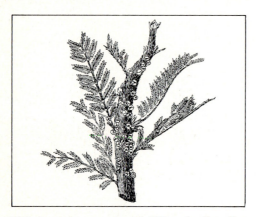

20.2. Leguminosenzweig mit Blüten des Parasiten Pilostyles Ulei, dessen Stengel bis auf rudimentäre Zellstränge zurückgebildet ist.

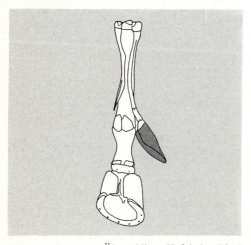

20.3. Atavismus — Überzähliger Huf beim Pferd

Junge Teichschildkröten haben Reste von Zwischenrippenmuskeln, die auf einen früheren Zustand verweisen, bei dem die Rippen der Schildkröten noch nicht fest mit ihrem Panzer verwachsen waren.

Rudimentäre Flügel finden wir bei einigen Vögeln, wie z.B. dem Kiwi, aber auch bei manchen Insekten, wie z.B. den Lausfliegen. Bei Höhlenbewohnern kommen oft rückgebildete Lichtsinnesorgane vor, und zwar unabhängig davon, welchem Tierstamm sie angehören. Beispiele finden wir bei Käfern, Krebsen, Schnecken, Strudelwürmern, Amphibien usw. Der Grottenolm hat unter der Haut stark verkleinerte, auf früher Entwicklungsstufe stehengebliebene Augen. Interessanterweise lassen sie sich experimentell weiterentwickeln, wenn man junge Larven bei Licht hält.

Bei Kohlenstoff-heterotrophen Samenpflanzen, die sich epiphytisch oder parasitisch ernähren, ist mit der Verminderung oder dem Schwund des Chlorophylls häufig eine Reduktion der Laubblätter erfolgt. So haben die parasitische Sommerwurz und der epiphytische Fichtenspargel an Stelle der Blätter nur schuppenförmige Rudimente. Die ausländischen Pilostyles-Arten (siehe Abb. 20.2) haben schließlich einen stark reduzierten Stengel. Von ihm sind lediglich rudimentäre fadenartige Zellstränge übrig, die innerhalb der Wirtspflanze wachsen. Unvermittelt scheinen die Blüten des Schmarotzers aus dem Körper der Wirtspflanzen hervorzubrechen, als wären sie dessen Blüten.

Ein weiteres Beispiel rudimentärer Organe bei Pflanzen sind Staubblattrudimente mancher Blüten, wie bei den Braunwurzgewächsen. Man nennt solche nichtfertilen Staubblätter Staminodien. Der Grad ihrer Reduktion ist unterschiedlich, und sie können neue Aufgaben übernehmen, z.B. als Nektarien fungieren.

Treten bei einzelnen Individuen Merkmale wieder auf, die vor vielen Generationen verschwunden waren, so spricht man von *Rückschlägen* oder **Atavismen.** Sie können unterschiedlich bedingt sein. Bei der Kreuzung von Spielarten können z.B. ursprüngliche Genotypen wiederauftreten. Die Rückzüchtung der Felsentaube aus verschiedenen Taubenrassen durch DARWIN ist ein Beispiel für die Wiederherstellung eines ursprünglichen Genotyps, von dem die neuen Rassen abgeleitet sind. Mutationen oder Störungen in der Embryonalentwicklung können ebenfalls Atavismen bedingen. Beim Löwenmäulchen können neben bilateralsymmetrischen auch einzelne radiärsymmetrische Blüten als Hinweis auf die Herkunft auftreten. Beim Pferd findet sich als seltener Rückschlag eine weitere Zehe mit kleinem Huf an der Unpaarhufer-Extremität. Überzählige Brustwarzen und ein als kleiner Schwanz ausgebildetes Steißbein sind Beispiele für Atavismen beim Menschen.

2.2. Ontogenie

Die Ontogenie ist die Lehre von der Ontogenese, der individuellen Entwicklung vom befruchteten Ei bis zum fortpflanzungsfähigen, vollausgebildeten Lebewesen. Der Zusammenhang zwischen Ontogenese (Keimesentwicklung) und Phylogenese (Stammesentwicklung) ist seit langer Zeit bekannt. Schon zu Beginn des 19. Jahrhunderts fiel verschiedenen Biologen bei vergleichend anatomischen Studien auf, daß die Embryonalstadien verschiedener Tiergruppen einander weitgehend gleichen und daß Erscheinungsformen einfach organisierter Tiere in der Keimesentwicklung höher entwickelter wieder auftauchen. DARWIN widmet dieser Tatsache einen langen Abschnitt seines Hauptwerks.

Es ist ERNST HAECKELs Verdienst, den Sachverhalt als **Biogenetisches Grundgesetz** in kürzester Form ausgedrückt und propagiert zu haben: „Die Ontogenie ist eine Rekapitulation der Phylogenie", was soviel bedeutet wie: Die Keimesentwicklung ist eine kurze Wiederholung der Stammesgeschichte.

2.2.1. Embryologie

Befruchtung und Furchung. Die Entwicklung eines Lebewesens beginnt mit der Verschmelzung zweier **Keimzellen.** Setzt man — im Sinne HAECKELs — diese Formen den Einzellern gleich, so erscheint der Vergleich etwas abwegig. Bei genauerer Betrachtung erweist er sich aber als durchaus stichhaltig, denn die männlichen Keimzellen sind begeißelt! Es liegt nahe, hier Parallelen zur Struktur der Geißelalgen (Flagellaten) zu suchen. Auch die Keimzellenverschmelzung der Vielzeller wird bei den Einzellern vorweggenommen. Die Anfänge der Sexualität finden wir in der Erscheinung der **Konjugation** (= Verschmelzung von Zellen, Vermischung der in Kern und Plasma gespeicherten Informationen).

Die befruchtete Eizelle, die **Zygote,** teilt sich nun, wodurch kleine Zellhaufen (Zwei-, Vier-, Achtzellstadium usw.) entstehen. Wir nennen sie **Furchungsstadien.** Ihnen entsprechen die Zellkolonien von Algen, die dadurch entstehen, daß sich die Zellen nach der Teilung nicht mehr voneinander trennen. Das **Blastula-Stadium** der Keimesentwicklung ist in der freien Natur nur noch in einer Form erhalten. Die Alge *Volvox* zeigt Strukturen, die dem Blasenkeim sehr ähnlich sind. Schließlich wiederholen die Coelenteraten (Hohltiere) in ihrem sackförmigen Bauplan die Konstruktionsmerkmale der **Gastrula.**

Kreislaufsysteme. Die vergleichende Anatomie der Wirbeltiere zeigt uns, daß die Kreislaufsysteme dieser Tiere in aufsteigender Reihenfolge von den Fischen über Amphibien, Reptilien und Vögel zu den Säugern stufenweise Übergänge durchlaufen. Das Leitungsbahnensystem der

A Informieren Sie sich über sexuelle Fortpflanzungsprozesse bei Einzellern und einfachen Algen. Welche Prozesse laufen bei der Schraubenalge (Spirogyra) und dem Pantoffeltierchen (Paramaecium) ab?
Schlagen Sie in Handbüchern und Lexika nach unter den Begriffen *Isogamie, Anisogamie, Oogamie*. Bringen Sie diese Begriffe in Verbindung mit dem nebenstehenden Abschnitt.

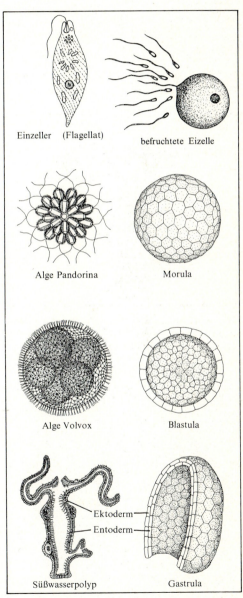

21.1. Parallelität der Zelldifferenzierung in Keimesentwicklung und Stammesentwicklung

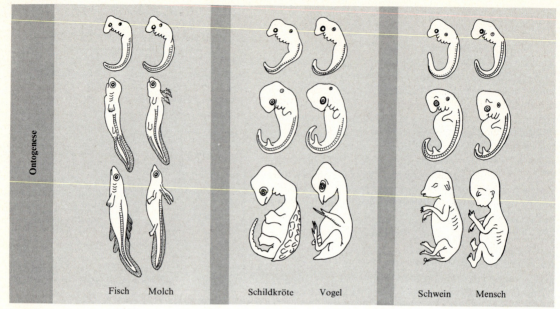

22.1. Embryonen von Wirbeltieren in vergleichbaren Entwicklungsstadien. Die Länge der Embryonen ist zur besseren Vergleichbarkeit auf dieselbe Größe gezeichnet worden.

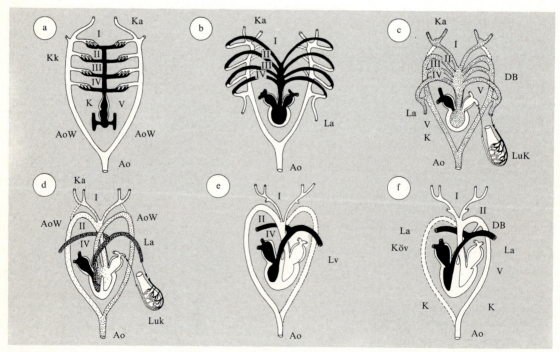

22.2. Schematische Darstellung der Wirbeltierkreislaufsysteme. a Fische, b Amphibienlarve, c Amphibium nach der Metamorphose, d Reptil, e Vogel, f Säugetier. Das venöse Blut ist schwarz dargestellt, Mischblut gepunktet. I—IV Kiemenbögen, Ao Aorta, AoW Aortenwurzel, D.B. Ductus Botalli, K Herzkammer, Ka Kopfarterie, Kk Kiemenkapillaren, Köv Körpervene, La Lungenarterie, LuK Lungenkapillare, Lv Lungenvene, V Vorkammer.

Fische besitzt ein Herz mit einer Vorkammer und einer Hauptkammer, welches das gesamte Blut ausschließlich in die Kiemen pumpt. Vier Kiemenbögen sorgen für eine Sauerstoffanreicherung. Von da aus fließt das Blut in den Körper, der Sauerstoff wird verbraucht, und rein venöses Blut kehrt zum Herzen zurück.

Auch die **Amphibien** zeigen diesen Grundbauplan, wenigstens solange sie als Larven durch Kiemen atmen. Das Herz besitzt hier zwei Vorkammern, die das venöse Blut aufnehmen und an die Hauptkammer weitergeben. Während der Umbildung zum Frosch werden aus den ersten beiden Kiemenbögen die Kopfarterien. Der zweite und dritte Kiemenbogen übernehmen die Versorgung des Körpers, und die vierten Kiemenbögen werden zu den beiden Lungenarterien umgebildet. Das sauerstoffreiche Blut kehrt aus der Lunge in die linke Vorkammer zurück. Die Hauptkörpervene mündet in die rechte Vorkammer. In der Hauptkammer werden arterielles und venöses Blut gemischt, so daß Körper und Lungen von Mischblut durchflossen werden.

Das gleiche Prinzip wird bei den **Reptilien** beibehalten. Nur die Hauptkammer des Herzens wird durch ein Septum andeutungsweise und unvollständig in zwei Hälften geteilt. Die Arterien beginnen jetzt direkt am Herzen, wobei die Lage der Ansatzstellen der Adern für eine bessere und zweckmäßigere Verteilung von sauerstoffarmem und sauerstoffreichem Blut sorgt. Der dritte Kiemenbogen wird bei den Reptilien nicht mehr ausgebildet.

Bei **Vögeln** und **Säugern** sind die Hauptkammern des Herzens vollständig getrennt. Dadurch wird der Lungenkreislauf von rein venösem Blut durchströmt, während in den Körper nur arterielles Blut gelangt.

Die zunehmende Trennung von sauerstoffreichem und sauerstoffarmem Blut im Laufe der Wirbeltierentwicklung war eine wesentliche Voraussetzung für die Entwicklung der Fähigkeit, eine gleichbleibende Körpertemperatur zu erzeugen. Fische, Amphibien und Reptilien sind wechselwarm. Ihr relativ sauerstoffarmes Blut ist nicht in der Lage, genügend „Betriebsstoff" für die aufwendige Wärmeproduktion zu liefern. Vögel und Säuger erwerben durch die optimale Sauerstoffversorgung einen wesentlichen Selektionsvorteil.

Die entwicklungsgeschichtliche Bedeutung des Vergleichs der Kreislaufsysteme besteht nun darin, daß wir die Konstruktionsmerkmale der verschiedenen Systeme in der Embryonalentwicklung wiederfinden. Ein Säugetierfetus besitzt vier klar ausgeprägte Kiemenbögen, die sich im Laufe seiner Entwicklung in die jeweils zugehörigen Arterien umwandeln. Dabei bleibt die rückläufige Verbindung der Kiemenbögen, die bei den Fischen zum Körper führt, sogar bis zur Geburt erhalten: Zwischen Aorta und Lungenarterie besteht eine Verbindung, der *Ductus Botalli*, der erst im Augenblick der Geburt kollabiert und so den

A Studieren Sie anatomische Modelle von Herzen, die in Ihrer Biologiesammlung vorhanden sind. Identifizieren Sie die einzelnen Blutgefäße. Stellen Sie eine Beziehung her zwischen der Größe und der Funktion der Herzhauptkammern. Kaufen Sie ein wenig Hühnerklein. Studieren Sie an den darin enthaltenen Herzen ihre Anatomie. Versuchen Sie, die Haupt- und Vorkammern sowie die Gefäße zu idenfizieren.

A Informieren Sie sich darüber, welche Tiergruppen gleichwarm bzw. wechselwarm sind! Bringen Sie die Lebensweise dieser Tiere mit der Leistungsfähigkeit ihres Kreislaufsystems in Verbindung! Welche Vorteile ergeben sich aus den Entwicklungsfortschritten am Kreislaufsystem?

A Als Atavismen können beim Menschen eine nicht vollständig geschlossene Herzscheidewand oder ein noch funktionsfähiger Ductus Botalli auftreten. Welche Konsequenzen hat das für diese Menschen? Wie kann ihnen geholfen werden?

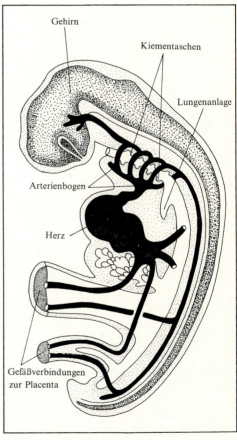

23.1. Anlage der Kiemenbögen bei einem menschlichen Embryo (Ende des 1. Monats).

Lungenkreislauf in Gang setzt. Bleibt er beim Menschen nach der Geburt erhalten, muß eine Operation für eine Trennung von Lungen- und Körperkreislauf sorgen. Auch eine unvollständig ausgebildete Scheidewand zwischen den Hauptkammern, wie sie gelegentlich auftritt, ist ein Hinweis auf die entwicklungsgeschichtliche Vergangenheit der Kreislaufsysteme.

Nierenorgane. Alle Wirbeltierembryonen besitzen eine Vorniere, aber nur die Neunaugen (fischähnliche Wirbeltiere, Cyclostomata) benutzen sie als Ausscheidungsorgan. Sie hat noch große Ähnlichkeit mit den urtümlichen Wimpertrichtern, die bei verschiedenen Würmern dem Abtransport überschüssiger Flüssigkeit dienen. — Nach der Vorniere entsteht im Embryo die Urniere. Fische und Amphibien bleiben auf dieser Stufe stehen. Gefäßknäul vereinigen sich mit den trichterartigen Anfängen der Ableitungskanäle und sorgen dafür, daß der Flüssigkeitsabtransport wirkungsvoll abläuft. Beide, Vor- und Urniere, zeigen noch eine deutliche segmentale Gliederung. Diese wird erst bei den Vögeln und Säugern aufgegeben, die mit der Nachniere ein neues Organ entwickeln, während die Urniere als Nebenhoden eine neue Aufgabe übernimmt.

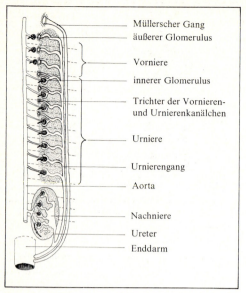

24.1. Schematische Darstellung des Aufbaus der Nierenorgane von Wirbeltieren. Der Müllersche Gang wird zum Eileiter und später zum Uterus.

2.2.2. Larvenstadien

Wenn während der Entwicklung eines Lebewesens in den Jugendstadien besondere, nur hier auftretende Organe vorkommen, die dem erwachsenen Tier fehlen, sprechen wir von **Metamorphose.** Die durch spezielle Organe gekennzeichneten Jugendformen sind **Larven.** Unter Umständen können Larve und erwachsenes Tier (Imago) so starke Gestaltunterschiede zeigen, daß beide als verschiedene Arten beschrieben werden.

Metamorphosen gibt es in fast allen Tierstämmen bis hinauf zu den Wirbeltieren. Wie in der Embryonalentwicklung finden wir auch hier Eigenschaften der stammesgeschichtlichen Vorfahren wieder, oder es werden auffällige Übereinstimmungen sichtbar, die auf eine gemeinsame Abstammung schließen lassen.

Ringelwürmer und Weichtiere. Zu den Ringelwürmern (Anneliden) zählen die Borstenwürmer (Polychaeten). Ein bekannter Polychaet ist der Sandpier oder Köderwurm der Nordsee. Die Entwicklung der Polychaeten läuft über die sogenannte **Trochophora-Larve,** ein freischwimmendes Wesen, das durch zwei typische Wimperkränze charakterisiert ist. Larven der gleichen Bauart finden wir aber auch bei einigen Muscheln. Die typischen Wimperkränze sind vorhanden, auch die inneren Organe gleichen einander, lediglich der Besitz einer kleinen Schale zeichnet die Muschellarve aus. Auch einige marine Schnecken besitzen ähnliche Larven. Bei ihnen wird der Wimperstreifen zu einem ausgeprägten Band, das einem Segel (Velum) äh-

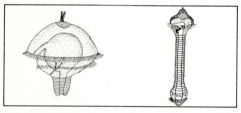

24.2. Trochophora-Larve eines marinen Ringelwurms

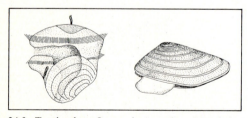

24.3. Trochophora-Larve einer marinen Muschel

24.4. Veliger-Larve einer Meeresschnecke

nelt. Sie heißen **Veliger-Larven.** Wir kennen heute keine Tiere, die als Imago wie eine Trochophora aussehen. Daß Ringelwürmer und einige Weichtiere aber die gleiche Larvenform durchlaufen, ist auffällig.

Krebse. Die Morphologie der Krebse ist so vielgestaltig, daß es oft schwerfällt, sie für die Angehörigen einer einheitlichen Gruppe zu halten. Wasserflöhe, Seepocken, Taschenkrebse und Hummer sind auf den ersten Blick recht unterschiedlich gebaut. Und doch besitzen sie gemeinsame Entwicklungsstadien. Die Larve der niederen Krebse (z.B. Wasserflöhe, Ruderfüßler, Seepocken) heißt **Nauplius-Larve.** Sie ist ein eiförmiges Gebilde mit drei Paar Extremitäten und einem einzigen Auge. Die Larve der höheren Krebse (z.B. Flohkrebse, Garnelen, Krabben) heißt **Zoëa.** Sie ist komplizierter gebaut als der Nauplius, geht aber bei einigen Formen aus diesem hervor.

Unter den niederen Krebsen gibt es einige Formen (Sacculina, Peltogaster), die als Parasiten auf anderen Krebsen leben und auf Grund dieser Lebensweise ihren Körperbau sehr stark verändert haben. Es sind kleine, sackförmige Wesen, die außen am Wirt sitzen und wurzelartige Ausläufer in dessen Inneres entsenden. Ihre Larve aber ist ein Nauplius. Deshalb gehören sie zu den Krebsen.

Insekten. Fast alle Insekten durchlaufen in ihrer Entwicklung eine Metamorphose. Bei den Urinsekten (Lepisma, Silberfischchen) gleichen die Jungtiere den Erwachsenen. Die Larvenstadien der geflügelten Insekten (Maden, Raupen) sind in ihrer äußeren Gestalt den Ringelwürmern recht ähnlich. Betrachtet man die Anatomie, so fällt auf, daß die Imagines stark konzentrierte Nervenballungen in Kopf- und Brustteil besitzen. Das Nervensystem der Larven dagegen ist ein echtes Strickleiternervensystem.

Stachelhäuter. Diese Tiere fallen unter den höher entwickelten Tieren völlig aus dem Rahmen, da ihr Körper nicht wie bei allen anderen zweiseitig, sondern strahlig symmetrisch gebaut ist. Eine systematische und abstammungsmäßige Zuordnung ist demzufolge nach der Morphologie praktisch nicht durchführbar. Ihre Keimesentwicklung jedoch ist so klar und durchsichtig, daß sie zum Musterbeispiel der Ontogenie schlechthin wurde. Die Zygote durchläuft die bekannten Furchungsstadien, wird zur Morula, zur Blastula und schließlich zur Gastrula. Die nun entstehende Larve (Pluteus) ist zweiseitig symmetrisch, mit vielen Fortsätzen versehen und bewimpert. Nach einem mehr oder weniger langen Plankton-Leben bildet sich seitlich an der Larve die strahlig symmetrische Struktur z.B. des Seesterns, der den Rest der Larve nach einiger Zeit abstößt und allein weiterlebt. Die Restlarve geht zugrunde.

Amphibien. Die Entwicklung der Frösche vom Laich im Tümpel über die Kaulquappe zum fertigen Tier ist eine allgemein bekannte Erscheinung. Sie führt uns in anschaulicher Weise die Übergangsphase der Wirbeltiere vom

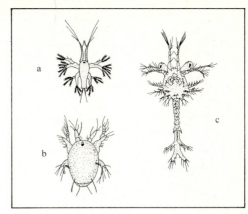

25.1. a und b Nauplius-Larven, c Zoëa-Larve von Krebsen

A Informieren Sie sich über verschiedene Metamorphosen von Insekten und sprechen Sie darüber.

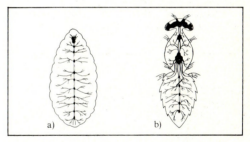

25.2. Nervensystem der Insekten. a) Larve der Biene, b) Imago

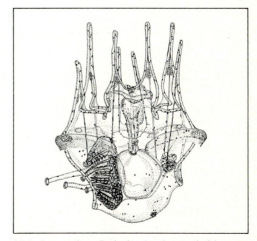

25.3. Larve eines Seeigels. An der zweiseitig symmetrischen Larve bildet sich seitlich die strahlig symmetrische Anlage der Imago, die schon Eigenschaften des Seeigels erkennen läßt.

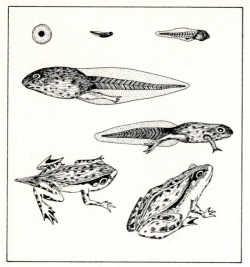

26.1. Metamorphose der Frösche

A Wiederholen Sie den Abschnitt, in dem über Rudimente gesprochen wurde und bringen Sie ihn mit der Ontogenese in Verbindung.

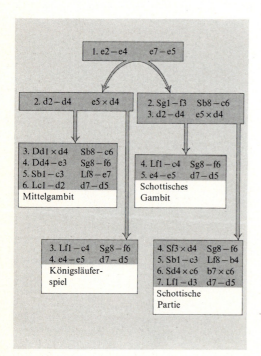

26.2. Verschiedene Möglichkeiten, die Eröffnung des Schachspiels mit dem Königsbauern zu variieren

A Untersuchen Sie in der gleichen Weise die möglichen Damenbauernspiele.

Wasser- zum Landleben vor Augen. Die Kaulquappe gleicht im wesentlichen einem einfachen Fisch. Ihr äußerer Bau zeigt einen rundlichen Körper mit einer fischartigen Schwanzflosse, das Tier atmet durch Kiemen, die die bekannten vier Kiemenbögen zeigen. Die Umbildung zum Frosch ist nun nicht weniger dramatisch als die Metamorphose der Insekten, nur findet jene in der Ungestörtheit der Puppenruhe statt, während die Kaulquappe ihr „normales" Leben weiterführen muß. Aus dem Magen-Darm-Kanal stülpt sich die Aussackung der zukünftigen Lunge, der vierte Kiemenbogen übernimmt die Blutversorgung dieses Atmungsorgans, Beine werden angelegt und ausgebildet, und der Verdauungstrakt muß sich von vegetarischer Nahrung auf Fleischkost umstellen.

2.2.3. Die biogenetische Grundregel

Das biogenetische Grundgesetz „Die Ontogenie ist eine verkürzte Rekapitulation der Phylogenie" war eine zunächst extreme Formulierung HAECKELs. Er hat später selbst daran Einschränkungen gemacht, denn das Gesetz stieß in dieser Form auf Kritik. So wiederholt die Keimesentwicklung nie die Erwachsenenformen der stammesgeschichtlichen Vorfahren, sondern einzelne Stadien ihrer Embryonalentwicklung. Weiterhin gibt es eine große Zahl von Ausnahmen, in denen sich kein Bezug zur Phylogenie herstellen läßt. Deshalb bezeichnet man den Satz heute als *biogenetische Grundregel,* ein Prinzip, das Ausnahmen zuläßt, aber trotzdem wertvolle Hinweise auf stammesgeschichtliche Zusammenhänge gibt.

Es erhebt sich die Frage nach einer kausalen Begründung für die Regel. Wir müssen dazu von der Tatsache ausgehen, daß die Erbanlagen eines Lebewesens in den Kernen der Keimzellen lokalisiert sind. Einige bestimmen die Grundstruktur: „Ringelwurm", „Insekt", „Wirbeltier", andere die Spezialeigenschaften: „Regenwurm", „Biene", „Schaf". Um den Spezialbauplan realisieren zu können, muß der Grundbauplan vorher in seinen wesentlichen Zügen angelegt werden. Das bedeutet, daß die Informationen auf den Genen nacheinander in einer bestimmten Reihenfolge abgerufen werden. Der Vergleich mit dem Schachspiel liegt nahe. Die Zahl der möglichen Varianten ist unübersehbar groß. Es gibt aber nur eine endliche Zahl von Eröffnungen, von denen wieder nur einige zweckmäßig sind. So gleichen Schachspiele einander häufig in den Anfangszügen, während die Differenzierung in verschiedene Varianten erst später eintritt. — Auch das „Ontogenese-Spiel" läuft mehr oder weniger orthodox ab, d.h. die Differenzierung in Seitenäste des Systems erfolgt zu einem früheren oder späteren Zeitpunkt. Die allgemeine Richtung der Entwicklung ist durch den Anfangszug, d.h. die genetische Information über den allgemeine Grundtyp bestimmt.

2.3. Paläontologie

Die Paläontologie ist die Lehre von den Fossilien, d.h. von versteinerten oder anders konservierten Tier- und Pflanzenresten früherer Erdzeitalter. Als Hilfswissenschaft für die Abstammungslehre ist sie die einzige, die mit den aufgefundenen Versteinerungen **unmittelbare Beweise** für die frühere Existenz bestimmter Lebensformen liefern kann. Andere Beweise sind zumeist Schlußfolgerungen, mehr oder weniger zwingende Indizienbeweise. Wir verknüpfen bestimmte, an heute lebenden Tieren und Pflanzen vorgefundene Merkmale und ziehen daraus den Schluß, daß ein entwicklungsgeschichtlicher Zusammenhang vorhanden sein muß. Es ist dann ein glücklicher Zufall, wenn die so gewonnene Erkenntnis durch das Auffinden eines entsprechenden Fossils bestätigt wird.

Hier liegt die Problematik der Paläontologie. Ob Fossilien sich überhaupt gehalten haben und ob sie dann auch gefunden werden, ist Glückssache. Normalerweise geht ein Lebewesen zugrunde, indem es von anderen Lebewesen zerstört wird, letztlich im Fäulnisprozeß durch Bakterien. Es müssen sehr günstige Umstände zusammentreffen, damit dieser Zerfall verhindert wird, so daß sich der Körper oder ein Teil davon oder auch nur seine Spur im Gestein erhält. Dieses aber ist wiederum Zerstörungsprozessen unterworfen. Es verwittert, wird abgetragen, zeitweise stark erhitzt, verformt und gefaltet. Dabei geht zusätzlich ein Teil der Fossilien verloren. So kommt es, daß wir mit zunehmendem Alter der Gesteine immer weniger Fossilien finden, bis sie in den ältesten Gesteinen völlig ausbleiben.

Wir müssen uns dazu vergegenwärtigen, daß die Zeitspannen, die für die Evolutionsprozesse zur Verfügung standen, unvorstellbar groß sind. Die nebenstehende Tabelle versucht einen Begriff davon zu vermitteln. Dabei entfällt auf die Epochen, von denen wir unverformte Ablagerungsgesteine finden, nur ein sehr kleiner Teil der vergangenen Zeit. Die präkambrischen Gesteine sind im Laufe der Jahrmilliarden so stark verändert worden, daß eine Hoffnung auf gut erhaltene Fossilien hier meist illusorisch ist.

2.3.1. Datierungsmethoden

Für die Altersbestimmung der Gesteine und damit der Fossilien stehen uns mehrere Methoden zur Verfügung. Die ursprünglichste ist die, von bekannten Gesteinsbildungsprozessen auf das Alter der Schichten zu schließen. Viele unserer Gesteine entstanden durch Ablagerung fester Stoffe (Sedimentation). Diese Stoffe können als Verwitterungsprodukte heute nicht mehr existierender Gebirge angeschwemmt oder angeweht worden sein. Sie bildeten dann z.B. Sandsteine oder — wenn das Material

Erdzeitalter			Beginn vor Mill. Jahren	Dauer in Mill. Jahren
Käno(Neo)zoikum	Quartär	Holozän	2	2
		Pleistozän		
	Tertiär	Pliozän	70	68
		Miozän		
		Oligozän		
		Eozän		
		Paleozän		
Mesozoikum	Kreide	Oberkreide	135	65
		Unterkreide		
	Jura	Malm	190	55
		Dogger		
		Lias		
	Trias	Keuper	220	30
		Muschelkalk		
		Buntsandstein		
Paläozoikum	Perm	Zechstein	280	60
		Rotliegendes		
	Carbon	Oberkarbon	360	80
		Unterkarbon		
	Devon	Oberdevon	410	50
		Mitteldevon		
		Unterdevon		
	Silur	Obersilur	435	25
		Untersilur		
	Ordovicium	Oberordovicium	500	65
		Mittelordovicium		
		Unterordovicium		
	Kambrium	Oberkambrium	600	100
		Mittelkambrium		
		Unterkambrium		

27.1. Die Erdzeitalter, in deren Ablagerungsgesteinen Fossilien gefunden werden. Die Namen der Erdzeitalter stammen meist von Fundorten, an denen typische Ablagerungen dieser Zeit gefunden wurden.

A Studieren Sie geologische Karten von Deutschland und Europa und stellen Sie fest, welche Gesteine in der Gegend Ihres Wohnorts und Ihrer Urlaubsorte zu finden sind.

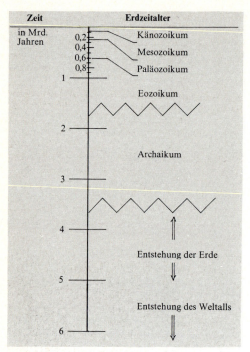

28.1. Zeittafel für die präkambrischen Erdzeitalter. Das Alter der Weltalls wird zur Zeit auf etwa $15 \cdot 10^9$ Jahre geschätzt.

A Verschaffen Sie sich eine Vorstellung von den bisher in der Erdgeschichte abgelaufenen Zeiträumen, indem Sie die beiden vorstehenden Tafeln auf einen Zeitraum von 24 Stunden umrechnen. Setzen Sie die Entstehung der Erde bei $4{,}5 \times 10^9$ Jahren auf Null Uhr an. Stellen Sie das Ergebnis graphisch dar. Wieviel Zeit (Minuten? Sekunden?) nimmt in dem Modell die menschliche Geschichte ein (wieviel ein Jahrtausend, ein Jahrhundert, ein Menschenleben)?

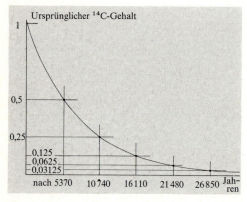

28.2. Halbwertszeitkurve von ^{14}C

sehr feinkörnig war — Schiefer. Aus der Tätigkeit von Lebewesen stammen die organischen Sedimente — Korallenkalke, Muschelkalk, Braun- und Steinkohle. Die Beschaffenheit der Sedimente läßt Schlüsse auf ihre Entstehungsbedingungen zu (Zusammensetzung des Sediments, Korngröße, Grad der chemischen Zersetzung). Man kann daraus z.B. Daten über das Klima während der Sedimentation ermitteln. Findet man heute auf der Erde an bestimmten Stellen ähnliche Bedingungen vor, so ist es unter Umständen möglich, die Sedimentation direkt zu beobachten und von daher auf die Entstehungszeit alter Sedimente zu schließen. Für die Bildung einer Muschelkalkschicht von 1 m Dicke wurde so z.B. ein Zeitraum von etwa 20000 Jahren ermittelt.

Ungestörte Salzlagerstätten zeigen zuweilen eine deutliche Bänderung, die auf eine unterschiedliche Zusammensetzung der Salze hinweist. Diese Bänder sind sozusagen „Jahresringe". Da das Auskristallisieren von Salzen temperaturabhängig ist, bilden sich im Verlauf eines Jahres unterschiedliche Ablagerungen. Ähnliche jahreszeitlich bedingte Bänderungen finden sich in tonigen und schiefrigen Ablagerungen.

In neuerer Zeit wurden die Kenntnisse über den **Zerfall radioaktiver Elemente** für die Gesteins- und Fossiliendatierung bedeutungsvoll. Zwei Faktoren spielen dabei eine Rolle: 1. Wir kennen die Elemente, die sich beim Zerfall natürlich vorkommender radioaktiver Isotope bilden (radioaktive Zerfallsreihen). 2. Jedes Isotop hat eine charakteristische **Halbwertszeit** ($T_{\frac{1}{2}}$), das ist die Zeit, die verstreicht, bis von der Ausgangsmenge des Elements nur noch die Hälfte vorhanden ist.

Das Uranisotop mit der Atommasse 238 (^{238}U) zerfällt in 14 Umwandlungsschritten in das stabile Bleiisotop ^{206}Pb ($T_{\frac{1}{2}}$ von ^{238}U $= 4{,}51 \times 10^9$ Jahre). Acht der Zerfallsschritte erfolgen unter Aussendung von α-Strahlung, das bedeutet, daß dabei Helium frei wird (α-Strahlung = Abspaltung von Helium-Kernen). Wird also eine gewisse Menge ^{238}U (oder eine seiner Verbindungen) bei der Entstehung eines Gesteins in dieses eingeschlossen, so beginnt eine „Uhr" zu laufen, die von äußeren Bedingungen (Druck, Temperatur) unabhängig ist. Um das Isotop bildet sich ein Hof seiner Zerfallsprodukte. Mit Hilfe der **Massenspektrographie** ist es möglich, die Mengen der in dem Gestein enthaltenen Isotope sehr genau zu bestimmen. Vergleicht man die Anteile von ^{238}U und ^{206}Pb bzw. ^{4}He miteinander, so läßt sich unter Einbeziehung der bekannten Halbwertszeiten der Zeitpunkt der Gesteinsentstehung berechnen. — In gleicher Weise läßt sich der Zerfall von ^{40}K in ^{40}Ar ($T_{\frac{1}{2}} = 1{,}27 \times 10^9$ Jahre) und ^{87}Rb in ^{87}Sr ($T_{\frac{1}{2}} = 4{,}7 \times 10^9$ Jahre) zur Altersbestimmung verwenden.

Für die Datierung von Fossilien wird die **Radiocarbonmethode** eingesetzt. Durch die aus dem Weltraum in die

Atmosphäre einfallende kosmische Strahlung wird regelmäßig ein gewisser Teil der hier vorkommenden Stickstoffatome in radioaktiven Kohlenstoff umgewandelt:

$^{14}_{7}N + ^{1}_{0}n \rightarrow ^{14}_{6}C + ^{1}_{1}p$

^{14}C ist ein β-Strahler, d.h. das Isotop sendet beim Zerfall Elektronen aus. Durch Bewegungen der Atmosphäre wird ^{14}C gleichmäßig über die ganze Erde verteilt. Pflanzen assimilieren $^{14}CO_2$, Tiere nehmen die dabei entstandenen Verbindungen auf und bauen sie in ihren Körper ein. So enthalten alle Lebewesen den gleichen prozentualen Anteil an ^{14}C, wie er in der Lufthülle vorhanden ist. In jedem Gramm kohlenstoffhaltiger lebender Substanz zerfallen pro Minute 15,3 Atome ^{14}C. Die freiwerdenden Elektronen kann man messen. Stirbt das Lebewesen, wird die Aufnahme von ^{14}C gestoppt, und die Zerfallsuhr beginnt zu laufen ($T_{\frac{1}{2}}$ von $^{14}C = 5370$ Jahre). Mißt man an einem Fossil also nur noch die Hälfte von 15,3 Atomzerfällen pro Gramm und Minute, so muß das Lebewesen vor 5370 Jahren zu Tode gekommen sein. Es kann allerdings vorkommen, daß der Gehalt an radioaktivem Kohlenstoff in den organischen Materialien durch Austauschvorgänge über das im Boden oder Gestein enthaltene Wasser verändert wird. Dringt nämlich Oberflächenwasser in die fossilienführende Schicht ein, kann die Messung möglicherweise ein zu geringes Alter ergeben. Die Untersuchungen müssen deshalb durch eine sorgfältige Beobachtung der Begleitumstände an der Fossilienlagerstätte ergänzt werden.

2.3.2. Die Fossilisation

Der günstigste Fall, den ein Paläontologe erwarten kann, ist der, daß der gesamte Körper des Tieres oder der Pflanze beim Fund erhalten ist. Das ist naturgemäß äußerst selten, aber es gibt Beispiele. So wird im Zoologischen Museum von Leningrad ein kleines Mammut gezeigt, das man im sibirischen Dauerfrostboden sozusagen in der „Tiefkühltruhe" fand. Der Körper (bis auf den Rüssel, den Raubtiere verzehrten), ist samt Mageninhalt weitgehend gut erhalten. In der gleichen Gegend fand man Reste von eiszeitlichen Nashörnern, allerdings sind die Funde auf einzelne Körperteile beschränkt.

Der modernen Konservierungsmethode durch Eingießen in Kunststoff entspricht die Fossilisation von Insekten, Kleintieren und Pflanzenteilen in Baumharztropfen. Bernsteineinschlüsse sind ein beliebtes Handelsobjekt der Schmuckwarenbranche.

In extrem trockenen Klimaten kann durch völligen Wasserentzug eine Konservierung erfolgen. Fossilien dieser Art bezeichnen wir als Mumien.

Zuweilen erhält sich im Sediment auch der Abdruck der Weichteile eines Tiers, so sind Spuren von Quallen, die

A Beurteilen Sie die Schwierigkeiten, die sich bei der Anwendung der Zeitmeßmethoden mit Hilfe des radioaktiven Zerfalls ergeben.
Wie wird radioaktive Strahlung gemessen? Was versteht man unter dem „Nulleffekt" bei den Messungen? Welche Bedeutung hat der Nulleffekt?
Warum gibt es eine zeitliche Unter- bzw. Obergrenze für den Genauigkeitsbereich der Methoden (betrachten Sie dazu die Halbwertszeitkurve)?
Welche Bedeutung hat das Auftreten von Gasen in den Zerfallsreihen radioaktiver Elemente? Welche Bedeutung hätte die (bisher nicht gemachte) Entdeckung, daß die Intensität der kosmischen Strahlung langzeitlichen Schwankungen unterliegt?
Welche Bedeutung hat die intensive Verwendung fossiler Energieträger in der Gegenwart für die Zeitmeßergebnisse künftiger Archäologen und Paläontologen?

29.1. Junges Mammut aus dem Dauerfrostboden Sibiriens. Das Tier wurde im Sommer 1977 in der Nähe der Stadt Susuman gefunden. Sein Alter wurde nach der Radiokarbonmethode auf 44000 Jahre bestimmt.

29.2. In Bernstein konservierter Flügel einer Schmetterlingsmücke, ca. 40×10^6 Jahre alt.

| A | Stellen Sie fest, wo in der Umgebung Ihres Wohnorts Fossilienfundorte liegen. Besuchen Sie die örtlichen Museen und informieren Sie sich über die paläontologischen Ausstellungsstücke.

| A | Untersuchen Sie an Skeletten Ihrer Schulsammlung die Beziehungen zwischen Muskelpartien und den dazugehörigen Ansatzstellen an den Knochen.

| R | Informieren Sie sich über Körperbau, Lebensweise und Abstammungslinien der Saurier und sprechen Sie darüber. Welche Theorien werden mit dem Aussterben dieser Tiere in Verbindung gebracht?

| R | Informieren Sie sich darüber, mit welchen Methoden heute Fossilien geborgen, freigelegt und rekonstruiert werden! Welche technischen Hilfsmittel werden dazu eingesetzt?

| A | Vergleichen Sie die Tabelle der Leitfossilien mit der geologischen Karte von Deutschland in Ihrem Schulatlas! Welche Fossilien sind in den verschiedenen Gegenden zu erwarten? Berichten Sie eventuell von eigenen Funden und Beobachtungen!

ja keinerlei Hartteile enthalten, im Jurakalk gefunden worden. Meist aber gehen die Weichteile zugrunde, und nur die Skelette bleiben übrig. Sind diese aus anorganischen Substanzen aufgebaut, wie wir es von Knochen und Muschelschalen kennen, erhalten sie ihre Struktur ausgesprochen lange. Der Knochenleim als organische Substanz wird zwar zersetzt, läßt sich aber durch Injektionen entsprechender Stoffe noch am Fundort wieder ersetzen, so daß die Funde beim Transport nicht zerstört werden. Die wohlerhaltenen Saurierskelette im Frankfurter Senckenbergmuseum sind Beispiele für diese Fossilienform.

Chitin und Zellulose zerfallen wie alle organischen Substanzen im Laufe der Zeit, ihre Resistenz ist aber größer als die der Weichteile. Zuweilen kommt es vor, daß diese Fossilien vor ihrer Zersetzung von anorganischen Lösungen, z.B. Kieselsäure, durchtränkt werden, die nach dem Auskristallisieren die Struktur naturgetreu erhalten. (Eigentlich dürfte man nur zu diesen Fossilien „Versteinerung" sagen.) Verkieselte Baumstämme – sie wurden z.B. in Mittelamerika und in Sachsen (Karl-Marx-Stadt) gefunden – liefern in Dünnschliffen einwandfreie mikroskopische Bilder, die eine genaue Bestimmung der Pflanzen ermöglichen.

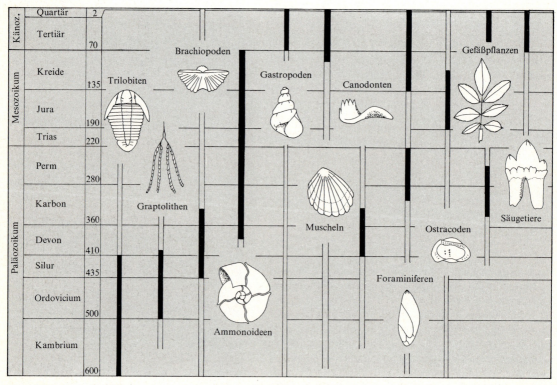

30.1. Wichtige Leitfossilien und ihre Einordnung in die Zeittafel. Doppellinie: Vorkommen der Fossilien, schwarzer Balken: in dieser Zeit liegt die Bedeutung der Funde als Leitfossil.

2.3.3. Rekonstruktion

Auch ohne das Vorhandensein der Weichteile lassen sich die Körperformen eines Tiers nach den Knochen rekonstruieren. Muskeln benötigen Ansatzpunkte am Skelett und je kräftiger der Muskel, desto größer sein Widerlager. An rezenten Tieren lassen sich diese Beziehungen studieren. Es ergibt sich, daß jeder Knochenfortsatz seine Bedeutung hat, überflüssige Formen existieren nicht. Davon ausgehend ist es möglich, die Weichteile auf Grund der Eigenschaften fossiler Knochen nachzubilden. Die bekanntesten Beispiele sind die abenteuerlichen Gestalten der Saurier, die in vielfältigen Darstellungen in der Literatur zu finden sind.

ERICH v. HOLST ist einen Schritt weiter gegangen, indem er ein funktionsfähiges Modell des Flugsauriers *Rhamphorhynchus* konstruierte, das ein Studium der Bewegungsformen dieses Tieres erlaubt.

2.3.4. Besondere Typen von Fossilien

Es gibt Lebensformen, die auf Grund besonders günstiger Umstände in einem Erdzeitalter eine Massenverbreitung fanden, da sie an die Verhältnisse besonders gut angepaßt waren. Als sich die Umweltbedingungen änderten, verschwanden sie. Ihr Vorkommen in den Sedimentgesteinen dieser Erdzeitalter ist so typisch, daß man sie als **Leitfossilien** bezeichnet. Beim Vergleich verschiedener Gesteine ähnlicher Zusammensetzung dienen sie den Geologen als Unterscheidungs- und Einordnungskriterien.

Das andere Extrem bilden die **Dauerformen,** die sich über lange Zeiten ohne Veränderung halten. In einigen Fällen haben sie sich bis in unsere Zeit erhalten und gestatten als „**lebende Fossilien**" besonders eingehende Studien. Zu ihnen gehören die *Lungenfische* Australiens und Südamerikas, der in Asien beheimatete *Ginkgobaum*, die *Schwertschwänze* (Xiphosura) und in der Tiefsee des Indischen Ozeans der berühmte Quastenflosser *Latimeria*. Sie alle sind ausgezeichnet durch einen altertümlichen Bau, wenige verwandte Formen in der heutigen Lebewelt und durch Versteinerungsfunde, die teilweise bis ins Carbon- und Permzeitalter zurückreichen.

2.3.5. Das Problem des Aussterbens

Das auffällige Verschwinden bestimmter Lebensformen von der Erde hat zu mannigfaltigen Erklärungsversuchen Anlaß gegeben. Besonders über das Aussterben der Saurier wird immer wieder spekuliert. Verschiedene Theorien wurden vorgeschlagen, aber nur wenige sind stichhaltig. So wurden geographische und geotektonische Vorgänge (Gebirgsbildungen, Überflutungen) zur Erklärung herangezogen. Da sie aber immer nur relativ kleine Gebiete der Erde betreffen, besteht die Möglichkeit, daß ein Teil

31.1. Flugfähiges Modell des Flugsauriers Rhamphorhynchus. Durch einen Federmotor im Inneren des Tieres werden die Flügel bewegt.

31.2. Ramphorhynchus (Rekonstruktion)

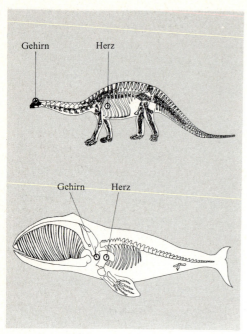

32.1. Vergleich der Lage von Herz und Gehirn zweier etwa gleich großer Wirbeltiere (Saurier und Wal)

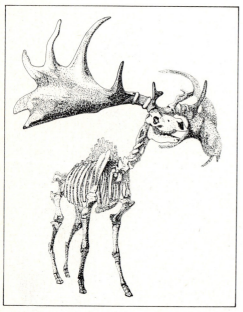

32.2. Extreme Ausbildung des Geweihs beim Riesenhirsch. Er starb am Ende der Eiszeit in Europa aus. Die Extremform wird mit der Wirkung überoptimaler Auslöser beim Balzverhalten in Verbindung gebracht.

der Gattung woanders überlebt. Krankheiten kommen deshalb nicht in Betracht, da man ihre Symptome ausgesprochen verbreitet an Fossilien findet, auch an Fossilien von Dauerformen. Sie sind bestenfalls für einzelne Formen in geographisch abgrenzbaren Arealen ausschlaggebend. Auch kosmische Einflüsse (Zusammenbruch des Magnetfelds der Erde und damit Erhöhung der einfallenden kosmischen Strahlung) können nicht herangezogen werden, da sie nicht selektiv wirken, sondern auf alle Lebensformen unterschiedslos einwirken.

Die Lösung des Problems liefern die paläontologischen Funde selbst. Man kann beobachten, daß eine neue Lebensform als relativ einfache, kleine und unspezialisierte Form auf der Erde erscheint. Im Laufe der Entwicklung differenziert sich der Typus durch die Anpassung an ökologische Nischen zunehmend, wobei eine immer stärker werdende Spezialisierung eintritt. Diese führt unter Umständen zur **Überspezialisierung** und zur Ausbildung von **Extremformen,** die als charakteristische Strukturen häufig vor dem Erlöschen einer Art auftreten. Dauerformen dagegen behalten einen ausbalancierten Bauplan bei. Sie sind nie überspezialisiert.

Verschiedene Saurierformen entwickelten — aus welchen Gründen auch immer — einen überdimensional langen Hals. Er muß jedenfalls einen Selektionsvorteil geboten haben. Dadurch aber wurde die Entfernung zwischen Gehirn und Herz sehr groß, was die Durchblutung des Gehirns beeinträchtigte. Möglicherweise war die daraus resultierende verringerte Verhaltensflexibilität für den Untergang dieser Saurier verantwortlich. Als leistungsfähigere Tiere in ihrem Lebensraum auftauchten, waren sie diesen nicht gewachsen. Bei Walen, die heute eine den Sauriern vergleichbare Größe erreichen, liegt das Gehirn in unmittelbarer Nähe des Herzens.

Die hochspezialisierten Formen mögen an einen bestimmten Biotop wohl recht gut angepaßt gewesen sein. Da aber ein einmal eingeführtes Formprinzip in der Evolution nicht mehr rückgängig gemacht wird, sind sie geringfügigen Umweltänderungen schutzlos preisgegeben und haben keine Möglichkeit des Ausweichens. Deshalb sind die besonderen Umstände, die für das Aussterben bestimmter Formen verantwortlich gemacht werden, wohl im Einzelfall zutreffend. Insgesamt lassen sie sich aber fast ausnahmslos auf das hier beschriebene Prinzip zurückführen.

2.3.6. Fossilien von besonderer Bedeutung

Älteste Fossilien. Die ältesten Gesteine, die man bisher datieren konnte, sind etwa $3,8 \times 10^9$ Jahre alt (Gneise in SW-Minnesota). Nur wenig später treten in verschiedenen Formationen fädige und kugelige Kohlenstoffansammlungen auf, von denen unklar ist, ob sie organischen Ursprungs sind. Die ältesten Fossilreste, von denen man dies annehmen kann, sind die **Stromatolithen-Funde** aus Rhodesien, deren Alter mit 2,9 bis $3,2 \times 10^9$ Jahren angegeben wird. Es sind Kalkkonkretionen mit organischen Einlagerungen, von denen man annimmt, daß sie photosynthetisch entstanden sind. Möglicherweise handelt es sich um Reste von Blaualgen. Fossilien dieser Art, die sich mit abnehmendem Alter immer stärker strukturieren, findet man in mehreren Schichten des gesamten Präkambriums.

Im jüngsten Präkambrium lassen sich die ersten Metazoen nachweisen. Vielzellige Algen finden sich in Norwegen. Die Spuren von röhrenbauenden Tieren wurden beim Kupferabbau in Sambia und Zaire festgestellt (ca. 1×10^9 Jahre alt). Das bedeutendste Vorkommen ursprünglicher Vielzeller aber ist die **Ediacara-Fauna** in Südaustralien (ca. 0,7 bis $0,5 \times 10^9$ Jahre alt). Hier wurden 1947 etwa 30 Arten verschiedener Vielzeller gefunden, unter denen die Hohltiere und Ringelwürmer besonders hervortreten. Seit dem Ende des vorigen Jahrhunderts ist die **Burgess-Fauna** bekannt. Bei Eisenbahnbauten wurden am Mt-Burgess östlich von Vancouver in Kanada reiche Fossil-Vorkommen festgestellt, die dem ältesten Kambrium (ca. 550 Mio. Jahre alt) zuzuordnen sind. (Die kanadische 10-Dollar-Note zeigt den Berg auf der Rückseite!) Sie enthalten Reste von praktisch allen Gruppen der Wirbellosen in vorzüglichem Erhaltungszustand.

Es ist auffällig, daß mit dem Beginn des Kambriums so plötzlich eine Vielfalt von Fossilien auftritt, obgleich die älteren Schichten nur spärliche Reste vorzuweisen haben. Das mag daran liegen, daß die früh- und mittelpräkambrischen Formen nur in geringem Maße Hartteile besaßen. Skelette treten erst mit dem Beginn des Kambriums auf und begünstigen damit die Fossil-Bildung. Möglicherweise steht diese Erscheinung mit den Änderungen in der Zusammensetzung der Erdatmosphäre in Zusammenhang. Seit dem mittleren Präkambrium wird die Atmosphäre, die vorher keinen Sauerstoff enthielt, durch die Photosynthese der Pflanzen zunehmend sauerstoffreicher. Voraussetzung für die Bildung harter Körperteile ist die Existenz von Kollagen — einer festen Eiweißart, die in Bindegeweben und Knochen vorkommt. Kollagen aber kann nur in Gegenwart von Sauerstoff gebildet werden. Die Ausnutzung des atmosphärischen Sauerstoffs sowie die vielfältigen ökologischen Rückkopplungen, die sich daraus ergeben, können unter Umständen für den „Faunensprung" im Kambrium verantwortlich sein.

Entwicklungsreihen. Es ist unwahrscheinlich, daß sich für den gesamten Stammbaum (oder Stammbusch) der Lebewesen lückenlose Fossilienbeweise finden lassen. Und doch gibt es Entwicklungslinien, die es gestatten, den Ablauf der Evolution exemplarisch nachzuvollziehen.

Die für das Jura-Zeitalter charakteristischen **Ammoniten** lassen eine zunehmende Differenzierung ihrer Schalen-

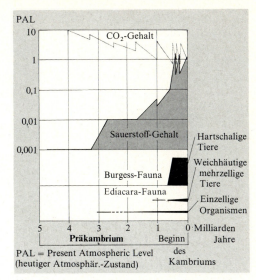

33.1. Zusammenhang zwischen der Zusammensetzung der Erdatmosphäre und dem Auftreten von Fossilien. In der hypothetischen Darstellung des CO_2- bzw. O_2-Gehalts ist die heutige Konzentration der Gase mit 1 bezeichnet. Die Schwankungen hängen möglicherweise mit Gebirgsbildungen zusammen

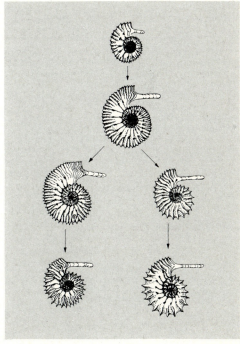

33.2. Aufspaltung der Entwicklungsreihe einer Ammonitengattung im mittleren Jura

oberfläche erkennen, wobei eine Form aus der anderen hervorgeht. Auch die Kammerscheidewände — ursprünglich uhrglasförmig, verbiegen und fälteln sich zunehmend.

Besonders eindrucksvoll sind die Entwicklungslinien der Säugetiere, von denen die **Pferde** wohl am besten untersucht sind. Gingen ihre Vorfahren im Tertiär als Sumpfwaldbewohner auf breiten, fünfzehigen Füßen, so wandelten sie sich bis heute durch eine zunehmende Reduzierung der Hinterzehen zu schnell laufenden Steppentieren um, die nur noch auf einer, der mittleren Zehe, stehen. Gleichzeitig vollzieht sich eine Umwandlung der Zähne, die vorher weiche Blätter zu zerkleinern hatten, zu einem Grasfressergebiß, das mit wesentlich härteren Nahrungsbestandteilen fertig werden muß.

Auch für die Elefanten liegen Funde vor, die uns die Kontinuität von kleinen, voll bezahnten Tieren bis zu den großen, mit Stoßzähnen bewehrten Formen deutlich machen.

Für alle Entwicklungsreihen ist charakteristisch, daß sie nicht geradlinig verlaufen, sondern sich immer wieder in Seitenäste verzweigen, die meist aussterben und einem erfolgreichen neuen Hauptast Platz machen.

34.1. Das am besten erhaltene der drei bekannten Archaeopteryx-Fossilien

Brückentiere. Besondere Glücksfälle der Paläontologie sind Übergangsformen, die die Merkmale der älteren Großgruppe mit denen der neuentstehenden vereinen. Das bekannteste Beispiel ist der Urvogel **Archaeopteryx**, von dem inzwischen drei Exemplare im fränkischen Jura gefunden wurden. Er vereinigt Merkmale der Vögel und der Reptilien in seinem Körper. Ob er allerdings wie ein Vogel geflogen ist, wird verschiedentlich angezweifelt, da der Skelettbau dem kleinerer Saurier auffällig gleicht. Möglicherweise dienten seine Federn nur der Erhaltung der Körpertemperatur. Anatomisch aber ist er mit dem Mosaik aus Vogel- und Reptileigenschaften das klassische Brückentier.

Vogel	Reptil
Vogelschädel, große Augen	Einfaches Gehirn, kleines Kleinhirn
3 Finger im Flügel	Kegelzähne
Form der Unter- und Oberarmknochen, Schultergürtel	Finger nicht verwachsen
	Rippen ohne Versteifungsfortsätze
Schambein nach hinten gerichtet, verlängert	Beckenknochen nicht verwachsen
Vogelbeine und Vogelfüße (1. Zehe nach hinten gerichtet, Mittelfußknochen bildet Lauf)	Schienbein und Wadenbein nicht verwachsen
	Mittelfußknochen nicht verwachsen
	Lange Schwanzwirbelsäule

34.2. Gegenüberstellung der Vogel- bzw. Reptilienmerkmale beim Archaeopteryx

Eine Übergangsform zwischen den Reptilien und den Säugern ist der etwa hundegroße **Cynognathus** aus der Trias Südafrikas. Er besaß ein Raubtiergebiß wie die Säugetiere, und auch sein Gaumen war säugetierähnlich gebaut. Das Skelett aber zeigt typische Reptilienmerkmale. Ob das Tier seine Jungen schon säugte, ob es Schuppen bzw. ein Haarkleid hatte, wird ungeklärt bleiben, denn darüber sagen die fossilen Reste nichts aus.

Zwischen den Fischen und Amphibien vermittelt der „Fisch mit Beinen" **Ichthyostega**. Er wurde im grönländischen Devon gefunden. Sein Körperbau erinnert stark an die noch zu den Fischen gehörenden Quastenflosser (als „lebende Fossilien" im Indischen Ozean gefangen), aber die Ausbildung der Extremitäten mit fünf Zehen weist darauf hin, daß die Beine nicht mehr Notbehelf zur Rettung bei Strandung waren, sondern wirksame Fortbewegungsinstrumente auf dem Land darstellten.

34.3. Cynognathus, Zwischenform zwischen Reptilien und Säugern

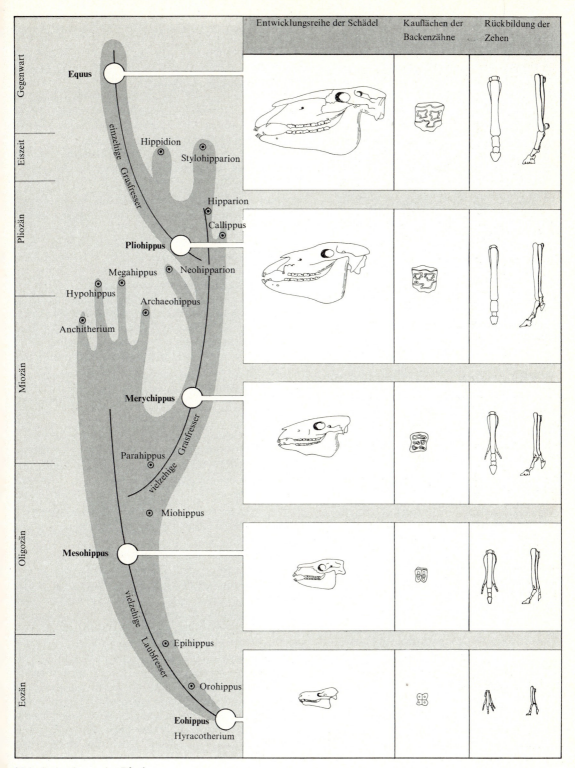

35.1. Stammbaum der Pferde

Bei Betrachtung der Verbreitungsweise der organischen Wesen über die Erdoberfläche ist die erste wichtige Thatsache, welche uns in die Augen fällt, die, dasz weder die Ähnlichkeit noch die Unähnlichkeit der Bewohner verschiedener Gegenden aus climatischen und anderen physikalischen Bedingungen völlig erklärbar ist.

Das Beispiel Americas allein würde beinahe schon genügen, seine Richtigkeit zu erweisen. Denn alle Autoren stimmen darin überein, dasz mit Ausschlusz der arktischen und nördlichen gemäszigten Theile die Trennung der alten und der neuen Welt eine der fundamentalsten Abtheilungen bei der geographischen Verbreitung der Organismen bildet. Wenn wir aber den weiten americanischen Continent von den centralen Theilen der Vereinigten Staaten an bis zu seinem südlichsten Punkte durchwandern, so begegnen wir den allerverschiedenartigsten Lebensbedingungen, feuchten Landstrichen und den trockensten Wüsten, hohen Gebirgen und grasigen Ebenen, Wäldern und Marschen, Seen und groszen Strömen mit fast jeder Temperatur. Es gibt kaum ein Clima oder einen besonderen Zustand eines Bezirkes in der alten Welt, wozu sich nicht eine Parallele in der neuen fände, so ähnlich wenigstens, als dies zum Fortkommen der nämlichen Arten allgemein erforderlich ist. So gibt es ohne Zweifel zwar in der alten Welt wohl einige kleine Stellen, welche heiszer als irgend welche in der neuen sind; doch haben diese keine von der der umgebenden Districte abweichende Fauna; denn man findet sehr selten eine Gruppe von Organismen auf einen kleinen Bezirk beschränkt, welcher nur in einem unbedeutenden Grade eigenthümliche Lebensbedingungen darbietet. Aber ungeachtet dieses allgemeinen Parallelismus in den Lebensbedingungen der alten und der neuen Welt, wie weit sind ihre lebenden Bewohner verschieden!

Wenn wir in der südlichen Halbkugel grosze Landstriche in Australien, Süd-Africa und West-Süd-America zwischen 25°–35° S.B. mit einander vergleichen, so werden wir manche in allen ihren natürlichen Verhältnissen einander äuszerst ähnliche Theile finden, und doch würde es nicht möglich sein, drei einander völlig unähnliche Faunen und Floren ausfindig zu machen. Oder wenn wir die Naturproducte Süd-Americas im Süden vom 35° Br. und im Norden vom 25° Br. mit einander vergleichen, die also durch einen Zwischenraum von zehn Breitengraden von einander getrennt und beträchtlich verschiedenen Lebensbedingungen ausgesetzt sind, so zeigen sich dieselben doch einander unvergleichbar näher mit einander verwandt, als die in Australien und Africa in einerlei Clima leben.

36.1. DARWIN, Über die Entstehung der Arten (Beginn des zwölften Kapitels)

2.4. Tier- und Pflanzengeographie

Daß Tiere und Pflanzen weit entfernter Länder sich von unseren einheimischen unterscheiden, ist eine Binsenweisheit, die gleichwohl seit frühester Zeit die Neugier weckte und Wißbegierige wie Abenteurer in die Ferne lockte. Die oft phantasievoll ausgeschmückten Berichte, die — da sie kaum nachprüfbar waren — auch manche dichterische Freiheit enthielten, geben uns Zeugnis davon. So sind Tiere wie die Seeschlange oder das Einhorn nie gefunden worden. Sie waren Produkte einer einfallsreichen Phantasie.

Mit dem Aufblühen der Naturwissenschaften und der damit einsetzenden systematischen Bestandsaufnahme der Lebewesen wurden die Vorstellungen solider. Man begann nicht nur nach dem „Wie" der Struktur, sondern auch nach dem „Warum" zu fragen. In DARWINs Hauptwerk finden wir Abschnitte, die sich mit dem Vorkommen bestimmter Lebensformen in verschiedenen Gebieten der Erde befassen. Sie bilden einen Baustein des Mosaiks, das das Gebäude der Evolutionstheorie darstellt. Auch sein Zeitgenosse WALLACE begründete seine Evolutionstheorie nicht zuletzt mit den Beobachtungen, die er auf Reisen in tropische Urwaldgebiete gemacht hatte.

Wir betrachten heute die geographischen Grundlagen der Abstammungslehre unter drei Gesichtspunkten, die uns die Gliederung der folgenden Abschnitte vorgeben: Es sind dies

1. Der ökologische Aspekt, das ist die Beziehung der Lebewesen zu ihrer unmittelbaren Umwelt.

2. Der historische Aspekt, hier stellt sich die Frage nach der Besiedelungsgeschichte und dem Gewordensein einer Lebensgemeinschaft.

3. Die cytologischen Probleme, die im Zusammenhang mit der geographischen Verbreitung auftreten.

2.4.1. Die Hauptökosysteme der Welt

Der Vater der Pflanzengeographie ist der Deutsche ALEXANDER v. HUMBOLDT, der auf Forschungsreisen durch Südamerika im ersten Jahrzehnt des vorigen Jahrhunderts eine umfassende Kenntnis der Tropenvegetation erwarb. In seinen Werken *Ideen zu einer Geographie der Pflanzen* und *Ideen zu einer Physiognomik der Gewächse* stellt er die Zusammenhänge zwischen Vegetation und Temperatur in Abhängigkeit von geographischer Breite und Höhenlage dar. Er versucht, die morphologischen Eigenschaften der Pflanzen in typischen Gruppen zusammenzufassen (Palmen, Heidekräuter, Cactus-Form, Nadelhölzer, Gras-Form usw.). Diese Ordnung entfernt sich zwar vom natürlichen System, führt aber zwangsläufig zu dem entwicklungsgeschichtlich wichtigen Begriff der **Konvergenz**.

Klimazone	Vegetationszone und Wuchsformen	Landschaftsbeispiel
1. Äquatoriale Zone ca. 10° N bis 10° S. In der Temperatur stärkere Tagesschwankungen als Monatsschwankungen, Mittelwert ca. 27 °C. Ganzjährig starke Zenitalregen mit zwei Maxima im März und September	**Tropischer, immergrüner Regenwald** Artenreich, üppig, kaum Koniferen. Sehr hohe Stämme mit Brettwurzeln, dünne Borke, teilweise recht große Blätter, Lianen und Epiphyten	Kongo-Becken, Amazonastiefland
2. Tropische Zone 10. Breitengrad bis ca. Wendekreise. Jahreszeitliche Temperaturschwankungen. Regen in der warmen, Trockenheit in der kühlen Periode. Niederschlagsmenge sinkt mit der Entfernung vom Äquator	**Feuchtsavanne** Bäume niedriger, stärker verzweigt, kleinere Blätter, dickere Borke als im Regenwald. Periodischer Laubfall. Galeriewälder, aufgelockerte Parklandschaft	Llanos (Orinoco), Campos (Brasilien)
	Trockensavanne Laubwerfende, lockere Trockenwälder, steppenartige Grasfluren. Ausgedehnte Wurzelsysteme	Sahel-Zone Afrikas
	Dornsavanne Lockere Dornwälder, Dorngebüsch mit Sukkulenten, niedrige Grasfluren, ausgedehnte Wurzelsysteme	Caatingas (Brasilien)
3. Subtropische Trockenzone 25. bis 30. Breitengrad. Äußerst geringe Niederschläge, große Tagesschwankungen der Temperatur, niedrige Luftfeuchtigkeit, hohe Einstrahlungsintensität	**Wüsten und Halbwüsten** Sehr geringer Deckungsgrad der Vegetation, ausgesprochen weitverzweigte Wurzelsysteme. Xerophyten, Sukkulenten, widerstandsfähige Überdauerungsorgane (Wurzeln, Samen)	Nordafrika, Saudi-Arabien, Persien, Australien
4. Übergangszone mit Winterregen ca. 40. Breitengrad. Lange Trockenperiode im Sommer, Winter mild und frostarm	**Hartlaubvegetation („Mediterranflora")** Xeromorphie, oft kleine, feste, teilweise nadelförmige Blätter, teils immergrün, sehr widerstandsfähig	Mittelmeergebiet, Westküsten der Kontinente
5. Warm gemäßigte Zone Winter fast frostfrei, feuchte und warme Sommer	**Gemäßigte immergrüne Wälder** Hartlaubvegetation, Blätter etwas größer als in der Mittelmeervegetation	Ostküsten der Kontinente
6. Typisch gemäßigte Zone Teilweise kalte Winter, kühle Sommer, Temp. mind. 4 Monate lang über 10 °C	**Sommergrüne Laubwälder** Laubfall im Herbst	Mitteleuropa, USA, Kanada
7. Trocken gemäßigte Zone Starke Temp.-Gegensätze zwischen Sommer und Winter, Kontinentalklima	**Baumlose Vegetation** Steppen und Halbwüsten	Prärie N.-Amerikas, Steppen Ungarns und der Sowjetunion
8. Kaltgemäßigte Zone Winter kalt und feucht, kühle Sommer. Weniger als 4 Monate wärmer als 10 °C	**Boreale Nadelwälder** Lärchen, Fichten, nur wenige kleinblättrige Laubbäume	Taiga, Waldgürtel im nördlichen N.-Amerika, Skandinavien und Eurasien
9. Arktische Zone Ganzjährig Niederschläge, tiefe Temperaturen, geringe Verdunstung, im Sommer keine Dunkelheit	**Tundra** Baumlos, Zwergformen der Vegetation, Moose und Flechten	Nordrand der Kontinente der nördl. Halbkugel, auf der Südhalbkugel nur spärlich auf Inseln

37.1. Klima- und Vegetationszonen der Erde

A Informieren Sie sich in Nachschlagewerken und Lexika über die Fachausdrücke, die in der Tabelle der Klimazonen auftauchen.

A Stellen Sie zu den Vegetationszonen typische Vertreter der Tierwelt, und besprechen Sie deren Anpassungen an den betreffenden Lebensraum.

A Die **Bergmannsche Regel** lautet:
„Die Größe von Säugern gleicher Art bzw. Gattung nimmt zu den Polen hin zu."
Die **Allensche Proportionsregel** lautet:
„Die Säuger in kälteren Klimaten haben eine gedrungenere Körperform, kürzere Gliedmaßen, Ohren und Schwänze als ihre Verwandten in den wärmeren Gebieten."
Suchen Sie aus Tierbüchern Vertreter, auf die diese Regeln zutreffen.
Versuchen Sie, für diese Regeln eine Begründung zu finden.

A Welche Bedeutung hat das Laubwerfen der Bäume im gemäßigten Klima und in Savannengebieten?

A Übertragen Sie die temperaturabhängigen Vegetationszonen auf die Höhenstufen der Gebirge. Prüfen Sie die Ergebnisse an Ihnen bekannten Gebirgsregionen (Erdkundeunterricht, Urlaubsreisen). Berichten Sie über eigene Beobachtungen.

R Informieren Sie sich über die Grundlagen und Aussagen der **Kontinentalverschiebungstheorie**, und sprechen Sie darüber.

A Fassen Sie den DARWINschen Text über den Zusammenhang zwischen geographischer Verbreitung und Lebensform zusammen. Formulieren Sie den Inhalt in wenigen Thesen!

A Suchen Sie nach Beispielen für ökologische Nischen! Berücksichtigen Sie dabei Gesichtspunkte wie Lebensraum, Nahrungsspezialisierung, Zeit der biologischen Aktivität, in der Botanik Blütezeit, Zeit der Fruchtbildung, Ansprüche an den Boden.

A Suchen Sie Beispiele von Pflanzen und Tieren, die auf ein ganz bestimmtes, kleinräumiges Lebensgebiet beschränkt sind! Versuchen Sie den Grund für diese Einmaligkeit zu finden!

A Wiederholen Sie die in früheren Klassen oder Kursen behandelten Zellteilungsmechanismen! Informieren Sie sich über die Entstehung von Polyploidie und ihre Bedeutung für die Kulturpflanzenzüchtung!

Die Tabelle auf Seite 37 zeigt eine Zusammenstellung der wesentlichsten Vegetationszonen mit den dazugehörigen typischen Lebensformen. Diese Einteilung ist durch die unterschiedliche Energieeinstrahlung in Abhängigkeit von der Breitenlage vorgegeben. Sie wird überlagert durch die geomorphologischen Verhältnisse, die die Oberflächengestalt der Erde bestimmen. So finden wir spezielle Lebensformen in den Meeren und an den Küsten, wobei hier wiederum die örtlichen spezifischen Bedingungen besondere Anpassungen schaffen (Brandung, Felsküste, Watt usw.). Großflächige Festländer besitzen andere klimatische Bedingungen als die Gebiete in Meeresnähe (Kontinentalklima, Seeklima). Die Extreme bilden die fast vegetationslosen Wüsten einerseits und die besonders regenreichen Küstengebiete Südostasiens andererseits. Nicht zuletzt bestimmen die lokalen Verhältnisse kleinräumiger Gebiete die Zusammensetzung der Lebensgemeinschaften. Der Boden kann basische oder saure Reaktion zeigen, feucht oder trocken sein, Schutz vor klimatischen Einflüssen oder in extremen Lagen ungünstige Verhältnisse bieten.

So bilden Breitenlage, geographische Lage und lokale Bedingungen ein Mosaik von klimatischen und chemischen Umwelteinflüssen, in das sich die Lebewesen, so gut es geht, einpassen müssen. Durch die speziellen Anpassungen, die sie dabei erwerben, gewinnen sie einen Vorteil gegenüber ihren Konkurrenten. Die Anpassung ermöglicht ein Überleben an Orten, die andere Tiere oder Pflanzen nicht besiedeln können. Ein Lebewesen erschließt durch die Anpassung eine „ökologische Nische", einen Freiraum, in dem es vor der Konkurrenz anderer sicher ist.

Ähnliche ökologische Nischen erzeugen auf diese Weise ähnliche Anpassungen. Schon DARWIN wies darauf hin (siehe Text), daß gleichartige Lebensräume zur Bildung von ähnlichen Lebensformen führen. Diese Tatsache ist ein wichtiger Baustein in der Kette der Indizienbeweise zur Evolution. Die Tabelle der Klima- und Vegetationszonen bietet dafür großräumige Beispiele.

2.4.2. Isolierte Gebiete

Die Gestalt der Erde ist einem steten Wandel unterworfen. Gebirge entstehen und werden abgetragen, Inseln tauchen auf, Halbinseln werden abgeschnitten und ganze Kontinente bewegen sich in verschiedenen Richtungen über die Erdoberfläche. Dies geschieht seit der Entstehung der Erde ununterbrochen und natürlich in Gegenwart der in diesen Gebieten lebenden Pflanzen und Tiere. Sie werden mit ihren Wohngebieten transportiert, gehoben, gesenkt und vom Festland abgetrennt, Gebirge zerteilen vorher zusammenhängende Areale. Zufällig auf neu entstandene Inseln verschlagene Lebewesen finden hier Bedingungen, die eine neue, einzigartige Entwicklung zulassen. In jüngster Zeit bieten die neuen vulkanischen Inseln um Island ein ideales Beobachtungsfeld für diese Experimente der Natur.

Der Prozeß der Isolation von Populationen läßt sich nachträglich am Erscheinungsbild der Lebensformen ablesen. Das bedeutendste Beispiel liefern die Beuteltiere Australiens. Sie ernähren ihre Jungen, wie alle Säugetiere, mit Milch, aber die Jungen sitzen während des Säugens in einer Hauttasche am Bauch. Das Känguruh ist für diese Art der Brutpflege bekannt. Die Beuteltiere sind aber nur in der Umgebung des australischen Kontinents und auf demselben zu finden. In der übrigen Welt treten sie nicht auf. Nur das amerikanische Opossum bildet eine Ausnahme. Man kann diese auffällige Erscheinung nur so erklären, daß der australische Kontinent zu der Zeit, als die Säugetiere entstanden, noch mit den übrigen Kontinenten zusammenhing (die Wegenersche Kontinentalverschiebungstheorie liefert dafür auch die Belege). In dieser Zeit sahen alle Säugetiere wie Beuteltiere aus. Mit der Abtrennung Australiens wurden diese urtümlichen Wesen isoliert. Auf den anderen Kontinenten starben sie — bis auf das Opossum — aus, denn hier entstanden die leistungsfähigeren höheren Säugetiere, deren Konkurrenz die Beuteltiere weichen mußten.

In abgeschlossenen Lebensräumen vorkommende und nur hier zu findende Formen bezeichnet man als **Endemiten** (Endemismus, endemisch). Die Floren und Faunen von Australien und Madagaskar, die ebenfalls seit langer Zeit isoliert sind, sind zu mehr als drei Vierteln endemisch.

Es ist allerdings bemerkenswert, daß die Beuteltiere in ihrem Lebensraum die gleichen Lebensformen hervorbrachten wie die höheren Säugetiere auf den anderen Kontinenten. Es gibt z.B. den Beutelbär, die Beutelratte und den Beutelmarder. Sie gleichen den Formen ohne Beutel auffällig. Wir sehen darin eine Bestätigung des Prinzips, daß ökologische Nischen auch ausgenutzt werden, so daß ähnliche Lebensräume zu ähnlichen Lebensformen führen. Die Ausnutzung ökologischer Nischen in isolierten Gebieten beschrieb DARWIN für die Finken der Galapagos-Inseln im Pazifischen Ozean. Die Vögel, die nach der Entstehung der Inseln von Südamerika her einwanderten, spezialisierten sich unter dem Druck der gegenseitigen Konkurrenz auf bestimmte Nahrungsquellen, wobei Schnabelformen entstanden, die genau an die jeweilige Nahrung angepaßt sind.

2.4.3. Verbreitungsgeographische Bedeutung der Chromosomenzahl

Körperzellen enthalten normalerweise diploide Chromosomensätze. Manchmal kann durch Störungen im Mitosegeschehen, z.B. bei der Verteilung der bereits verdoppelten Chromosomen ein vielfacher Chromosomensatz entstehen.

| R | Informieren Sie sich in der Literatur (Tierbücher, Brehm, Grzimek usw.) über Beuteltiere und Kloakentiere. Welches sind ihre anatomischen und morphologischen Merkmale, und wo kommen sie vor? |

Nahrung	Lebensraum	Schnabelform
Insekten	Bäume	*Pinaroloxias inornata*
		Certhidia olivacea
		Camarrhynchus pallidus
		Camarrhynchus heliobates
		Camarrhynchus parvulus
		Camarrhynchus pauper
		Camarrhynchus psittacula
		Camarrhynchus crassirostris
Pflanzen	Kakteen	*Geospiza conirostris*
		Geospiza scandens
		Geospiza difficilis
	Boden	*Geospiza fuliginosa*
		Geospiza fortis
		Geospiza magnirostris

39.1. Schnabelformen der Darwin-Finken. Vom südamerikanischen Festland wanderte ein körnerfressender, bodenbewohnender Fink (Geospiza) auf die Galapagos-Inseln ein. Durch Ausnutzung diverser ökologischer Nischen entstanden die Anpassungen der Schnabelformen.

| A | Bringen Sie die Schnabelformen in der Abbildung mit der Nahrung der Vögel in Verbindung. |

	Mittl. Breitengrad	Polyploidiegrad
Peary-Land	82,6°	85,9%
Spitzbergen	79,0°	76,2%
SW-Grönland	65,5°	71,0%
Island	65,0°	65,9%
Faröer	62,0°	68,3%
Schweden	62,3°	56,9%
Schleswig-Holstein	54,3°	54,5%
Großbritannien	55,5°	53,3%
Zentraleuropa	50,8°	50,9%
Ungarn	47,3°	48,6%
Rumänien	45,8°	46,8%
Kykladen	37,0°	37,0%
Alger. Nordsahara	31,0°	37,8%

40.1. Zusammenhang zwischen Polyploidiegrad und Breitengrad

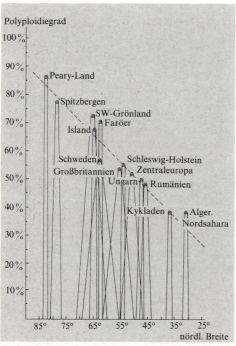

40.2. Darstellung der Beziehung zwischen Polyploidiegrad und Breitenlage des Wohngebiets pflanzlicher Lebensgemeinschaften in Europa. Die Grundflächenbreite der eingezeichneten Dreiecke gibt die Nord-Süd-Ausdehnung der betreffenden Areale an.

Wir sprechen dann von polyploiden Zellen. Viele unserer Kulturpflanzen sind polyploid. Auch die Zellkerne von physiologisch stark aktiven Organen, wie etwa Drüsenzellen, haben vervielfachte Chromosomensätze.

Bei der Untersuchung der chromosomalen Zusammensetzung der Genome in verschiedenen Lebensgemeinschaften fiel auf, daß der Anteil an polyploiden Pflanzen zunimmt, je weiter nördlich die Gesellschaft angesiedelt ist. Etwa die Hälfte (54,5%) der in Schleswig-Holstein beheimateten Pflanzen ist polyploid. Polarfloren zeigen einen Anteil von 80% bis 90% polyploider Pflanzen.

Zunehmender Breitengrad bedeutet Verschlechterung der klimatischen Verhältnisse. Man könnte meinen, daß Standortschwierigkeiten zu einer Erhöhung des Prozentsatzes an Polyploiden führen. Dem steht entgegen, daß in subtropischen Gebieten (Nordrand der Sahara) nicht weniger extreme Bedingungen herrschen, hier aber liegt der Prozentsatz niedrig. Das Ursachengefüge ist vielmehr umgekehrt: Der Prozentsatz an Polyploiden ist nicht deshalb hoch, weil die Bedingungen schlecht sind, sondern unter schlechten Bedingungen haben Polyploide die besseren Überlebenschancen.

Die Erhöhung der Chromosomenzahl bringt es mit sich, daß eine neuauftretende Mutation mehr Möglichkeiten zur Kombination mit anderen Genen hat. Dadurch steigt die Variabilität der polyploiden Formen gegenüber den diploiden stark an. Diploide sind nicht weniger lebenstüchtig als polyploide. Bei der Besiedelung freiwerdender Areale verschafft jedoch die größere Plastizität den Polyploiden einen Vorteil. Da aber die nördlichen Gebiete Europas „erst vor kurzem" vom Eis befreit wurden, dauert der Neubesiedelungsprozeß noch an und bietet uns das Polyploidiebild, das wir vorfinden. Polyploide sind die Vorposten der Neukolonisation, die auf Grund ihrer Variabilität die neuen Verhältnisse „austesten" und den Boden für Nachfolger vorbereiten.

Die gleiche Erscheinung zeigt sich übrigens bei der Besiedelung neuentstehender Freiflächen in unseren Tagen. Die Trümmerflora der im zweiten Weltkrieg zerstörten Städte („Ruderalflora") zeigte mehr Polyploide als die Pflanzengesellschaften benachbarter Gebiete. Auch auf neuentstehenden Inseln dominieren am Anfang die Polyploiden. 1854 entstand vor der Küste von Dithmarschen die Insel Trischen. Ihre Gesellschaften zeigen immer noch einen etwas höheren Polyploidiegrad als die der restlichen friesischen Inseln. Allerdings geht der Anteil der Polyploiden in kleinräumigen Arealen bald wieder zurück und pendelt sich auf das Normalmaß der Umgebung ein.

Die eingangs erwähnte Flora der nördlichen Sahara ist keine Pioniergesellschaft, sondern ein Relikt der Pflanzenwelt, die hier während der europäischen Eiszeit vorherrschte. Ihr Polyploidiegrad spiegelt also die Verhältnisse der Vergangenheit und ist dementsprechend durchaus „normal".

2.5. Cytologie

In einigen der vorangegangenen Abschnitte ist die Tendenz deutlich geworden, die der Strukturbetrachtung von Lebewesen unter entwicklungstheoretischen Gesichtspunkten zugrunde liegt: Treten gleiche oder ähnliche Strukturen bei verschiedenen Lebewesen auf, so liegt der Schluß auf einen gemeinsamen Ursprung und eine mehr oder weniger starke Verwandtschaft nahe. Es ist konsequent, die Betrachtungen auch auf die Eigenschaften der Zelle auszudehnen.

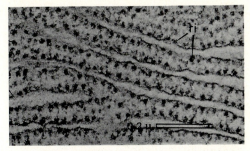

41.1. Elektronenmikroskopisches Bild von Ribosomen am Endoplasmatischen Reticulum

Dabei ist schon auffällig, daß der zelluläre Bau selbst eine für Lebewesen charakteristische Erscheinung ist. Es gibt auf der Erde kein Lebewesen, das nicht in irgendeiner Weise zellulär strukturiert ist (Viren sollen in diesem Zusammenhang ausgeklammert bleiben). Selbst da, wo die zelluläre Gliederung nicht auf den ersten Blick sichtbar ist, wie bei Schleimpilzen oder im Muskelgewebe (sie sind sog. Syncytien, d.h. einheitliche Plasmagebilde mit mehreren Zellkernen), sind doch genügend Elemente der subzellulären Struktur vorhanden, um zumindest eine Herleitung dieser Gebilde von Zellen zu erlauben.

Seit der Erfindung des Lichtmikroskops ist die Allgemeingültigkeit des zellulären Aufbaus immer stärker gesichert worden. Durch die Entwicklung des Elektronenmikroskops wurde deutlich, daß sich die Gemeinsamkeiten auch in den submikroskopischen Strukturen fortsetzen.

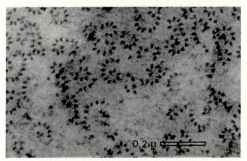

41.2. Zu Polysomen vereinigte Ribosomen

2.5.1. Allen Lebewesen gemeinsame Strukturen

Die im Lichtmikroskop schwach sichtbare, zäh viskose, leicht granuläre Masse des **Cytoplasmas** entpuppt sich im elektronenmikroskopischen Bild als eine kompliziert aufgebaute Substanz, die ihre innere Struktur trotz ihrer Beweglichkeit dauernd beibehält. So tritt überall eine nach außen bzw. innen (Vakuolen!) abgrenzende Membran auf, deren molekularer Aufbau aus Lipid- und Proteinmolekülen dafür sorgt, daß der Stoffaustausch mit der Umgebung geregelt erfolgt (Semipermeabilität, Ionentransportmechanismen). Ähnliche Membranstrukturen bilden als Doppelschichten das **Endoplasmatische Reticulum** (ER), das als eine Art Kanalisations- und Leitungsbahnensystem die Zelle durchzieht. In seiner unmittelbaren Nähe synthetisieren **Ribosomen** nach Anweisungen des Zellkerns die Proteinbestandteile der Enzyme, die ihre Wirkung im **Golgi-Apparat** bei der Synthese zellspezifischer Substanzen entfalten. Die dafür benötigte Energie liefern die **Mitochondrien,** die besonders dort in großen Mengen auftreten, wo eine intensive physiologische Aktivität zu verzeichnen ist (Muskeln, Drüsenzellen).

41.3. Elektronenmikroskopisches Bild eines Mitochondriums

Bis auf Bakterien und Blaualgen besitzen alle lebenden Zellen mindestens einen **Zellkern** (die roten Blutkörperchen verlieren ihn während ihrer Entwicklung). Er steuert

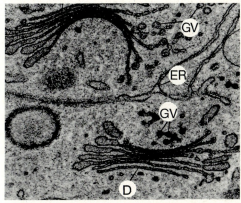

41.4. Elektronenmikroskopisches Bild des GOLGI-Apparates (D: Dictyosom, GV: GOLGI-Vesikel, ER: Endoplasmatisches Reticulum)

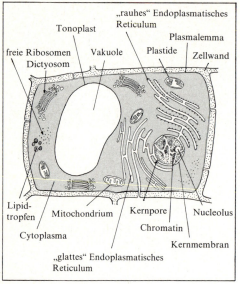

42.1. Schematische Darstellung einer pflanzlichen Zelle

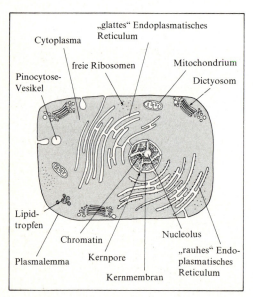

42.2. Schematische Darstellung einer tierischen Zelle. Die submikroskopischen Strukturen sind im Verhältnis zur Gesamtzelle stark vergrößert und in geringerer Anzahl als tatsächlich vorhanden dargestellt.

A Wiederholen Sie die Mechanismen von Mitose und Meiose sowie den Bau der Chromosomen, die Sie in früheren Unterrichtsabschnitten behandelt haben.

die physiologischen Aktivitäten der Zelle und sorgt für die Ausbildung ihrer spezifischen Eigenschaften. Dafür ist er mit Nucleinsäuremolekülen ausgerüstet, die als Informationsträger dienen. Der Vermehrung von Zellen gehen die Mechanismen der Kernteilung voraus, die unter den Begriffen **Mitose** und — bei den Keimzellen und Sporen — **Meiose** bekannt sind. Sie sind bei Tieren und Pflanzen im wesentlichen die gleichen.

Die Tatsache, daß die Grundelemente des zellulären Aufbaus im Tier- und Pflanzenreich weitgehend übereinstimmen, hat neben der Schlußfolgerung auf einen gemeinsamen Ursprung die wichtige Bedeutung, daß Forschungsergebnisse, die an einem Objekt gefunden wurden, auf andere Objekte übertragen werden können (wobei allerdings immer die Einschränkung gemacht werden muß, daß mit zunehmendem Verwandtschaftsabstand auch die physiologischen Unterschiede größer werden). Die Medizin macht davon Gebrauch, indem Medikamente im Tierversuch getestet werden. So können riskante Experimente am Menschen vermieden werden, ohne auf die grundlegenden Versuche verzichten zu müssen.

2.5.2. Unterschiedliche Strukturen

Zeigen die Zellen der Lebewesen einerseits so auffällige Übereinstimmungen, daß ein gemeinsamer Ursprung angenommen werden muß, so finden wir andererseits ebenso bemerkenswerte Unterschiede.

So drückt sich die Zweiteilung der Lebewesen in Tier- und Pflanzenreich cytologisch im Besitz von **Chloroplasten** aus. Autotrophie bzw. Heterotrophie sind die physiologischen Charakteristika von Pflanzen und Tieren, und das Zellorganell, das diesen Umstand bedingt, ist der Chloroplast. Nur grüne Pflanzen sind zur Photosynthese fähig. Der zweite große Unterschied, der die Tiere von den Pflanzen trennt, ist die Struktur der Zellwand. Die Pflanzen haben zusätzlich zur Zellmembran, die auch die Tiere besitzen, eine Zellwand aus Zellulose. Der Unterschied mag physiologisch bedingt sein, da für die Pflanzen wegen der Photosynthese die Verwendung von Kohlenhydraten für die Zellwand nahelag. Zum anderen mag die Tatsache mitgespielt haben, daß die Tiere — wenigstens da, wo sie eine gewisse Größe überschritten — das Innenskelett „erfanden". Dies erlaubt für die Körperzellen eine relativ weiche Membranstruktur. Pflanzen müssen die Körperform durch die Festigkeit der einzelnen Zellen stabilisieren, d.h. jede hat ein eigenes, hartes Außenskelett. — Es ist übrigens bemerkenswert, daß da, wo Tiere nennenswerte Außenskelette entwickelten, eine Substanz verwendet wurde, die der Zellulose chemisch recht nahesteht. Das **Chitin** der Gliedertiere ist ein Kohlenhydrat, das durch den Besitz von Aminogruppen abgewandelt ist. — Lediglich die (vorzugsweise im Wasser lebenden) Mollusken bilden Außenskelette aus Kalk.

2.5.3. Cytologische Entwicklungsreihen

Unter den Pflanzen und Tieren, die die Erde heute bevölkern, finden wir viele Formen, deren Bau sie als „primitiv" erscheinen läßt, so daß wir geneigt sind, sie als „Vorfahren" der höher entwickelten anzusehen. Wir vergessen dabei, daß seit ihrer Entstehung die gleiche Zeit verstrichen ist, wie sie die anderen Organismen zu ihrer Entwicklung und Entfaltung benötigten. In dieser Zeit haben sich die „Primitiven" zwar wenig, aber doch ebenfalls spürbar weiterverändert. Diese Veränderungen finden wir nicht zuletzt im Inneren der Zellen.

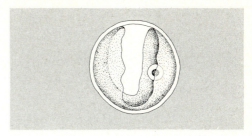

43.1. Schüsselförmiger Chloroplast bei Chlorella

Alle höheren Pflanzen besitzen **Chloroplasten,** die eiförmig bis kugelig sind. Einfache Algen weichen von diesem Typus ab. Die Alge *Chlorella* hat einen schüsselförmigen Chloroplasten, die Schraubenalge *Spirogyra* hat ihren Namen von dem bandförmigen, spiralig gewundenen Blattgrünkörper, und die Gattung *Zygnema* ist durch sternförmig ausgezackte Chlorophyllträger ausgezeichnet.

Ähnliches gilt für den **Zellkern,** der in den meisten Fällen kugelig bis eiförmig ausgebildet ist. Nur bei den *Ciliaten* kommen langgestreckte, kettenförmige, bizarre Zellkerne vor. Außerdem verteilen sich die Aufgaben des Kerns auf einen Mikro- und einen Makronukleus, was ebenfalls eine einmalige „Erfindung" darstellt.

Eine Schlüsselstellung im Stammbaum nehmen die **Hohltiere** ein, wie wir später noch sehen werden. Trotz ihres einfach gebliebenen Bauplans haben sie eine besondere cytologische Struktur entwickelt, die in solch komplexer Form nirgendwo im Stammbaum wieder auftaucht: die **Nesselkapsel.** Ihr einmaliger Bau weist auf eine ausgesprochen lange Eigenentwicklung hin.

Betrachten wir die Zelle im Gesamtverband des Lebewesens, so finden wir sie eingeordnet in ein hierarchisches Gefüge. Viele gleiche Zellen mit gleicher Aufgabe vereinen sich zu einem **Gewebe,** viele verschiedene Gewebe mit einer gemeinsamen Aufgabe bilden ein **Organ.** Aus vielen Organen entsteht ein **Organsystem.** Viele Organsysteme bilden den **Organismus.** Das Prinzip der Arbeitsteilung ist deutlich zu beobachten. Wir finden die gleiche Tendenz, wenn wir die Entwicklungsreihen vom Einfachen zum Komplizierten ansehen. Der Einzeller als omnipotentes Wesen kann alles mit einer zellulären Einzelstruktur. Aber schon bei den Algen treten Kolonien von Zellen auf, die sich gegenseitig unterstützen — Anfänge des Gewebes. Beim echten Vielzeller findet sich **Arbeitsteilung** zwischen verschiedenen Zellen — Stoffwechsel, Fortbewegung, Vermehrung werden von Spezialisten ausgeführt. Die komplexen Systeme von Organen und Organsystemen sind eine logische Fortführung dieser Tendenz. Dabei müssen wir festhalten, daß die einzelne Zelle um der Leistungsfähigkeit des Gesamtwesens willen einen Verlust an Fähigkeiten erleidet. Sie wird mit zunehmender Spezialisierung immer mehr auf die Sonderaufgabe eingeengt. Bei

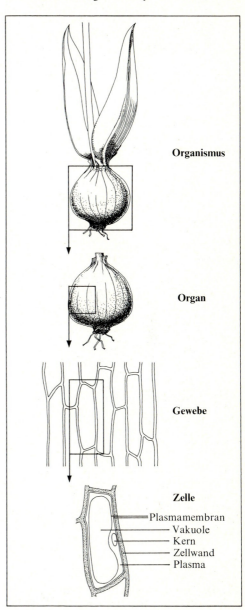

43.2. Aufbauprinzip von der Zelle zum Organismus

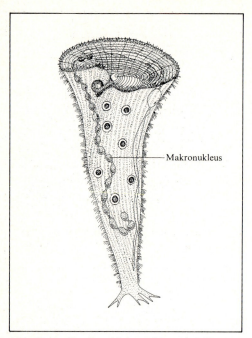

44.1. Kettenförmiger Makronukleus des Trompetentierchens

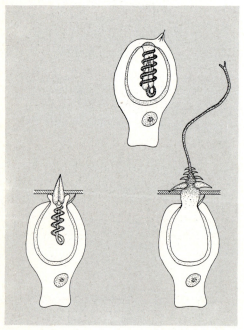

44.2. Nesselkapsel eines Süßwasserpolypen

A Überlegen Sie, warum man bei der Benutzung des Wortes „Leben" eigentlich die Formulierung „irdisches Leben" verwenden müßte.

hohem Spezialisierungsgrad kann das soweit gehen, daß auf wesentliche Zellbestandteile verzichtet werden kann — rote Blutkörperchen haben keinen Zellkern.

Die Einengung auf die Spezialaufgabe erfolgt langsam fortschreitend während der Keimesentwicklung. Die Transplantations- und Schnürungsexperimente SPEMANNs am Amphibienkeim haben gezeigt, daß es im Anfangsstadium der Keimesentwicklung durchaus noch omnipotente Zellen gibt, die erst später auf ihre jeweilige Aufgabe festgelegt werden. So finden wir hier im zellulären und — da sich die Aufgaben ja im Inneren der Zelle abspielen — im subzellulären Bereich eine Bestätigung der **Biogenetischen Grundregel** wieder: Die ursprünglich omnipotente Zygote (Einzeller) differenziert sich über das Zwei-, Vier-, Achtzellstadium (Zellkolonien) zu spezialisierten Geweben.

2.6. Biochemie

Der Vergleich morphologischer, anatomischer und cytologischer Strukturen über Gattungen, Familien und Stämme hinweg zeigte uns Gemeinsamkeiten und Ähnlichkeiten, die auf Verwandtschaft schließen lassen. Diese Betrachtungsweise wollen wir nun auf den chemischen Bereich ausdehnen. Es soll versucht werden, durch den Vergleich von Bau und Funktion verschiedener Stoffe sowie ihrer Einordnung in Reaktionsketten des Stoffwechsels Hinweise auf entwicklungsgeschichtliche Zusammenhänge zu finden.

Schon die oberflächliche Betrachtung zeigt, daß die Erscheinung *Leben* ein einheitliches chemisches Konzept besitzt. Trotz der Komplexität der Erscheinungsformen lassen sich die in Zellen vorkommenden Substanzen zum größten Teil auf einige wenige Grundstrukturen zurückführen. Es sind im wesentlichen Eiweiße, Fette und fettähnliche Stoffe, Kohlenhydrate, Nukleotide und ihre Abkömmlinge. Allen gemeinsam ist die Tendenz zur Bildung von Makromolekülen.

Eine allgemein übergreifende Betrachtung läßt zwei wesentliche Grundzüge erkennen: Es gibt Stoffe und Reaktionstypen, die in allen Lebewesen in der gleichen Ausbildung vorkommen. Sie müssen demzufolge in allerfrühester Zeit entstanden sein. Sie haben sich so glänzend „bewährt", daß sie in allen Entwicklungszweigen beibehalten worden sind. Wir werden sie in den folgenden Abschnitten an den Anfang stellen.

Andere Molekülformen und Reaktionen zeigen Gemeinsamkeiten nur innerhalb bestimmter Gruppen von Lebewesen, ihre Unterschiede weisen auf früher oder später eingetretene Verzweigungen der Entwicklungslinien hin. Die folgenden Betrachtungen sind aus Platzgründen knapp gefaßt.

2.6.1. Lipide

Unter Lipiden versteht man allgemein Substanzen, die in organischen Lösungsmitteln löslich sind, was durch den überwiegenden Anteil an Kohlenwasserstoffmolekülteilen bedingt ist. Einige sind dadurch charakterisiert, daß eine Polarität zwischen hydrophoben und hydrophilen Molekülteilen auftritt. Die eigentlichen Fette und die Phosphatide gehören hierher. Wir wollen uns auf diese konzentrieren. Sie haben eine überragende Bedeutung für den Aufbau der **Biomembranen,** ohne die eine Konstruktion von Zellen nicht möglich ist. Die nebenstehende Abbildung gibt einen Eindruck einer solchen Membran. Ihre hydrophoben Anteile sorgen für einen physiologischen Abschluß der Zelle. Poren, die eventuell noch mit Proteinmolekülen ausgekleidet sein können, erlauben eine selektive Durchlässigkeit (Semipermeabilität). Kein Lebewesen kommt ohne diese Membraneigenschaften aus.

Da die Synthese der langen Kohlenwasserstoff-Ketten der Lipide ein energieaufwendiger Prozeß ist, werden diese Moleküle darüber hinaus verbreitet als Energiespeicher verwendet. Pflanzliche Öle und tierische Fette zeigen uns ihre Bedeutung.

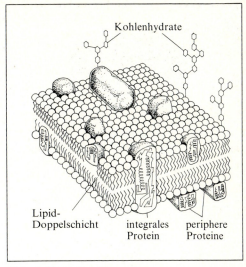

45.1. Aufbau einer Biomembran

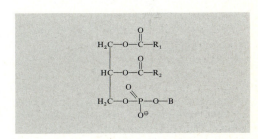

45.2. Allgemeine Formel eines Phosphatids. Bei Fetten ist die Gruppe PO_4—B durch einen Fettsäurerest ersetzt. R = Alkylrest, B = org. Base

2.6.2. Kohlenhydrate

Die größte Bedeutung hat diese Stoffgruppe natürlich für die Pflanzen, die als autotrophe Lebewesen als Produkt der Chemo- bzw. Photosynthese Kohlenhydrate produzieren. Da sie damit sozusagen „an der Quelle sitzen", verwenden sie ihr eigenes Erzeugnis dann auch als Reservestoff (Stärke) oder als gerüstbildende Substanz (Zellulose).

Doch auch die Tiere verwenden die Kohlenhydrate in verschiedenen Ausbildungsformen. **Glycogen** ist als tierische Stärke eine verbreitete Speicherform für chemische Energie. Es wird in der Leber eingelagert und durch hormonelle Steuerung bei Bedarf in Glucose umgewandelt.

Einen eigenen Weg gingen die Gliedertiere mit der Verwendung von Kohlenhydraten als Gerüstsubstanzen. Das **Chitin** z.B. der Krebse und Insekten ist ein abgewandeltes Kohlenhydrat. Hier wird eine grundsätzliche Aufspaltung des Stammbaums auf physiologischer Ebene deutlich: Chitin bei den Gliedertieren — demgegenüber keine Spuren dieser Substanz bei den völlig anders konstruierten Wirbeltieren. Nur die Manteltiere (Tunicata), ein urtümlicher Zweig der Chordatiere, besitzen eine Hüllschicht aus Zellulose. Dort, wo bei den Wirbeltieren Ansätze zu außenskelettartigen Strukturen sichtbar werden (Nägel, Hufe), werden Struktureiweiße (Horn) verwendet. Daneben treten Kohlenhydrate in Form von Ribose universell in den Nukleotiden und ihren Abkömmlingen auf. Ihnen ist der nächste Abschnitt gewidmet.

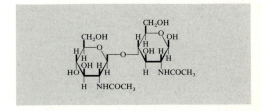

45.3. Chitobiose, der Baustein des Chitins

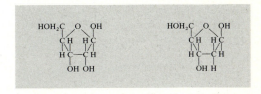

45.4. Ribose und Desoxyribose

2.6.3. Nukleotide und ihre Abkömmlinge

Ein Nukleotid besteht aus drei Grundbausteinen: Ribose (oder Desoxyribose), Phosphorsäure und einem Abkömmling der heterocyclischen Moleküle Purin oder Pyrimidin, die man als Nukleinbasen oder in diesem Zusammenhang einfach als Basen bezeichnet. Die Nukleotide sind in bezug auf ihre Eigenschaften so vielseitig, daß sie im Stoffwechsel aller Zellen eine zentrale Stellung einnehmen.

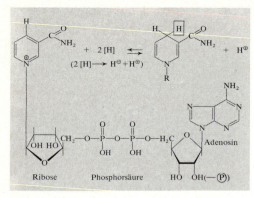

46.1. Die reversible Wasserstoffaufnahme von NAD^+ unter Bildung von $NADH+H^+$

Nicotinamid-adenin-dinukleotid (NAD^+). Das Molekül besteht aus zwei Nukleotiden, die über die Phosphatgruppen gekoppelt sind. Die Verbindung kann am Riboseteil des Adenosinrestes noch eine weitere Phosphatgruppe tragen, sie heißt dann Nicotinamid-adenin-dinucleotid-phosphat ($NADP^+$). Der Wirkungsmechanismus beider Substanzen ist der gleiche.

Bei Redoxreaktionen in lebenden Zellen wird der Wasserstoff direkt auf NAD^+ bzw. $NADP^+$ übertragen. Er wird in dieser Form so lange „aufbewahrt", bis er für neue Reduktionen benötigt wird oder in geeigneter Weise zu Wasser oxidiert werden kann.

Adenosintriphosphat (ATP). Wie wir beim NAD^+ gesehen haben, ist es möglich, mehrere Phosphatgruppen miteinander zu verbinden. Das Nukleotid Adenosinmonophosphat (AMP) nimmt eine weitere Phosphatgruppe auf und wird zum Adenosindiphosphat (ADP), das durch Reaktion mit einem dritten Molekül Phosphorsäure zum ATP wird. Dabei ist die Reaktion vom ADP zum ATP ein besonders stark energieverbrauchender Prozeß. Wird diese Phosphatgruppe wieder abgetrennt, so wird die gespeicherte Energie wieder frei. Diese Beziehung ist der Schlüssel zum Verständnis der zentralen Rolle, die das ATP im Stoffwechsel der Zelle spielt. Alle chemischen Prozesse, die in irgendeiner Weise mit dem Energiehaushalt in Verbindung stehen, sind mit dem Aufbau bzw. Abbau von ATP gekoppelt. Für die Energielieferung stehen verschiedene Möglichkeiten zur Verfügung: Kohlenhydrate und Fette können abgebaut werden, die Verwertung von Eiweißen liefert Energie, Pflanzen nutzen Lichtenergie aus. Andererseits wird die Energie auf ganz unterschiedlichen Wegen wieder verbraucht (Wärmeproduktion, Bewegung usw.). Damit nicht jeder energieliefernde Prozeß speziell und durch gesonderte Einrichtungen mit jedem energieverbrauchenden gekoppelt sein muß, existiert als universelle „Energiewährung" die Substanz ATP. Die gewonnene Energie wird in ATP gespeichert. Energieverbrauchende Prozesse werden durch ATP gespeist. Der Mechanismus ist so universell, daß angenommen werden muß, daß sein entwicklungsgeschichtliches Alter ausgesprochen hoch ist.

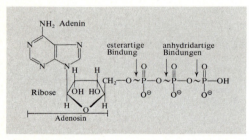

46.2. Adenosintriphosphat (ATP). Bei der Spaltung der anhydridartigen und esterartigen Bindungen (gebogene Bindungsstriche) wird Energie frei, die bei energieverbrauchenden Reaktionen eingesetzt wird.

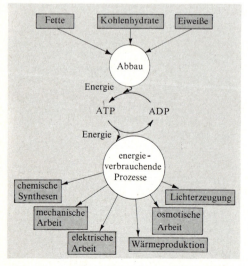

46.3. Die zentrale Stellung des ATP im Energiehaushalt der Lebewesen

Nukleinsäuren. Für alle Lebewesen beruht die Fähigkeit zur Vermehrung auf der indentischen Reduplikation der

DNA. Bisher wurden keine Substanzen gefunden, die eine Selbstvermehrung in dem Komplexitätsgrad bewerkstelligen, wie es die DNA kann. Die gleiche Universalität gilt für die Methode, mit der auf den DNA-Molekülen Informationen gespeichert werden, wie ihr Abruf erfolgt und wie die abstrakte Anweisung in konkrete chemische Prozesse übersetzt wird (Transkription, Translation). Der **genetische Code** ist allen Lebewesen gemeinsam, so daß seine Entstehung mit der Entstehung des Lebens auf der Erde gleichgesetzt werden muß.

2.6.4. Proteine

Die Information, die auf den DNA-Molekülen der Zellkerne gespeichert ist, enthält Bauanweisungen für die Synthese von Eiweißmolekülen. Eiweißsynthese und DNA-Struktur bilden eine untrennbare funktionelle Einheit, die allen Lebewesen auf der Erde gemeinsam ist. Entsprechend dem gemeinsamen Codesystem für die Verschlüsselung der Information sind auch die Bausteine die gleichen. Etwa 20 verschiedene Aminosäuren kommen in den natürlich gebildeten Eiweißen vor. Die darüber hinaus auftretenden haben eine untergeordnete Bedeutung.

Zwanzig Aminosäuren, codiert in einer Sprache aus vier Buchstaben in Dreierworten, sind ein relativ einfaches, übersehbares System. Und doch ergibt sich daraus eine unüberschaubare Vielfalt von Kombinationsmöglichkeiten.

Nimmt man an, daß für ein Eiweißmolekül ca. 1 000 Aminosäuremoleküle gebraucht werden — kleine und größere Strukturen kommen natürlich auch vor — so ergibt sich, daß 20^{1000} verschiedene Kombinationen geknüpft werden können. Die Unvorstellbarkeit dieser Zahl wird deutlich, wenn man sich vergegenwärtigt, daß die Zahl der im Universum (!) vorhandenen Elementarteilchen etwa bei 10^{80} liegt! Es wäre also theoretisch möglich, jedem Individuum, das jemals auf der Erde gelebt hat, für jedes seiner Organe und Zellen seine nur ihm eigene Aminosäurekombinationen zuzuordnen. Damit wäre der Vorrat an Möglichkeiten bei weitem noch nicht ausgeschöpft.

Trotzdem treten innerhalb dieser Vielfalt Gemeinsamkeiten, ja an einigen Stellen fast völlige Übereinstimmungen auf, was nicht anders zu erklären ist, als daß ein gemeinsamer Ursprung für diese Strukturen vorausgesetzt wird. Gerade an den Gemeinsamkeiten und Unterschieden der Proteinzusammensetzung wird der Ablauf der Evolution besonders klar: Erbänderungen (Mutationen) greifen an der Struktur der Kern-DNA an. Die Mutation *äußert* sich in einer geänderten Struktur der Proteine, die nach der Information der DNA gebaut wurden. Unterscheiden sich bestimmte Proteinmoleküle zweier Gruppen von Lebewesen in einer Aminosäure, kann man daraus schließen, daß ein Basentriplett im Genom geändert worden ist. Je

Gly	= Glycin
Ala	= Alanin
Val	= Valin
Leu	= Leucin
Ile	= Isoleucin
Pro	= Prolin
Phe	= Phenylalanin
Cys	= Cystein
Met	= Methionin
Ser	= Serin
Thr	= Threonin
Tyr	= Tyrosin
Asn	= Asparagin
Gln	= Glutamin
Try	= Tryptophan
Asp	= Asparaginsäure
Glu	= Glutaminsäure
Lys	= Lysin
Arg	= Arginin
His	= Histidin

47.1. Die Abkürzungen der wichtigsten Aminosäuren

A Informieren Sie sich über die Methoden der **Chromatographie** und ihre Wirkungsmechanismen.

V Fertigen Sie Chromatogramme von Farbstoffen an. Tragen Sie dazu dünne Striche oder Punkte von verschiedenen Kugelschreibern, Tinten und Filzschreibern auf Filterpapier oder Chromatographiepapier auf. Als Fließmittel dient eine Mischung aus Butanol, Eisessig und Wasser (4:1:1).

A Ein aus 12 Aminosäuren zusammengesetztes Peptid wird durch enzymatische Spaltung zerlegt. Man wendet einmal Trypsin an, dieses spaltet das Molekül jeweils hinter den Aminosäuren Arg und Lys, in einem anderen Versuch wird Chymotrypsin eingesetzt, dieses greift vorzugsweise hinter Phe, Trp und Tyr an. Die Versuche bringen folgendes Ergebnis (Die Aminosäuresequenz wird nach einer internationalen Vereinbarung vom N- zum C-terminalen Ende von links nach rechts geschrieben):

Trypsin	Chymotrypsin
Glu—Tyr—Arg	Cys—Lys—Glu—Tyr
His—Trp—Cys—Lys	Leu—Phe
Met—Gly	Arg—His—Trp
Leu—Phe—Arg	Arg—Met—Gly

Kombinieren Sie die Spaltstücke sinnvoll, so daß die Kette des ursprünglichen Peptids entsteht.

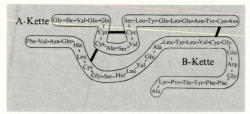

48.1. Aminosäuresequenz von Rinderinsulin

Rind	—Cys—Cys—Ala—Ser—Val—Cys—
Schwein	—Cys—Cys—Thr—Ser—Ile—Cys—
Schaf	—Cys—Cys—Ala—Gly—Val—Cys—
Pferd	—Cys—Cys—Thr—Gly—Ile—Cys—
Wal	—Cys—Cys—Thr—Ser—Ile—Cys—

48.2. Ausschnitt aus der A-Kette des Insulins verschiedener Säugetiere. Die Klammer von Cys nach Cys symbolisiert die Schleifenbildung in der Kette (siehe obere Abbildung)

A Informieren Sie sich über den Mechanismus der Cys-Cys-Brückenbildung! Warum geschieht die Verbindung nur an dieser Aminosäure?

A Informieren Sie sich über die Bedeutung des Insulins!

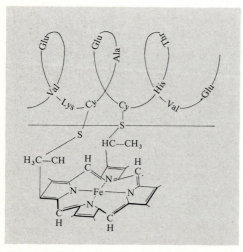

48.3. Anknüpfung des Häm-Molekülteils an die Proteinkette des Enzyms Cytochrom c

größer die Zahl der unterschiedlichen Aminosäuren, desto häufiger haben trennende Mutationen stattgefunden, und desto größer ist der verwandtschaftliche Abstand.

Bei Enzymmolekülen z.B. finden sich die Unterschiede vorzugsweise an Stellen, die für die Funktion des Moleküls von minderer Bedeutung sind. Hier kann die Mutation „überleben" und von dem entwicklungsgeschichtlichen Ablauf Kunde geben. Tritt eine „negative" Mutation an einer Stelle auf, die für die Funktion von Bedeutung ist, so stirbt diese Variante aus. Auf diese Weise blieben im Laufe der Evolution zwar verschiedene, aber doch für die gleiche Funktion geeignete Moleküle übrig. In den folgenden Abschnitten sollen dazu einige Beispiele und die zu ihrer Untersuchung nötigen Methoden angedeutet werden.

2.6.5. Aminosäuresequenzanalyse

Durch hydrolytische Spaltung ist es möglich, ein Eiweiß in seine Aminosäuren zu zerlegen. Man erhält ein Gemisch aus diesen Molekülen, die sich chromatographisch trennen und qualitativ bestimmen lassen. Schon auf dieser Stufe der Analyse ist der Vergleich zwischen ähnlichen Proteinen verschiedener Herkunft möglich, denn die unterschiedliche quantitative Verteilung der Aminosäuren gibt Hinweise auf mögliche Strukturunterschiede.

Für die Untersuchung der Reihenfolge (Sequenz) der Aminosäuren im Molekül verwendet man eiweißspaltende Enzyme, von denen man weiß, daß sie die Moleküle nur an bestimmten Stellen zerteilen. Trypsin z.B. trennt die Peptidbindung jeweils hinter den Aminosäuren Arginin und Lysin. So erhält man durch Anwendung verschiedener Enzyme unterschiedliche Molekülspaltstücke, die sich nach ihrer Isolierung einzeln analysieren lassen. Da sich die Produkte verschiedener Enzymspaltungen überlappen, läßt sich die ursprüngliche Kette rekonstruieren.

Schließlich ist es möglich, mit speziellen Reagenzien die jeweils endständigen Aminosäuren schrittweise von den Kettenmolekülen abzutrennen und einzeln zu bestimmen. Die Methoden sind inzwischen so weit ausgebaut, daß sie von automatisch arbeitenden Apparaturen ausgeführt werden.

In der Bauchspeicheldrüse von Säugetieren wird das Hormon **Insulin** produziert, das aus zwei über Disulfid-Brücken verbundenen Aminosäureketten besteht. Die Aminosäuresequenzen der verschiedenen Insuline gleichen einander auffällig. Lediglich in einer Schleife der A-Kette treten Unterschiede auf. Die nebenstehende Abbildung zeigt die Abweichungen bei einigen nahe verwandten Säugetieren.

Über das gesamte Tier- und Pflanzenreich verbreitet ist das Enzym **Cytochrom c**. Es besteht aus einer Eiweißkette, die an einer Stelle über zwei Sulfidbrücken mit einer Hämgruppe verbunden ist. Mit Hilfe des Eisenatoms im Zen-

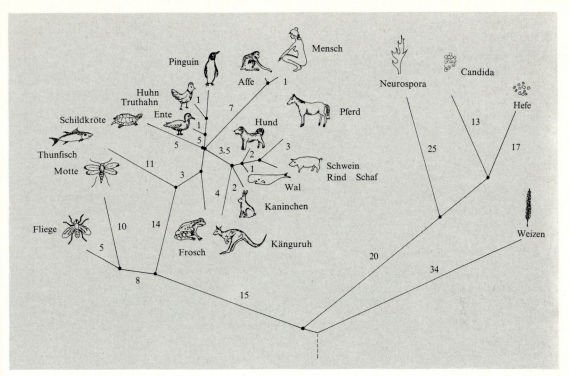

49.1. Hypothetischer Stammbaum auf der Basis von Strukturunterschieden des Cytochrom-c-Moleküls. Die Zahlen neben den Verbindungslinien stehen für die Anzahl von Aminosäuren, in denen sich die divergierenden Zweige vom hypothetischen Trennungspunkt an unterscheiden. Sie entsprechen den für die Entstehung der betreffenden Cytochrome vorauszusetzenden Mutationen.

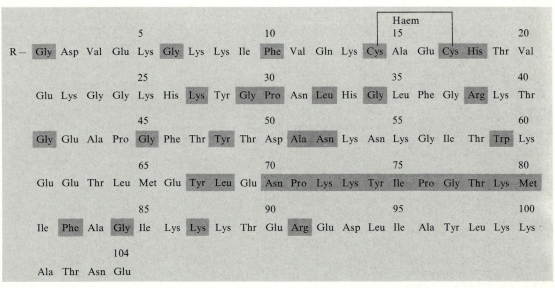

49.2. Aminosäuresequenz des Polypeptidanteils von Cytochrom c. Die gerasterten Aminosäuren sind an dieser Stelle in den Cytochromen folgender Lebewesen konstant enthalten: Mensch, Schimpanse, Rhesusaffe, Pferd, Esel, Kuh, Schwein, Schaf, Hund, Kaninchen, Wal, Känguruh, Huhn, Truthahn, Meerschweinchen, Ente, Klapperschlange, Schildkröte, Ochsenfrosch, Thunfisch, Hai, Motte, Fruchtfliege, Neurospora, Hefe und Weizen.

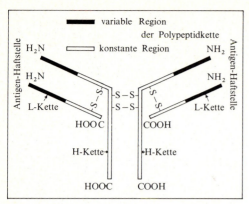

50.1. Schematischer Aufbau eines Antikörpers: Er besteht aus 4 Polypeptidketten, die durch Disulfidbrücken verbunden sind. Jede L(light)-Kette ist in der Regel aus 214, jede H(heavy)-Kette aus etwa 340 Aminosäuren aufgebaut. Man schätzt, daß im Säugetierorganismus etwa 1 Million verschiedene Antikörper vorkommen, die sich nur im variablen Haftstellenbereich unterscheiden.

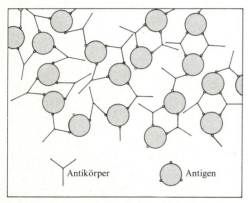

50.2. Schematische Darstellung der Vernetzung bei einer Antigen-Antikörper-Reaktion

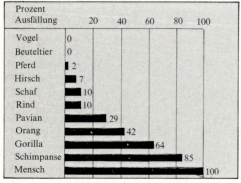

50.3. Aus Kaninchenblut gewonnenes Anti-Menschen-Präzipitin fällt einen Teil des im Serum anderer Säugetiere enthaltenen Eiweißes aus.

trum der Hämgruppe ist Cytochrom c als Elektronenakzeptor bzw. -donator an Redoxprozessen beteiligt. Es kommt vorzugsweise in Mitochondrien vor. — Dieses Enzym wurde für verschiedene Pflanzen und Tiere bezüglich der Aminosäuresequenz untersucht. Es stellte sich heraus, daß große Teile des Moleküls in allen Gruppen übereinstimmen, nahe Verwandte zeigen nur geringfügige Unterschiede, weit entfernte sehr große. Die Abbildung gibt einen Stammbaum wieder, der auf Grund der Zahl von Abweichungen (und damit der dieses Molekül betreffenden Mutationen) aufgestellt wurde.

2.6.6. Immunreaktionen

Die Wirbeltiere besitzen ein hochentwickeltes Abwehrsystem gegen chemische Fremdeinflüsse, das Immunsystem. Dringen Fremdstoffe (Bakterien, deren Stoffwechselprodukte, Fremdeiweiß bei Transplantationen, Blut fremder Blutgruppen usw.) in den Körper ein, so können sie hier unter Umständen eine Giftwirkung entfalten. Größere Fremdkörper werden von den weißen Blutkörperchen angegriffen und vernichtet. Gegen lösliche Substanzen sind die Freßzellen aber machtlos. Hier greift das Immunsystem ein. Man bezeichnet die körperfremden Stoffe als **Antigene.** Wird im Körper ein Antigen festgestellt, produzieren die sog. Plasmazellen in der Milz und in den Lymphknoten spezielle Abwehrmoleküle, die **Antikörper** oder Präzipitine. Diese bestehen aus Y-förmig angeordneten Polypeptid-Ketten (siehe Abbildung), die in den beiden oberen Schenkeln des Y so beschaffen sind, daß sie der Raumstruktur und den chemischen Eigenschaften des Antigens genau entsprechen. Sie können sich hochspezifisch und selektiv nur mit diesen besonderen Molekülen verbinden. Jedes Antikörpermolekül verbindet sich aber mit zwei Antigenmolekülen, und an diesen können wiederum mehrere Antikörper haften. So kommt es, daß eine Vernetzung von Antigenen und Antikörpern eintritt, die so weit geht, daß die entstehenden „Riesenmoleküle" unlöslich werden und ausfallen. Jetzt sind sie für die Freßzellen identifizierbar und können vernichtet werden.

Diesen Abwehrmechanismus macht man für die Aufklärung entwicklungsgeschichtlicher Zusammenhänge nutzbar. Im Blut eines Tieres sind immer lösliche Eiweißsubstanzen vorhanden, die als Botenstoffe, Wirkstoffe, Reservestoffe usw. dienen. Spritzt man etwas Blutserum des Menschen in das Kreislaufsystem z.B. eines Kaninchens, so bildet das Tier Antikörper, die speziell gegen Menscheneiweiß ansprechen. Vermischt man eine Serumprobe des so behandelten Kaninchens mit Menschenserum, so wird das gesamte menschliche Eiweiß ausgefällt. Läßt man das Kaninchenserum aber auf Affenblut einwirken, so fällt zwar fast das gesamte Affeneiweiß aus, aber ein geringer Teil bleibt gelöst, d.h. diese Moleküle sind affenspezifisch und verbinden sich nicht mit den Antimenschenpräzipitinen. Führt man den Versuch mit Rinderserum durch, so fallen nur noch 10% des enthaltenen Eiweißes aus, d.h. also, daß Rinder und Menschen nur in 10% der im Blut enthaltenen Eiweißsubstanzen übereinstimmen.

Auf Grund dieser serologischen Tests konnte man nachweisen, daß Hasen und Kaninchen, die früher den Nagetieren zugeordnet wurden, eine eigene Gruppe — Hasenartige — bilden. Andererseits weisen die großen serologischen Ähnlichkeiten zwischen Walen und Paarhufern darauf hin, daß sie enger miteinander verwandt sind, als man auf den ersten Blick annehmen sollte.

2.6.7. Kohlenhydratsynthese

Die Synthese von Kohlenhydraten aus Kohlendioxid und Wasser läßt sich in drei Teile gliedern:

1. Kohlendioxidmoleküle — jedes mit einem Kohlenstoffatom — müssen zu C_6-Molekülen zusammengefügt werden. Dabei werden sie reduziert, wobei Hydroxyl- und Aldehydgruppen entstehen. Der Prozeß ist als **Calvin-Zyklus** bekannt.

2. Für die Reduktion muß ein Reduktionsmittel zur Verfügung gestellt werden. Freie Reduktionsmittel kommen in der Natur nicht vor, daher muß dieses erst hergestellt werden.

3. Sowohl für den Reduktionsprozeß als auch für die Produktion des Reduktionsmittels wird Energie benötigt. Es muß also ein Weg gefunden werden, auf irgendeine Weise ATP zu gewinnen.

Alle Pflanzen verwenden als Reduktionsmittel Wasserstoff, der durch die Coenzyme NAD^+ oder $NADP^+$ übertragen wird. In den meisten Fällen wird er durch Spaltung von Wassermolekülen gewonnen. Es ist aber auch möglich, Schwefelwasserstoff oder wasserstoffhaltige organische Substanzen als Lieferanten zu verwenden. Bakteriengruppen, die man als Thiorhodaceen und Athiorhodaceen bezeichnet, machen davon Gebrauch.

Die zur ATP-Produktion nötige Energie kann auf zwei Wegen gewonnen werden. Zum einen steht die aus der Photosynthese bekannte Art der Ausnutzung von Lichtenergie durch Chlorophyll zur Verfügung. Aber auch die Oxidation anorganischer Substanzen wird angewandt. Schwefel, Stickstoff und Eisen kommen in niedrigen Wertigkeitsstufen vor, beim Übergang zu höheren Oxydationsniveaus wird Energie frei, die in ATP gespeichert werden kann. Die nebenstehende Zusammenstellung zeigt einige Möglichkeiten, die in der Natur (vorzugsweise bei Bodenbakterien) realisiert werden.

Es ist auffällig, in welcher Weise die verschiedenen Methoden der Reduktionsmittel- bzw. Energielieferung miteinander kombiniert wurden. Daß sich die Kombina-

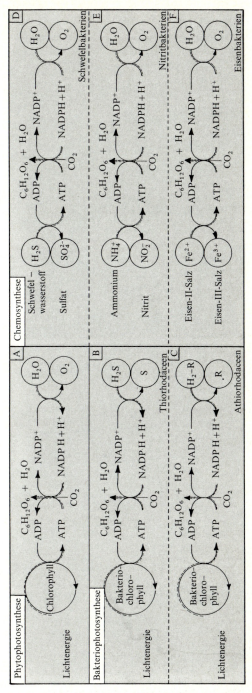

51.1. Verschiedene Möglichkeiten des Energiegewinns bzw. der Wasserstoffgewinnung zur Kohlenhydratsynthese. Erfolgt der Energiegewinn durch Ausnutzung von Licht, spricht man von Photosynthese, in den anderen Fällen von Chemosynthese (R = organischer Rest).

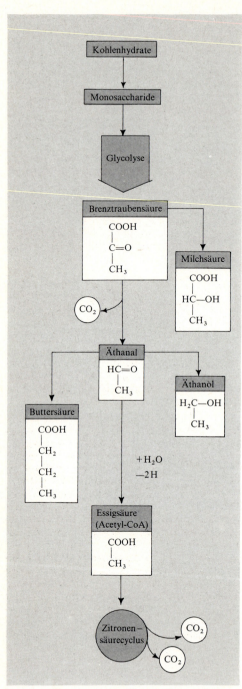

52.1. Verschiedene Wege des Kohlenhydratabbaus. Bis zur Essigsäure erfolgt der Abbau anaerob. Der weitere Abbau über den Zitronensäurezyklus ist nur durch die hier angreifende Atmungskette möglich, die den freiwerdenden Wasserstoff oxidiert. Die Seitenzweige kommen bei verschiedenen Mikroorganismen vor.

tion Wasserspaltung–Lichtausnutzung in Form der die Erde beherrschenden grünen Pflanzen durchgesetzt hat, ist auf Grund der leichten Zugänglichkeit von Licht und Wasser nicht verwunderlich. Die anderen Formen weisen uns aber darauf hin, daß in der Evolution eben sehr viele Möglichkeiten „ausprobiert" werden. Die in der Abbildung dargestellten Bakterien sind sozusagen „Fossilien" aus dieser Zeit.

2.6.8. Kohlenhydratabbau

Kohlenhydrate bilden eine der wesentlichsten chemischen Energiequellen von Pflanzen und Tieren. Verfolgt man die Reaktionsmechanismen des Abbaus bei verschiedenen Formen, so fallen wiederum Gemeinsamkeiten auf. Die ersten Schritte des Glucose-Abbaus erfolgen überall nach dem gleichen Schema, es ist unter dem Namen **anaerobe Glycolyse** oder Embden-Meyerhof-Weg bekannt und beschreibt den Abbau der Glucose über verschiedene Zwischenstufen zur Brenztraubensäure bzw. ihrem Anion (Pyruvat). Hier verzweigen sich die Wege der Weiterverarbeitung. Milchsäurebakterien reduzieren die Brenztraubensäure zu Milchsäure, die sie ausscheiden. Muskeln gehen den gleichen Weg, wenn viel Energie in kurzer Zeit zur Verfügung stehen muß (Muskelkater!). Andere Lebewesen decarboxylieren die Brenztraubensäure zu Acetaldehyd, der bei Hefen zu Äthanol reduziert wird. Buttersäurebakterien synthetisieren daraus Buttersäure.

Der Durchbruch zur besseren Ausnutzung der im Äthanal noch vorhandenen Energie erfolgt aber mit der Entstehung des Zitronensäurezyklus in Verbindung mit der Atmungskette. Äthanal wird zu Essigsäure oxidiert, an Oxalessigsäure angelagert und durch stufenweise Decarboxylierung in Kohlendioxid überführt. Den freiwerdenden Wasserstoff oxidieren die Enzyme der Atmungskette zu Wasser, wobei große Mengen ATP gebildet werden.

Vergleichen wir die verschiedenen Reaktionswege, so erkennen wir die Parallele zur **Biogenetischen Grundregel**. So, wie die Entwicklung des Säugerkreislaufs über die Kiemenbogenstadien der Fische führt, muß der Kohlenhydratabbau im Muskel für die ersten Reaktionen die gleichen Schritte nachvollziehen, die auch für die Hefezellen und Bakterien programmiert sind.

Eine Mutation, die einen Fortschritt bringt, kann zwangsläufig nur in den Endstadien eines chemischen Prozesses erfolgreich sein, da von ihr keine Folgeschritte mehr abhängig sind. Mutiert eines der „Basisgene", d.h. wird eines der Enzyme verändert, das die Voraussetzungen für spätere Reaktionen schafft, so bricht die gesamte Folgekette zusammen und das betreffende Lebewesen stirbt. So sorgen die Folgeprozesse dafür, daß nur intakte Basisgene weitergegeben werden, das „Ausprobieren" neuer Möglichkeiten erfolgt an den Endpunkten der Verzweigungen.

2.7. Parasitologie

Zu den ökologischen Abhängigkeiten, denen Lebewesen ausgesetzt sind, gehören neben den physikalischen und chemischen (=abiotischen) Faktoren auch die Beziehungen zu anderen Organismen. Sie umspannen das gesamte Spektrum von der völligen wechselseitigen Bedeutungslosigkeit über die Symbiose (wechselseitiger Nutzen) bis zur Feind-Beute-Beziehung. Im letzten Fall existieren Lebewesen auf Kosten anderer, die sie zu ihrem Lebensunterhalt töten. Findet die Tötung nicht oder nur allmählich durch eine andauernde Schädigung des Opfers statt, sprechen wir von **Parasitismus** — ein Begriff, der nicht scharf gegen die Feind-Beute-Beziehung abgegrenzt werden kann. Er ist eine der am weitesten verbreiteten ökologischen Beziehungen in der Natur. Es gibt kaum ein Tier, das nicht entweder selbst Parasit ist oder einem bzw. mehreren Parasiten als Wirt dient. Wegen der engen ökologischen Verknüpfung zwischen Parasit und Wirt ist diese Beziehung für die Evolutionstheorie besonders interessant. Es ergeben sich folgende Hauptprobleme:

1. Wie ist die parasitische Lebensweise entstanden?
2. Wie verhält sich ein Parasit während der entwicklungsgeschichtlichen Veränderungen des Wirts?

2.7.1. Entstehung der parasitischen Lebensweise

Wir kennen im wesentlichen zwei Haupttypen von Parasiten. Die **Ektoparasiten** leben außen auf der Körperoberfläche des Wirts. Die Entstehung dieser Lebensweise ist leicht zu erklären.

Schwieriger ist die Erklärung des Vorgangs, der bei der Entstehung des Endoparasitismus abgelaufen sein muß. Ein **Endoparasit** lebt im Inneren des Wirtskörpers. Hier aber herrschen völlig andere Bedingungen als in der freien Natur, unter Umständen können sie ausgesprochen gefährlich sein. Besonders im Magen-Darm-Kanal finden wir recht lebensfeindliche Bedingungen vor. Das Milieu ist durch Sauerstoffmangel und extreme pH-Werte bestimmt, es kann eine relativ hohe Temperatur herrschen (37 °C), eiweißspaltende Enzyme bedrohen eindringende Lebewesen. Krankheitserreger (z.B. Bakterien, Einzeller) werden dadurch wirkungsvoll abgewehrt. Ein Parasit, der diese Schranken überwinden will, muß von vornherein schon in gewisser Weise an die zu erwartenden Bedingungen angepaßt sein. So kommen als zukünftige Endoparasiten nur Lebewesen in Frage, deren Lebensraum ähnliche Bedingungen zeigt, wie sie im Körperinneren herrschen. Für eine wichtige Gruppe von Endoparasiten soll dieser Zusammenhang hier exemplarisch dargestellt werden. Zu den **Nematoden** (Fadenwürmer) gehören als verbreitete Schmarotzer: der Spulwurm, die Trichine, der Madenwurm. Ihr Lebenszyklus spielt sich vorzugsweise und in

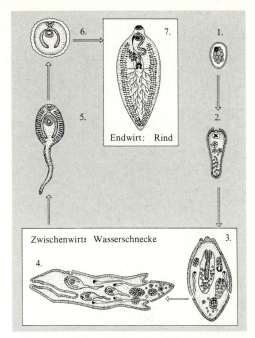

53.1. Generations- und Wirtswechsel des großen Leberegels (Fasciola hepatica). 1. Ei, 2. schlüpfendes Miracidium, 3. Sporocyste mit Redien, 4. Redie mit Cercarien, 5. Cercarien, 6. Bildung der Dauerformen, 7. geschlechtsreifes Tier.

Der Leberegel gehört zu den Saugwürmern (Trematoden). Das geschlechtsreife Tier lebt in den Gallengängen von Schafen, Ziegen, Rindern und Pferden, selten befällt es auch den Menschen. Mit den Exkrementen verlassen die Eier den Wirt. Fallen sie ins Wasser, entwickeln sich daraus Wimperlarven (Miracidien), die wie Pantoffeltiere im Wasser umherschwimmen. Begegnen sie einer Wasserschnecke (Galba truncatula), so dringen sie in diese ein und entwickeln sich zu einer Sporocyste. In dieser entsteht die nächste Generation, die Redien. In den Redien bilden sich die geschwänzten Cercarien, die dritte Generation. Sie verlassen die Schnecke und schwimmen im Wasser umher. Trinkt der neue Endwirt redienhaltiges Wasser, infiziert er sich. Trocknet das Gewässer aus (z.B. überschwemmte Wiesen), so heften sich die Cercarien an Grashalme an und bilden Dauerformen. Diese werden dann zusammen mit dem Gras vom Endwirt aufgenommen.

A Vergleichen Sie die Lebensräume des Endwirts und der drei Generationen des Leberegels (Landleben, Wasserleben). Was läßt sich über das entwicklungsgeschichtliche Alter dieser Trematodengruppe sagen?

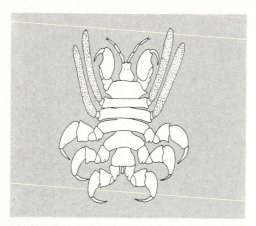

54.1. Walllaus (Cyamus mysticeti). Die punktierten Anhänge sind zwei Kiemenpaare.

54.2. Kleiderlaus des Menschen (Pediculus vestimenti)

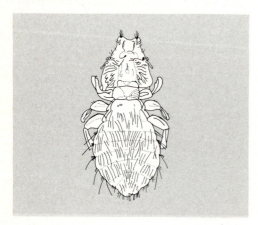

54.3. Federling (Cuculoecus latifrons) des Kuckucks

wesentlichen Teilabschnitten im Darmtrakt des Wirtstiers ab. Ihre freilebenden Verwandten aber bevorzugen fast ausnahmslos ein Milieu, das durch Zersetzung und Fäulnisprozesse charakterisiert ist. Dabei treten Sauerstoffmangel, zersetzende Enzyme und zum Teil auch recht hohe Temperaturen auf. Faulschlamm, verrottende Pflanzenteile, Exkremente und Aas (man bezeichnet sie als *saprobe* Lebensräume) bieten also ähnliche Bedingungen, wie sie im Darm vorliegen. So kann man sich vorstellen, wie die ersten freilebenden Nematoden in das Innere der Wirtstiere übersiedelten und diesen neuen Lebensraum beibehielten. Da aber saprobe Bedingungen nur an Land und im Süßwasser auftreten, kaum dagegen im Meer, finden wir parasitische Nematoden auch vorzugsweise bei Land- und Süßwasserbewohnern. In Meerestieren dagegen sind sie ausgesprochen selten. Nur Wale und Robben werden von ihnen befallen, und deren Vorfahren lebten — es sind Säugetiere — auf dem Lande.

Auch bezüglich der Vermehrungsart gleichen die freilebenden Nematoden und die schmarotzenden einander auffällig. Ist der Lebensraum des freilebenden Nematoden durch völlige Zersetzung vernichtet, muß er als eingekapselte Dauerform auf bessere Verhältnisse warten. Für den Schmarotzer tritt diese Phase ein, wenn er — zwecks Vermehrung — den Wirt verläßt. Dies geschieht aber ebenfalls als Dauerform.

2.7.2. Evolution von Parasit und Wirt

Prinzipiell muß der Parasit dem Wirt natürlich in seiner Evolution folgen und sich nötigenfalls — wenn ein neuer Lebensraum erschlossen wird — an diesen anpassen. Die **Läuse** der Robben können zwischen Chitin-Schuppen und Haaren an der Körperoberfläche Atemluft unter Wasser transportieren. Sie sind an das Leben im Wasser angepaßt. Da aber meeresbewohnende Insekten ausgesprochen selten sind, nimmt man an, daß die Robbenläuse diese Anpassungen erwarben, als ihre Wirte vom Land- zum Wasserleben übergingen. Wale, deren Vorfahren ebenfalls an Land lebten, besitzen keine Haare. Die Läuse, die ihre Vorfahren möglicherweise bewohnten, konnten den Wirten also nicht ins Meer folgen. Die „freigewordene" ökologische Nische besetzten kleine Krebse, die **Walläuse.** Ihr Körperbau ähnelt auffällig dem der echten Läuse (Konvergenz).

Andererseits erfolgt die Evolution der Parasiten wesentlich langsamer als die der Wirte. Da der Wirt dem Parasiten eine fast ideale Umgebung liefert, ist dieser den Umweltänderungen, die der Wirt bewältigen muß, natürlich nicht so extrem stark ausgesetzt. So werden die südamerikanischen Lamas und die afrikanischen Dromedare von den gleichen Läusen befallen, die offensichtlich schon der gemeinsame Vorfahre dieser Tiere trug.

2.8. Züchtung

Pflanzen- und Tierzüchtung sind von ganz besonderem Interesse für die Abstammungslehre, da sie im Gegensatz zu anderen Disziplinen **direkte Beweise** liefern, die sich allerdings auf Arten oder Rassen beschränken. DARWIN wurde von den Beweisen, die die Züchtung liefert, stark beeinflußt. In seinen Werken *„Die Entstehung der Arten durch natürliche Zuchtwahl"* und *„Das Variieren der Pflanzen und Tiere im Zustand der Domestikation"* ist ein umfangreiches Material über den Formwechsel der Haustiere und seine Ursachen zusammengetragen.

Der Ursprung von Pflanzen- und Tierzucht liegt in der Jungsteinzeit. Während die Menschen der letzten Eiszeit (120000–10000 v. Chr.) ihre Nahrung noch als Jäger und Sammler fanden, gab es um 5000 v. Chr. bereits Getreideanbau und Viehzucht. Der Übergang zum Anbau ursprünglich nur gesammelter Pflanzen und zum Halten von Tieren stellt insofern eine bedeutende Zäsur in der Menschheitsentwicklung dar, als der Mensch von nun an mit seinem Willen in den Evolutionsprozeß eingreift, d.h. selbst Evolution macht. Die Bezeichnung *neolithische Revolution* ist auch von daher und nicht nur wegen der verbesserten Versorgungsmöglichkeiten berechtigt.

Für die Domestikation der Wildtiere setzt man den Zeitraum der vergangenen 10000 Jahre an. Die Kultivierung der Pflanzen begann zwar früher, aber der fast unüberschaubare Formenreichtum von Kulturpflanzen und Haustieren ist in relativ kurzer Zeit entstanden. Der Mensch konnte diesen Evolutionsprozeß unmittelbar verfolgen. Die dabei angewandten Methoden machten insofern selbst eine Evolution durch, als sie zunehmend effektiver wurden. Anfangs fand eine allmähliche Verbesserung der Eigenschaften von Wildpflanzen durch **Ausleszüchtung,** die spontane Rekombinanten und Mutanten mit wertvollen Merkmalen erfaßte, statt. Später folgten Kombinations-, Heterosis- und schließlich Mutationszüchtung.

Für alle Haustiere gilt heute als erwiesen, daß sie von jeweils nur einer Wildform abstammen (monophyletische Abstammung). Die Zahl der domestizierten Säuger ist mit etwa 20 Arten gegenüber ca. 6000 wildlebenden Arten relativ klein. So ist die Vielfalt der Haustierrassen besonders auffällig und ein nachhaltiger Hinweis auf die Veränderlichkeit der Arten. Allein vom Hund gibt es etwa 300 Rassen, die sich in der Körpergröße, den Proportionen, der Schädelform, dem Fell, ihrer Leistungsfähigkeit und vielen anderen Merkmalen unterscheiden. Sie alle, Pekinese, Rehpinscher, Bulldogge, Schäferhund, Bernhardiner usw. leiten sich vom Wolf als Stammform ab. Diese Formenvielfalt, die es uns häufig schwermacht zu glauben, daß ihre Vertreter derselben Art angehören, beobachtet man auch bei anderen Haustieren, wie bei den Rassen

| **A** | Informieren Sie sich in der Literatur (z.B. 23) über die verschiedenen Methoden der Züchtung.

55.1. Formenvielfalt bei Haustieren. Die verschiedenen Hunderassen stammen vom Wolf ab.

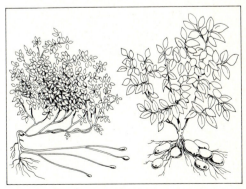

55.2. Wildform und Kulturform der Kartoffel

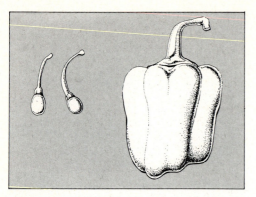

56.1. Wildpaprika und Kulturform

[R] Informieren Sie sich in der Literatur (z. B. 7, S. 497) über die Unterschiede zwischen Wildpflanzen und Kulturpflanzen.

[R] Welche anderen Faktoren spielen neben der Züchtung eine Rolle für die Ertragssteigerung?

[R] Informieren Sie sich in der Literatur (7, S. 518) über die Gefahren, die mit der Kulturpflanzenzüchtung verbunden sind.

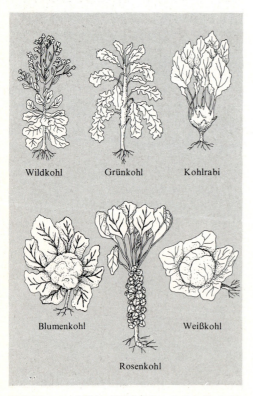

56.2. Formenvielfalt: Wildkohl und Gemüsekohlsorten

der Katze, des Kaninchens, des Pferdes, der Taube und des Huhns.

Nicht weniger stark variieren die Rassen unserer Kulturpflanzen, was z.B. die verschiedenen Gemüsepflanzen genauso belegen wie die Zierpflanzen. Wer einen der vielen Dahliengärten besucht, in denen Züchter ihre verschiedenen Sorten zeigen, ist immer aufs neue überrascht, wie Jahr für Jahr neue Sorten in bezug auf Blütenform, Farbe, Größe, Blütenblattgestalt und andere Merkmale gezüchtet werden. Es scheint, als gäbe es kein Ende der Möglichkeiten. Betrachtet man die Zuchtziele, die der Mensch schon erreicht hat oder noch anstrebt, so wird erneut deutlich, daß dieses Gebiet Beweise für die Evolution liefert.

Das grundlegende Ziel der Ertragssteigerung ist in Anbetracht des schnellen Wachstums der Weltbevölkerung (der tägliche Zuwachs beträgt ca. 200 000 Menschen!) nach wie vor aktuell, obwohl die Ergebnisse, die allerdings auch auf verbesserte Kultivierungs- und Pflegemethoden zurückgehen, beeindrucken. In den letzten fünfzig Jahren haben sich die Erträge beim Getreide und bei den Kartoffeln verdoppelt bis verdreifacht. Dem Wildrind gegenüber hat sich die Milchleistung unserer Rinder verachtfacht. Ein wichtiges Ziel, die Konzentration erwünschter Pflanzenstoffe zu steigern, die unerwünschter Stoffe zu senken, ließ sich realisieren. So lag der Zuckergehalt der Zuckerrübe um 1800 bei 5%, er beträgt heute etwa 20%. Bei der Lupine gelang es dagegen, bitterstofffreie Sorten zu züchten. Die Zucht krankheits- und schädlingsresistenter Sorten ist für Tier- und Pflanzenzucht ein weiteres wesentliches Ziel.

Von der Umwandlung durch Züchtung können alle Grundorgane der Pflanze betroffen sein. Bei der Zuckerrübe und der Mohrrübe sind die Hauptwurzel und der Anfangsteil des Stengels abgewandelt. Beim Radieschen und der Roten Rübe sind nur Stengelteile zum Speicherorgan verdickt. Bei der Kartoffel und dem Kohlrabi werden die zu Knollen verdickten Sprosse verwertet. Auch die Blätter der Gemüsepflanzen sind vielfältig gewandelt. Beim Rhabarber erntet und verwertet man die verdickten Blattstiele. Veränderte Blattspreiten liegen beim Grün- und Wirsingkohl vor. Beim Blumenkohl und beim Brokkoli sind die Achsen der Blütenstände verdickt. Besonders ausgeprägt ist der Wandel der Kulturformen gegenüber den Wildformen bei Früchten und Samen.

Die aus der Tierzucht stammenden Veränderungen sind nicht weniger beeindruckend. Das Vlies der Schafe ist eine solche Entwicklung. Besonders deutlich wird die Rolle des Menschen bei der Züchtung, wenn es um Rassen geht, die nur durch die Fürsorge des Menschen lebensfähig sind. So gibt es Taubenrassen mit extrem kurzen Schnäbeln, die bei entsprechendem Futter zur eigenen Ernährung fähig sind, aber ihre Jungen nicht füttern können.

2.9. Ethologie

2.9.1. Homologie von Verhaltensweisen

Nicht nur die Informationen für Strukturmerkmale eines tierischen Organismus sind im Erbgut verankert, sondern auch Informationen für das Verhalten. Man spricht von angeborenen oder instinktiven Verhaltensweisen. Die Merkmale der Gestalt und die des angeborenen Verhaltens unterliegen den gleichen Evolutionsgesetzen. Deshalb können wir im Bereich der Verhaltensweisen ebenso wie in dem der Organe homologisieren, d.h. von ähnlichem Verhalten verschiedener Arten auf deren gemeinsamen stammesgeschichtlichen Ursprung schließen.

Die Homologieforschung erlaubt im Verhaltensbereich die Unterscheidung nahe verwandter Tierarten dort, wo körperliche Merkmale die Trennung nur schwer ermöglichten. Auch die Aufklärung der natürlichen Verwandtschaftsverhältnisse bei engen Arten- oder Gattungsgruppen sehr gleichförmigen Baus durch den Nachweis spezieller Übereinstimmungen in Verhaltensabläufen ist möglich. Schließlich erbringt die Ethologie den Nachweis, daß — wie bei den Organen — auch im Verhalten Funktionswechsel, Rudimentation, Rekapitulation usw. auftreten.

Während vergleichende Morphologie und Anatomie auch auf Fossilien zurückgreifen können, bleibt dem Verhaltensforscher nur der Vergleich rezenter Tierarten. Die Klärung der Frage, ob einander ähnliche Verhaltensstrukturen homolog sind, also auf die gleiche Erbinformation zurückzuführen oder infolge konvergenter Entwicklung entstanden sind, ist nicht immer leicht. So ist z.B. der Wellenflug vieler Kleinvögel wahrscheinlich flugmechanisch bedingt und sagt nichts über die Verwandtschaftsbeziehungen aus.

Ein Beispiel für die später als falsch erkannte Interpretation einer Verhaltensweise ist das Saugtrinken der Tauben und der Sandflughühner, das man als Kriterium für die stammesgeschichtliche Verwandtschaft beider Gruppen deutete. Bei den meisten Vögeln, so auch bei den Hühnern, ist das Trinken sehr umständlich. Der Unterschnabel wird mit Wasser gefüllt. Dann wird der Kopf gehoben, wobei das Wasser in die Speiseröhre fließt. Saugtrinken, d.h. einsaugen des Wassers durch den Schnabel als Röhre ist nur möglich, wenn die Nasenlöcher durch Klappen verschließbar sind. Nun zeigte sich, daß nicht alle Tauben saugtrinken. Andrerseits kommt es auch bei anderen Vogelgruppen vor. Da man auch Unterschiede im Saugtrinken von Tauben und Sandflughühnern fand, entfiel dieses Verhalten als Verwandtschaftskriterium. Um solche Fehlinterpretationen zu vermeiden, muß man darauf achten, daß die drei erwähnten Homologiekriterien auch auf Verhaltensweisen angewandt werden: nämlich das Kriterium der Lage in vergleichbaren Gefügesystemen, das der

„Es waren die Zoologen CHARLES OTIS WHITMAN und OSKAR HEINROTH, die unabhängig voneinander entdeckten, daß bestimmte Verhaltensweisen ebenso konstante und kennzeichnende Merkmale von Arten, Gattungen und noch größeren Einheiten des zoologischen Systems sind, wie nur irgendwelche körperlichen Merkmale, etwa die Formen von Knochen, Zähnen usw. Diese Entdeckung zeigte ganz eindeutig, daß der Bauplan dieser Verhaltensweisen ganz wie der des Körperbaues der betreffenden Tierformen in ihrer Erbmasse verankert ist. Damit wird das Verhalten einer Tierart denselben Methoden und Fragestellungen zugänglich, mit denen die Biologie seit langer Zeit, nämlich seit sie sich die Erkenntnisse CHARLES DARWINs zu eigen gemacht hat, an die Untersuchung des Baues und der Leistungen aller Lebewesen herantritt. Sie fragt nach der stammesgeschichtlichen Herkunft jeder Einzelheit und beantwortet diese Frage, indem sie aus Vergleich von Ähnlichkeiten und Unähnlichkeiten der heute lebenden Wesen deren Stammbaum rekonstruiert. Sie fragt nach den Vorteilen, die jeder Tierart für ihre Erhaltung und Verbreitung aus ihren Eigenschaften erwachsen, denn diese Vorteile sind es, die jene Eigenschaften herausgezüchtet haben. Wenn wir diese Frage mit dem Wort ‚wozu' ausdrücken, also etwa fragen, wozu die Katze spitze, krumme Krallen habe, und sie mit der schlichten Aussage ‚zum Mäusefangen' beantworten, so bekennen wir uns damit nicht zur Annahme einer außernatürlichen, apriorischen Zweck-Setzung, sondern wollen nur ausdrücken, daß das Mäusefangen diejenige arterhaltende Leistung sei, die der Katze eben jene Form von Krallen angezüchtet hat."

57.1. KONRAD LORENZ, Über tierisches und menschliches Verhalten

R Informieren Sie sich in der Literatur (z.B. 14, S 629) über die Aufgaben der Verhaltenslehre.

R Informieren Sie sich in der Literatur (z.B. 7, S 429—432) über die Definition des Verhaltens und die Untersuchung genetisch bestimmter Verhaltensmerkmale (instinktiver Verhaltensweisen).

A Verdeutlichen Sie sich noch einmal die Begriffe: auslösender Reiz, angeborener auslösender Mechanismus, Appetenzverhalten und instinktive Endhandlung. Versuchen Sie, eine Instinkthandlung mit diesen Begriffen zu beschreiben.

spziellen Qualität der Strukturen und das der Verknüpfung durch Zwischenformen.

Im Bereich des Verhaltens kann das spezielle Angepaßtsein — wie im Bereich des Körperbaus — die Homologie verdecken oder durch Konvergenz vortäuschen. Vergleicht man z.B. die Bell-Laute von Hund und Beutelwolf miteinander, so stellt man ihre Ähnlichkeit fest. Prüft man, ob die Homologiekriterien erfüllt sind, gelangt man zu dem Ergebnis, daß Homologie ausgeschlossen werden kann. Die Bell-Laute von Hund und Beutelwolf sind nur analog. Man vermutet, daß Analogien bzw. Konvergenzen bei Verhaltensmerkmalen häufiger sind als bei Strukturmerkmalen.

Das Bellen von Hund, Wolf, Fuchs, Coyote und Schakal ist dagegen sicher homolog. Die Bellstrophe des Fuchses und die Heulstrophe anderer Hundeartiger tauchen im Rahmen der Stimmfühlung auf. Im Zusammenhang damit gibt es spezielle Verhaltensformen, wie z.B. das Anheben des Kopfes. Betrachtet man das Verhalten als Gefügesystem, so hat die Lautäußerung hier jeweils die gleiche Lage im System. Die Homologie zwischen Bellstrophe und Heulstrophe ist auch durch das Kriterium der „Verknüpfung durch Zwischenformen" zu stützen. Der letzte Laut der Bellstrophe wird nämlich gelegentlich langgezogen. In die Heulstrophe werden öfter Bell-Laute eingebaut. Zwischenformen gibt es auch beim Schabrackenschakal. Während das Weibchen die stammesgeschichtlich ältere typische Bellstrophe zeigt, ist diese beim Männchen durch Verschleifen bereits zum Heulen entwickelt. Diese Heulstrophe des Männchens wird durch kurze Bell-Laute unterbrochen.

Richtiges Vorgehen erfordert also zunächst den Versuch, das Beobachtete nach formaler Ähnlichkeit zu ordnen. Dann ist zu untersuchen, ob die Homologiekriterien erfüllt sind. Dabei darf eine Untersuchung der Verwandtschaftsbeziehungen nicht allein aufgrund einzelner Verhaltenselemente, wie z.B. der Lautform erfolgen, sondern die Untersuchung muß in Beziehung zum Gesamtverhalten der betreffenden Arten durchgeführt werden. Vergleichende Untersuchungen des Verhaltens sind eben dann für stammesgeschichtliche Fragen besonders aufschlußreich, wenn das gesamte Verhaltensinventar von Arten miteinander verglichen wird.

Für die Gruppe der Laridae (Seeschwalben und Möwen) haben die Verhaltensforscher ein besonders umfangreiches Material zusammengetragen. Dabei erwies sich die Anpassung an verschiedene Lebensräume als ein sehr wirksamer Faktor für die Abwandlung des Verhaltens nahe verwandter Arten.

Diese verschiedenen Abwandlungen des Verhaltens, homologe Verhaltensweisen also, die im Vergleich zum Ausgangsstadium in bestimmten Merkmalen unterschiedlich

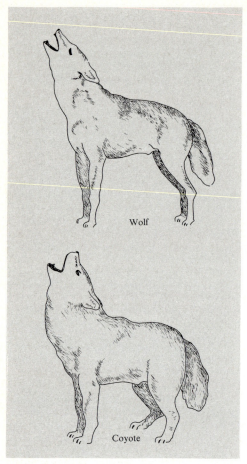

58.1. Beispiel für homologes Verhalten. Heulen beim Wolf und beim Coyoten

R Informieren Sie sich in der Literatur (z.B. 42) über Aufnahme- und Auswertungstechnik bei der Untersuchung von Tierstimmen.

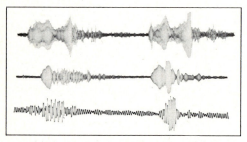

58.2. Oszillogramme homologer Laute von Fuchs, Wolf und Dackel zur Objektivierung des Gehörten. Für den Beweis der Homologie werden weitere Verhaltensweisen herangezogen.

gestaltet sind, haben für die Klärung stammesgeschichtlicher Fragen große Bedeutung. Das Besetzen einer ökologischen Nische geht nämlich mit einer Verhaltensspezialisierung einher.

So unterscheiden sich felsbrütende Möwen durch zahlreiche Verhaltensmerkmale von ihren flachbrütenden Verwandten. Bei der felsbrütenden Dreizehenmöwe sind z.B. dem Schutz dienende Verhaltensweisen, wie Alarmruf und Angreifen von Räubern, stark reduziert. Ihre Sicherheit vor Raubfeinden ist auf den Felsen wesentlich größer als die der Silbermöwe. Diese brütet auf dem flachen Boden, z.B. in Sanddünen. Bei Gefahr ertönen ihre rhythmischen Alarmrufe. Feinde werden von den Elterntieren durch Niederstoßen aus dem Flug sehr heftig angegriffen. Zwischen Dreizehen- und Silbermöwe liegt das Schutzverhalten der Polarmöwe, die zwar meist auf Felsen brütet, aber auch als Flachbrüter auftreten kann. Von ihr werden Feinde genauso heftig angegriffen wie von der Silbermöwe. Alarmrufe stößt sie allerdings seltener aus als diese.

Entsprechende Verhaltensdifferenzierungen finden wir beim Nestbau dieser Vögel. Während die Silbermöwe nur eine flache Nestgrube hat, sind die Nester von Polar- und Dreizehenmöwe tiefer angelegt, was die Sicherheit der Küken auf dem Fels erhöht. Auch die Paarungsstellung ist unterschiedlich. Das Silbermöwenweibchen steht bei der Begattung. Die Weibchen der Dreizehenmöwe liegen oder kauern dagegen, was als Anpassung an den geringeren Bewegungsspielraum auf den Steilklippen deutbar ist. Bei der Polarmöwe finden sich beide Stellungen! Insgesamt hat man festgestellt, daß sich die felsbrütende Dreizehenmöwe in über dreißig Verhaltensmerkmalen von den flachbrütenden Möwen unterscheidet. Das Grundinventar des Verhaltens ist aber bei den Lariden recht einheitlich. An einer monophyletischen (von einer Stammform herkommenden) Ableitung besteht deshalb kein Zweifel.

Die Beispiele verdeutlichen die **vergleichende Typologie** als die wichtigste Methode zur Erforschung der Phylogenese des Verhaltens. Die Paläontologie läßt uns hier im Stich. Die Bedeutung der Ontogenie liegt wohl darin, daß sich nahe verwandte Tierarten in Frühstadien ihrer Ontogenese oft sehr viel stärker ähneln als im erwachsenen Zustand.

Später spezialisierte Verhaltensweisen stimmen in früheren Entwicklungsstadien stärker überein als zu späteren Zeitpunkten. Verhaltensforscher betonen deshalb, daß manche Verhaltensweisen nur dann sicher zu homologisieren seien, wenn man ihre ontogenetische Reifung kennt. Gegenüber der vergleichenden Typologie scheint die Ontogenie allerdings wenig ergiebig. LORENZ stellte schon 1937 für das Verhalten fest, daß „die ontogenetische Wiederholung von Ahnentypen kaum je angedeutet ist".

Verhaltensweise		Homologiekriterien
I	Annäherung eines Artgenossen	
II	Vorn-hochgehen aus der Kauerstellung	
III	Pfotenschlagen als Abwehrbewegung	Wird stets nach II aktiviert, tritt also in der Verhaltensfolge zum gleichen Zeitpunkt auf. **Kriterium der Lage** In der Form stets übereinstimmend. Schnelles Vorstoßen der Pfoten, eventuelle Beteiligung des Vorderkörpers. **Kriterium der spezifischen Qualität**

59.1. Schema des homologen Abwehrverhaltens bei allen Wühlmäusen

59.2. Abwehren der Annäherung eines Artgenossen durch Pfotenschlagen bei der Rötelmaus

A Tabellieren Sie das Verhalten der im Text genannten drei Möwenarten vergleichend.

R Informieren Sie sich in der Literatur (z.B. 45) über das Verhaltensinventar der Silbermöwe.

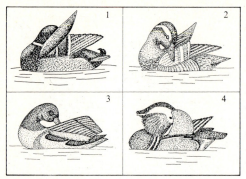

60.1. Homologe Verhaltensweisen. Ritualisiertes Scheinputzen am Flügel zur Einleitung der Balz bei Stockerpel (1), Knäckerpel (2), Branderpel (3) und Mandarinerpel (4).

| R | Informieren Sie sich in der Literatur (z.B. 1, S. 470) über gemeinsame Merkmale von Entenvögeln.

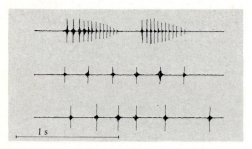

60.2. Oszillogramme homologer, akustischer Signale des Großen Buntspechts. Hämmern bei der Nahrungssuche (unten), Klopfen am Brutbaum (Mitte) und Balztrommeln (oben).

60.3. Mund-zu-Mund-Fütterung und das homologe Begrüßungsküssen bei Schimpansen

Die wenigen, immer wieder zitierten Beispiele aus der Ontogenie liefern Hinweise dafür, daß die biogenetische Grundregel auch im Verhaltensbereich gilt. Pieper, Lerchen, Rabenvögel und andere Sperlingsvögel hüpfen als flügge Junge beidbeinig. Erst später erlernen sie das Laufen, bei dem sie ein Bein vor das andere setzen. Das Hüpfen läßt sich als eine Rekapitulation einer alten stammesgeschichtlichen Fortbewegungsweise der Sperlingsvögel auffassen. Die meisten Vertreter dieser Ordnung zeigen diese primitive Verhaltensweise. Das Laufen ist als sekundäre Erwerbung aufzufassen.

Eine interessante Möglichkeit, die Stammesgeschichte von Verhaltensweisen zu untersuchen, bieten die Artbastarde von Enten. Solche Bastarde sind bei Enten leicht zu züchten. Die Mischlinge liegen häufig nicht intermediär zwischen den Eltern, sondern zeigen einen Rückschlag auf stammesgeschichtlich älteres Verhalten. So zeigen Mischlinge von Brandgans und Nilgans Paarungszeremonien, die dem älteren unter Entenvögeln verbreiteten Typus entsprechen, obwohl beide Elternarten höherdifferenzierte, andersartige und voneinander unterschiedene Paarungseinleitungen zeigen. Vielleicht kann man in diesem Zusammenhang sinnvoll von einem Verhaltensatavismus sprechen.

2.9.2. Funktionswechsel von Verhaltensweisen

Wie für die Organe läßt sich auch für Verhaltensweisen häufig ein Funktionswechsel nachweisen. Die Homologisierung erlaubt häufig die Ableitung bestimmter Verhaltensweisen voneinander. Bei unserem einheimischen Buntspecht sind das Zimmern der Nisthöhle, das Hämmern beim Suchen nach Nahrung und das schnelle Balztrommeln homolog. Auch das rhythmische Klopfen als Signal, wenn sich die Partner beim Brüten ablösen, gehört in diese Reihe. Entsprechend läßt sich das Begrüßungsküssen der Schimpansen aus dem Mund-zu-Mund-Füttern ableiten.

Ein weiteres Beispiel für den Funktionswechsel von Verhaltensweisen ist der Vorgang der **Ritualisierung.** Dabei handelt es sich um die Umwandlung von Gebrauchshandlungen wie der Fortbewegung, der Nahrungsaufnahme, der Ruhe, des Schlafs, der Paarung usw. zu Signalen für Artgenossen. Diese Signale stellen zwischen mindestens zwei Tieren eine Wechselbeziehung her. Solche der Kommunikation dienende Signalhandlungen nennt LORENZ auch Symbolhandlungen.

Vergleicht man z.B. die Balzbewegungen verschiedener Fasanenvögel miteinander, so stellt man fest, daß sie – zunehmend ritualisiert – alle auf das Futterlocken zurückzuführen sind. So scharrt der Haushahn bei der Balz einige Male auf dem Boden, tritt dann zurück und pickt unter Locken den Boden. Dies tut er auch dann, wenn kein Futter vorhanden ist. Manchmal werden kleine Steinchen in den Schnabel genommen. Die Henne läuft herbei und sucht nach Futter. Das ist zweifellos ein auch außerhalb der Balz für die Arterhaltung sinnvolles Verhalten, wenn Artgenossen auf diese Weise auf Futter aufmerksam gemacht werden.

Das Futterlocken des Jagdfasans ist dem geschilderten Verhalten sehr ähnlich und wenig ritualisiert. Beim Glanzfasan wird die Ritualisierung deutlich. Er scharrt nicht nach Nahrung, pickt aber kräftig auf den Boden. Mit gefächertem Schwanz verneigt er sich in Richtung zur Henne. Läuft sie herbei, verharrt er in dieser hockenden Stellung, spreizt nun die Schwingen und die Schwanzfedern und bewegt den Schwanz vor und zurück. Der Pfaufasan kratzt wie der Haushahn nach Nahrung, verbeugt sich wie der Glanzfasan unter Anheben der Flügel und Fächern des Schwanzes. Er weist dem Weibchen aber nicht das Futter, sondern bewegt den Kopf schnell hin und zurück. Erhält er in dieser Situation Futter, so bietet er es dem Weibchen dar. Das verdeutlicht die ursprüngliche Motivation dieses ritualisierten Verhaltens! Fütterungslocken wurde zum Balzlocken. Beim Pfau nimmt die Ritualisierung im Laufe seines individuellen Lebens zu. Während der junge Pfau die Balz mit Scharren und Picken eröffnet, tut der ältere dies nicht mehr. Vielmehr spreizt er die Schwanzfedern zum Rad, trippelt etwas zurück, biegt den gefächerten Schwanz nach vorn und weist bei hochaufgerichtetem Schwanz mit dem Schnabel zum Boden.

Traditionshomologien. Erschwert wird die Homologieforschung im Verhaltensbereich durch die interessanten Traditionshomologien. Ein Beispiel dafür finden wir im Verhalten der Witwenvögel. Ihren Namen haben sie von den langen, herabhängenden, schwarzen Schmuckfedern der Männchen, die an Witwenschleier erinnern sollen. Sie sind Bewohner der Steppen und Savannen Afrikas und zeigen Brutparasitismus wie unsere Kuckucke. Ihre Eier legen sie Prachtfinken ins Nest, die ihnen verwandtschaftlich fern stehen. Dabei hat jede Witwenart eine bestimmte Prachtfinkenart zum Wirt. Die vom Prachtfinken aufgezogenen jungen Witwen sind ihren Wirtsgeschwistern zum Verwechseln ähnlich. Die Übereinstimmung bezieht sich auf die Farbe des Jugendkleides, aber auch auf die Rachenzeichnungen. Letztere sind als Fütterungssignale besonders wichtig. Prachtfinken kennen die Rachenzeichnungen ihrer eigenen Jungen sehr genau und übergehen Jungvögel mit abweichenden Mustern beim Füttern. Auch in den Bettelbewegungen sind die jungen Witwen auf die Jungen der Wirte abgestimmt. Darüber hinaus erlernen die jungen Witwen den Gesang ihrer Wirtseltern. Beider Gesänge sind zwar **formal** homolog, nicht aber im phylogenetischen Sinne. Solche Traditionshomologien sind natürlich für die Rekonstruktion der Stammesgeschichte nicht zu verwenden.

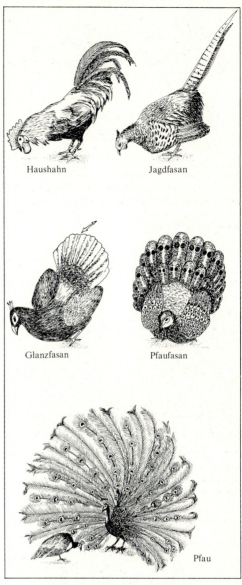

61.1. Entstehung der Balz aus dem Futterlocken bei verschiedenen Fasanenvögeln

R   Informieren Sie sich in der Literatur (z.B. 58) über die stammesgeschichtliche Ritenbildung.

R   Informieren Sie sich in der Literatur (z.B. 62) über den Brutparasitismus bei Witwenvögeln. Versuchen Sie, dabei die stammgeschichtliche Bedeutung dieser Erscheinung herauszuarbeiten.

R   Informieren Sie sich in der Literatur (z.B. 7, S. 442) über Verhalten als Kausalfaktor der Evolution.

3. Mechanismen und Gesetzmäßigkeiten der Evolution

3.1. Die Theorien der Evolution

LAMARCK und DARWIN. Durch den Aufschwung der Naturwissenschaften mit dem Beginn der Neuzeit verlor die *Theorie von der Konstanz der Arten* zunehmend an Bedeutung. Die Ergebnisse der Naturbeobachtung drängten zu dem Gedanken, daß es eine *Entwicklung* vom Einfachen zum Höherorganisierten geben müsse.

Es ist das Verdienst LAMARCKs und DARWINs, die Entwicklungsideen zu einem geschlossenen Gebäude zusammengefügt und ihm durch eine Analyse der Wirkungsmechanismen eine theoretische Grundlage gegeben zu haben.

Auf der Suche nach dem Warum der Evolution fiel LAMARCK die Tatsache auf, daß der häufige Gebrauch von Organen bei einer Art zu ihrer verstärkten Ausbildung führt. Was lag näher als der Schluß, daß im *Gebrauch und Nichtgebrauch von Organen* eine der Triebkräfte der Entwicklung liege. Schwieriger war die Erklärung dafür, wie es zur Ausbildung neuer Organe kommt, denn ein Organ, das nicht vorhanden ist, kann durch häufigen Gebrauch auch nicht vervollkommnet werden. LAMARCK half sich mit einem Kunstgriff. Er nahm an, die Organismen hätten ein „inneres Bedürfnis", ein bestimmtes Organ zu besitzen. Ist der Wille zur Ausbildung eines Körperteils vorhanden, wird sich allmählich an der entsprechenden Stelle die gewünschte Veränderung einstellen. – Schließlich forderte LAMARCK die Vererbung erworbener Eigenschaften.

Für DARWIN ist der Motor der Entwicklung die Tatsache, daß die Nachkommen eines Elternpaares in ihren Eigenschaften nicht absolut gleich sind, sondern geringfügige Unterschiede aufweisen, also dazu neigen, **Varietäten** auszubilden. Über ihre Ursachen war zu DARWINs Zeit nichts bekannt, auch die Mechanismen ihrer Weitergabe – die Vererbungsgesetze – wurden erst später gefunden. Für DARWIN entstehen die Varietäten spontan. Er nimmt diese Tatsache vorerst hin, ohne sie erklären zu können. Allerdings schließt er die Vererbung erworbener Eigenschaften nicht völlig aus, nur die These von der „Neigung zum Fortschritt" bereitet ihm Unbehagen.

Statt dessen gibt DARWIN der Umwelt des Lebewesens die Rolle eines Züchters, der von seinen Nutztieren immer die geeignetsten zur Weitervermehrung auswählt. Er prägt den Begriff der „natürlichen Zuchtwahl", die dafür sorgt, daß die jeweils am besten geeigneten Formen bevorzugt zur Vermehrung kommen und dadurch die besseren Erbanlagen verbreiten helfen. Es ist ein **Kampf ums Dasein**,

---

Die wahre Ordnung der Dinge, die wir hier betrachten wollen, besteht nun darin:

1. daß jede ein wenig beträchtliche und anhaltende Veränderung in den Verhältnissen, in denen sich eine Tierrasse befindet, eine wirkliche Veränderung der Bedürfnisse derselben bewirkt;

2. daß jede Veränderung in den Bedürfnissen der Tiere andere Tätigkeiten nötig macht, um diese neuen Bedürfnisse zu befriedigen, und folglich andere Gewohnheiten;

3. daß jedes neue Bedürfnis, indem es neue Tätigkeiten seiner Befriedigung nötig macht, von dem betreffenden Tiere entweder den größeren Gebrauch eines Organs erfordert, von dem es vorher geringeren Gebrauch gemacht hatte, wodurch dasselbe entwickelt und beträchtlich vergrößert wird, oder den Gebrauch neuer Organe, welche die Bedürfnisse in ihm unmerklich durch Anstrengung seines inneren Gefühls entstehen lassen....

62.1. LAMARCK, Zoologische Philosophie

A Versuchen Sie, LAMARCKs Gedankengang an einem Beispiel besonders stark ausgebildeter Organe oder Körperteile nachzuvollziehen.

A Das Auftreten neuer Organe als Folge eines inneren Bedürfnisses wird auch als psychischer LAMARCKismus bezeichnet. Erläutern Sie an einem Beispiel!

Erstes Gesetz

Bei jedem Tiere, welches den Höhepunkt seiner Entwicklung noch nicht überschritten hat, stärkt der häufigere und dauernde Gebrauch eines Organs das allmählich, entwickelt, vergrößert und kräftigt es proportional der Dauer dieses Gebrauchs; der konstante Nichtgebrauch eines Organs macht dasselbe unmerkbar schwächer, verschlechtert es, vermindert fortschreitend seine Fähigkeiten und läßt es endlich verschwinden.

Zweites Gesetz

Alles, was die Individuen durch den Einfluß der Verhältnisse, denen ihre Rasse lange Zeit hindurch ausgesetzt ist, und folglich durch den Einfluß des vorherrschenden Gebrauchs oder konstanten Nichtgebrauchs erwerben oder verlieren, wird durch die Fortpflanzung auf die Nachkommen vererbt, vorausgesetzt, daß die erworbenen Veränderungen beiden Geschlechtern oder den Erzeugern dieser Individuen gemein sind.

62.2. LAMARCK, Zoologische Philosophie

der das „Überleben der Geeignetsten" sichert. Die nationalsozialistische Ideologie übertrug diesen Gesichtspunkt in unzulässiger Weise aus der Biologie auf die Gesellschaft. Die Annahme des Überlebens der Geeigneteren resultiert aus der Beobachtung, daß es häufig eine Überproduktion an Nachkommen gibt, daß aber die Individuenzahl einer Art in ihrem Wohngebiet annähernd gleich bleibt.

DARWIN war sich der Lücken seiner Theorie bewußt. Er fragte: Warum finden wir so wenige Übergangsformen in der Natur? Lassen sich „überflüssige" oder auch hochkomplizierte Strukturen ebenfalls durch die natürliche Auslese erklären? Sind die Instinkte auf der gleichen Basis entstanden? Warum bleiben die Nachkommen von Artkreuzungen steril, während die Abkömmlinge der Kreuzung von Varietäten fruchtbar sind? — Einige dieser Fragen können wir heute beantworten. Die Diskussion um die Entstehung hochkomplizierter Organe weist uns aber darauf hin, daß in dem komplexen Geschehen der Natur durchaus noch Fragen offen bleiben.

Ein Vergleich der Theorien LAMARCKs und DARWINs zeigt, daß sie von zwei grundsätzlich verschiedenen Prinzipien ausgehen. Für beide ist die Umwelt der wesentliche Faktor der Höherentwicklung. Bei LAMARCK erzeugt sie aber die Bedürfnisse, die die Lebewesen dazu veranlassen, neue Eigenschaften entstehen zu lassen. Die Lebewesen sind *aktiv* an der Veränderung ihrer Eigenschaften beteiligt.

In DARWINs System spielen die Lebewesen eine *passive* Rolle. Die Eigenschaftsänderungen treten spontan und richtungslos auf und werden unter dem Einfluß der Umwelt auf ihre Eignung geprüft. Nach LAMARCK *passen sich die Lebewesen an,* nach DARWIN *sind oder werden sie angepaßt.*

Dieser fundamentale Unterschied wirkt bis in unsere Tage fort. Es ist inzwischen gesichert, daß eine Vererbung erworbener Eigenschaften nicht stattfindet. Eine Rückwirkung der körperlichen und geistigen Eigenschaften auf das Zellkernmaterial ist nicht nachweisbar. Dementsprechend wurde die DARWINsche Version des Entwicklungsmechanismus die Grundlage des heutigen biologischen Weltbildes. Da aber der Zufall in diesem Gebäude eine wesentliche Rolle spielt, ist es nicht verwunderlich, daß auf der Basis verschiedener Weltanschauungen immer wieder Gedanken geäußert werden, die das LAMARCKsche Konzept zu stützen versuchen. Wie bei allen Ideologien sollte man bei ihrer Prüfung danach fragen, welchen Zielen diese Gedanken dienen. Es besteht dann sehr leicht der Verdacht, daß — wie bei der Ausnutzung genetischer und entwicklungstheoretischer Gedanken durch das Dritte Reich — eine weltanschauliche oder politische Idee naturwissenschaftlich untermauert werden soll. Der Fall LYSSENKO lieferte in der Sowjetunion der Fünfzigerjahre ein solches Beispiel.

Der Ausdruck, Kampf um's Dasein, im weiten Sinne gebraucht.

Ich will vorausschicken, dasz ich diesen Ausdruck in einem weiten und metaphorischen Sinne gebrauche, unter dem sowohl die Abhängigkeit der Wesen von einander, als auch, was wichtiger ist, nicht allein das Leben des Individuums, sondern auch Erfolg in Bezug auf das Hinterlassen von Nachkommenschaft einbegriffen wird. Man kann mit Recht sagen, dasz zwei hundeartige Raubthiere in Zeiten des Mangels um Nahrung und Leben mit einander kämpfen. Aber man kann auch sagen, eine Pflanze kämpfe am Rande der Wüste um ihr Dasein gegen die Trocknis, obwohl es angemessener wäre zu sagen, sie hänge von der Feuchtigkeit ab. Von einer Pflanze, welche alljährlich tausend Samen erzeugt, unter welchen im Durchschnitte nur einer zur Entwickelung kommt, kann man noch richtiger sagen, sie kämpfe um's Dasein mit anderen Pflanzen derselben oder anderer Arten, welche bereits den Boden bekleiden. Die Mistel ist abhängig vom Apfelbaum und wenigen anderen Baumarten; doch kann man nur in einem weit hergeholten Sinne sagen, sie kämpfe mit diesen Bäumen; denn wenn zu viele dieser Schmarotzer auf demselben Baume wachsen, so wird er verkümmern und sterben. Wachsen aber mehrere Sämlinge derselben dicht auf einem Aste beisammen, so kann man in zutreffender Weise sagen, sie kämpfen miteinander. Da die Samen der Mistel von Vögeln ausgestreut werden, so hängt ihr Dasein mit von dem der Vögel ab und man kann metaphorisch sagen, sie kämpfen mit anderen beerentragenden Pflanzen, damit sie die Vögel veranlasse, eher ihre Früchte zu verzehren und ihre Samen auszustreuen, als die der anderen. In diesen mancherlei Bedeutungen, welche in einander übergehen, gebrauche ich der Bequemlichkeit halber den allgemeinen Ausdruck „Kampf um's Dasein".

... Die neuerliche Vermehrung der Misteldrossel in einigen Theilen von Schottland hat daselbst die Abnahme der Singdrossel zur Folge gehabt. Wie oft hören wir, dasz eine Rattenart in den verschiedensten Climaten den Platz einer anderen eingenommen hat. In Ruszland hat die kleine asiatische Schabe (Blatta) ihren gröszeren Verwandten überall vor sich hergetrieben. In Australien ist die eingeführte Stockbiene im Begriff, die kleine einheimische Biene ohne Stachel rasch zu vertilgen. Man weisz, dasz eine Art Feldsenf eine andere verdrängt hat; und so noch in anderen Fällen. Wir können dunkel erkennen, warum die Concurrenz zwischen den verwandtesten Formen am heftigsten ist, welche nahezu denselben Platz im Haushalte der Natur ausfüllen ...

63.1. DARWIN, Über die Entstehung der Arten ...

| R | Informieren Sie sich in der Literatur (z.B. 1) über die Aussagen der synthetischen Theorie der Evolution.

| R | Informieren Sie sich in der Literatur (z.B. 23) über die verschiedenen Mutationstypen.

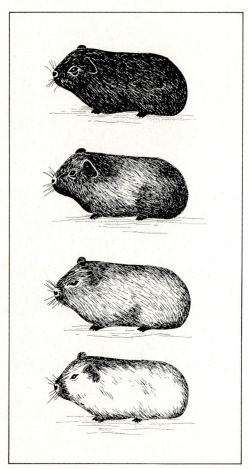

64.1. Verschiedene Allele einer Reihe von Mutationen der Haarausfärbung beim Meerschweinchen. Die Mutanten sind (von oben nach unten) schwarz, dunkelsepia, hellsepia und spitzenschwarz.

| A | Demonstrieren Sie an Hand von Diapositiven Beispiele für Mutanten. Benutzen Sie zur Auswahl die Bildreihen 100979, 102037 und 100749 (mit Beiheften) des Instituts für Film und Bild, München.

| A | Verdeutlichen Sie sich durch Nachlesen in der Literatur (z.B. 23) wiederholend den Aufbau der DNA. Interpretieren Sie eine Genmutation vom molekulargenetischen Standpunkt aus.

Die synthetische Theorie. Wie wir sahen, beweisen Tatsachen aus ganz verschiedenen biologischen Disziplinen die Abstammung oder finden ihre natürliche Erklärung durch die Annahme einer Evolution. Die Frage nach den Ursachen des Artwandels, also die Frage nach den Evolutionsfaktoren, wurde von LAMARCK und DARWIN unterschiedlich beantwortet. Auf der Grundlage der DARWINschen Theorie einer natürlichen Zuchtwahl (Selektion) ist die Kausalanalyse der Evolution heute zu einer komplizierten Theorie ausgebaut. Diese **Synthetische Theorie der Evolution** schließt also die grundlegenden Gedanken DARWINs ein:

1. Die Individuen einer Art gleichen einander nicht vollkommen. Ihre Eigenschaften variieren. Die erblichen unter diesen Variationen, die DARWIN **sports** nannte (heute heißen sie Mutanten), spielen für die Evolution eine Rolle.

2. Die Organismen haben eine **Überproduktion** an Nachkommen.

3. Von diesen überleben im **Kampf ums Dasein** nur jeweils die Tauglichsten.

Eine Reihe weiterer, inzwischen bekannter Evolutionsfaktoren kommt nun ergänzend hinzu. Die synthetische Theorie der Evolution basiert außerdem auf dem Aktualitätsprinzip, d.h., die heute für den Artwandel entscheidenden Faktoren müssen auch in der Vergangenheit bestimmend gewesen sein.

3.2. Mutation und Selektion

3.2.1. Mutation

Mutationen sind spontan auftretende Veränderungen des genetischen Materials, die von bleibendem Einfluß auf den Genotyp (=Erbbild) sind. Sie können auf Verminderung oder Vermehrung der Erbsubstanz oder auf Veränderungen innerhalb der informationsspeichernden Nucleinsäuren beruhen. Man bezeichnet die Träger veränderter genetischer Informationen als **Mutanten** und unterscheidet nach der Art der Veränderung des genetischen Materials drei **Mutationstypen:** Bei einer *Ploidiemutation* ist die für die betreffende Art charakteristische Anzahl der Chromosomen im Zellkern verändert. Liegt eine Strukturveränderung einzelner Chromosomen vor, spricht man von *Chromosomenmutation*. Die *Genmutation* betrifft dagegen einzelne Gene. Sie ist nur mittelbar aus Beobachtungen der Phänotypen zu erschließen, während Chromosomenmutationen (=strukturelle Chromosomenaberrationen) so beschaffen sein können, daß sie lichtmikroskopisch wahrgenommen werden können. Eine Genmutation beruht auf der chemischen Veränderung der molekularen Struktur des Erbmaterials, der Desoxyribonucleinsäure.

Im diploiden Chromosomensatz mutiert meist nur eines der beiden Allele. Die Körperzellen eines *diploiden Organismus* enthalten zwei identische Chromosomensätze. Jeweils zwei Chromosomen stimmen in Größe und Gestalt überein. Die beiden Chromosomen eines solchen Paares heißen **Homologe**. Die auf einander entsprechenden *Genorten* befindlichen Gene eines homologen Chromosomenpaares nennt man **Allele**. Sind Allele in ihrer Auswirkung auf das Erscheinungsbild (=Phänotyp) gleich, spricht man von Homozygotie, sind sie unterschiedlich, von Heterozygotie. Geht man vom einzelligen Lebewesen aus, entsteht aus der *homozygoten Wildform* eine *heterozygote Mutante*. Meist ist das mutierte Allel gegenüber dem Wildtyp-Allel rezessiv. Mutierte auch das zweite Allel in gleicher Weise, ergäbe das eine homzygote Mutante. Stellt eine Veränderung eines mutierten Allels wieder den Ausgangszustand des Wildtyps her, so spricht man von **Rückmutation**. Mutationen können beim vielzelligen Lebewesen Körperzellen oder Gameten betreffen. Nur wenn die Mutation in der Ei- oder der Spermazelle bzw. deren Vorstadien auftritt, können bei geschlechtlicher Fortpflanzung Mutanten entstehen.

Welche Bedeutung haben nun Mutationen für das Evolutionsgeschehen? Durch sie wird zunächst der *Genbestand* einer *Population* qualitativ verändert. Dabei versteht man unter Population die Gesamtheit der paarungsfähigen Individuen einer Art oder einer Rasse innerhalb eines bestimmten Gebietes. Die Gesamtheit der innerhalb einer Population zu einem bestimmten Zeitpunkt vorhandenen Erbanlagen heißt Genbestand oder **Gen-Pool**.

Das Einzelindividuum der Population verfügt also nur über einen Bruchteil der Allele des Gen-Pools. Mit der Veränderung des Gen-Pools liefern die Mutationen das Material für den Evolutionsprozeß. Damit stellt sich die Frage nach der Häufigkeit von Mutationen, nach der **Mutationsrate**. Die Mutationsrate für ein einzelnes, bestimmtes Gen liegt niedrig. Sie beträgt 10^{-4} bis 10^{-6} pro Gen und Generation. Das bedeutet, daß unter 10 000 bis 1 000 000 Keimzellen nur eine auftritt, die an dem betreffenden Genort eine Mutation aufweist. Dabei handelt es sich natürlich um Mittelwertangaben.

Es gibt nämlich relativ häufig mutierende (labile) und seltener mutierende (stabile) Gene. Nun ist die Zahl der Gene eines eukaryontischen Organismus sehr hoch. Je nach Art schätzt man sie auf 10^5 bis 10^6. Ein Organismus mit 10^5 Genen hätte bei einer Mutationsrate von 10^{-6} in $\frac{1}{10}$ seiner Keimzellen eine Mutation aufzuweisen. Trotz niedriger Mutationsrate ist also infolge der hohen Genzahl die Wahrscheinlichkeit für das Auftreten einer Mutation relativ groß. Bei der Fruchtfliege (Drosophila) weisen 2% bis 3% aller Individuen jeder Generation irgendeine Mutation auf. Für den Menschen schätzt man, daß 10% bis 40% aller Keimzellen jeder Generation ein mutiertes Gen tragen. Ein Gen kann außerdem vielfältig mutieren. Von

A Lesen Sie in der Literatur (z.B. 23) noch einmal die Begriffserklärungen für die Fachausdrücke: Allel, Gen, diploid, haploid, Phänotyp, Genotyp, homozygot, heterozygot und homologe Chromosomen nach.

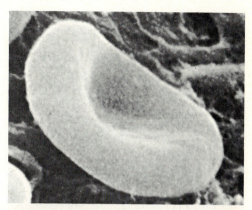

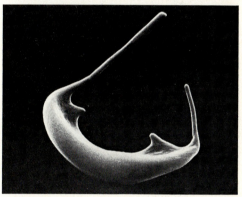

65.1. Rasterelektronenmikroskopische Aufnahme von Erythrozyten (oben normal, unten Sichelzellenanämie). Als kleinste Änderung des Erbmaterials tritt hier eine Änderung eines Nucleotidpaares auf. Im Genprodukt, dem Hämoglobin, ist nur eine Aminosäure verändert.

A Informieren Sie sich über das Krankheitsbild der Sichelzellenanämie und verdeutlichen Sie sich die Wirkung dieser geringfügigen Erbänderung.

Escherichia coli	10^{-6} bis 10^{-9}
Chlamydomonas	10^{-6}
Mais	10^{-5} bis 10^{-6}
Drosophila	10^{-5}
Mensch	10^{-5}

65.2. Mutationsraten einiger Lebewesen

66.1. Vier Flügelmutanten von Drosophila, die durch Mutation desselben Gens entstanden sind

V Besorgen Sie sich bei einer Lehrmittelfirma einen Wildstamm und Mutanten von Drosophila melanogaster. Füllen Sie 250 ml-Erlenmeyerkolben 5 cm hoch mit Nährboden. (Rezept siehe z.B. 23, S. 29). Geben Sie in jeden Kolben 5 Paare der Wildform und 5 Paare von jeweils einer Mutante. In einen Kolben geben Sie je drei Paare von jeder Mutante und der Wildform. Halten Sie die Tiere unter gleichen Bedingungen. Die Generationsdauer beträgt ca. 12 Tage. Beobachten Sie über mehrere Generationen hinweg und protokollieren Sie.

Zucht-temperatur	Drosophila	funebris
	Wildtyp	Mutante eversae
16°	überlegen	unterlegen
25°	unterlegen	überlegen
29°	überlegen	unterlegen

66.2. Überlegenheit bzw. Unterlegenheit von Mutante und Wildtyp einer Drosophila-Art bei unterschiedlichen Zuchttemperaturen

A Überlegen Sie, ob diese Unterschiede für die Evolution Bedeutung haben könnten.

R Informieren Sie sich in der Literatur (z.B. 65) über Ziele und Probleme der Mutationsforschung im Zusammenhang mit der Pflanzenzüchtung.

manchen Genen kennt man bis zu fünfzig Allele. Durch Eingriffe des Menschen (hohe Temperaturen, Röntgenstrahlen, mutagene Substanzen) läßt sich die Mutationsrate beträchtlich erhöhen, wovon der Pflanzenzüchter Gebrauch macht. Da die heute vorkommenden Arten über Tausende oder Millionen Generationen hinweg als erfolgreiche Populationen existiert haben, muß man vermuten, daß die meisten für die Art positiven, nützlichen Mutationen in der Evolution schon einmal aufgetreten sind und durch natürliche Auslese in den Gen-Pool aufgenommen wurden. Das läßt weiter erwarten, daß neu auftretende Mutationen bei ihren Trägern die Anpassung an ihre Umgebung verschlechtern, also ungünstig sind. Tatsächlich ist die Mehrzahl neuer Mutationen für die betreffenden Organismen ungünstig, was sich experimentell bestätigen läßt. Der Organismus befindet sich in einem Zustand der Ausgewogenheit, der durch spontane, ungezielte Veränderungen, wie sie mit den Mutationen vorliegen, nicht verbessert, sondern gestört wird. Mutationen können die Vitalität herabsetzen oder sogar tödlich (letal) wirken. Beispiele, die zeigen, daß Mutationen für die betroffenen Organismen günstig wirken können, sind die Fähigkeit, Insektensprays und Antibiotika zu widerstehen, aber auch die verbesserte Anpassung von Kulturpflanzen an besondere Umweltbedingungen. So hat man bei Hunderten von untersuchten Kulturgerstenmutanten etwa 1% Eigenschaften verbessernde Mutationen gefunden. Dabei muß man Verbesserungen für die Pflanze selbst und solche für den sie nutzenden Menschen unterscheiden. Außerdem muß man günstige Mutationen im Zusammenhang mit den Umweltbedingungen der Pflanze beurteilen. So sind steife Halme als Mutationsergebnis für die Gerste im feuchten Klima Nordeuropas günstig. Im trocknen Klima der westlichen USA hat der steife Halm dagegen Nachteile, weil er leicht zerbricht. Neben den günstigen und den weit überwiegenden ungünstigen Mutationen gibt es auch für die Evolution bedeutungslose, neutrale Mutationen, z.B. die Schlitzblättrigkeit vieler Pflanzen.

Die meisten neu auftretenden Mutationen sind rezessiv, bleiben also im Zusammenwirken mit dem nichtmutierten Allel phänotypisch ohne Einfluß. Schon in der Population verbreitete Mutationen sind dagegen meist dominant. Rezessive Mutationen können im Laufe der Evolution dominant werden. Gene, die diesen Vorgang bewirken, nennt man **Modifikatorgene.**

Mutationen sorgen also für Auffrischung und Erhöhung der Variabilität des Genreservoirs, wodurch Material für die Evolution bereitgestellt wird.

Rekombination ist ein wesentlich wichtigerer Faktor für die Entstehung neuer Genotypen als die Mutation. Gäbe es plötzlich keine **Mutabilität** mehr, entstünden trotzdem noch in Hunderten von Generationen ständig neue Genotypen durch Rekombination. Ihr gegenüber ist das Ausmaß an Veränderungen, das eine Population durch Mutation erfährt, vergleichsweise gering. **Rekombination** nennen wir die neue Kombination von Erbanlagen bei der sexuellen Fortpflanzung. Sie bringt also Veränderung durch Neukombination bereits existierender genetischer Verschiedenheiten. Die betreffenden Organismen heißen Rekombinanten. Bei der Keimzellbildung ist es dem Zufall überlassen, welches von zwei homologen Allelen bei der Neuverteilung der elterlichen Chromosomen in eine Keimzelle gelangt. Die Zahl der genetisch unterschiedlichen Gameten, die ein diploider Organismus bei der Reifeteilung erzeugt, hängt von der Zahl der heterozygot vorliegenden Gene ab. Sie ist bei Heterozygotie in einem Genpaar 2^1. Sind 2 Allelpaare heterozygot, beträgt sie 2^2, bei 10 Paaren entsprechend 2^{10}, was 1024 Gametensorten entspricht. Die freie Kombinierbarkeit wird bekanntlich durch Kopplung eingeschränkt! Neben dieser zufallsgemäßen Verteilung der elterlichen Chromosomen bei der Keimzellbildung **(interchromosomale Rekombination)** wird die Zahl der Kombinationsmöglichkeiten durch Chromosomenstückaustausch während der Meiose **(intrachromosomale Rekombination)** erhöht. In gleicher Weise wirkt natürlich die Gametenkombination beim Verschmelzen von Ei und Spermium. Damit wird die Zahl der Kombinationsmöglichkeiten der Gene innerhalb einer Population unvorstellbar groß. Bei weitem nicht alle theoretisch möglichen Kombinationen können in einer Population vertreten sein!

3.2.2. Selektion

Mutationen und Rekombinationen stellen zwar durch die Erhöhung der Variabilität das Material für die Evolution, sie sind aber ungezielt. Die **natürliche Auslese** oder **Selektion** als weiterer Evolutionsfaktor gibt dem Prozeß eine Richtung, indem sie wenigertaugliche Individuen zurückdrängt oder sogar ausmerzt, während sie andere Individuen der gleichen Population begünstigt. So führte der extrem kalte, lange Winter 1946/1947 in Mitteleuropa zu einer starken Verminderung der Insekten. Das bedeutete Nahrungsmangel für Maulwürfe. Genetisch bedingt kleinere Tiere hatten einen Selektionsvorteil, weil sie in der Lage waren, mit weniger Nahrung auszukommen. Größere Tiere verhungerten eher. Untersuchungen zeigten, daß der prozentuale Anteil größerer Tiere an einer Population nach diesem Winter kleiner geworden war.

Das Beispiel verdeutlicht zugleich, daß die Auslese am Phänotyp (=Erscheinungsbild) ansetzt. Unterschiede im Genotyp (=Erbbild), die phänotypisch nicht in Erscheinung treten, werden von der Selektion nicht erfaßt. Ob ein bestimmter Genotyp oder auch eine neue Mutation in einer Population positiv oder negativ in ihrem **Selektionswert** einzustufen sind, ist nicht immer leicht zu ent-

67.1. Schema der Neuverteilung der vom Vater und von der Mutter stammenden Chromosomen bei der Reduktionsteilung (interchromosomale Rekombination)

A Zeichnen Sie die Kombinationsmöglichkeiten bei vier Chromosomenpaaren auf.
Stellen Sie die allgemeine Formel für n Chromosomenpaare auf.
Wie groß ist die Zahl der Kombinationsmöglichkeiten der elterlichen Chromosomen im haploiden Satz beim Menschen? (2n=46)
Welche Zahlen erhalten Sie, wenn Sie die so erhaltenen Gameten beider Geschlechter miteinander kombinieren? Überprüfen Sie ihre Überlegungen in der Literatur (z.B. 23, S. 38).

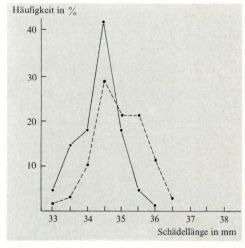

67.2. Variationskurven der Schädellängen von Maulwürfen vor und nach dem strengen Winter 1946/1947 (------ 1938–1941, —— 1949–1950)

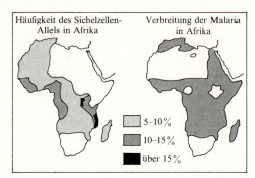

68.1. Zusammenhang zwischen Sichelzellenanämie und Malaria

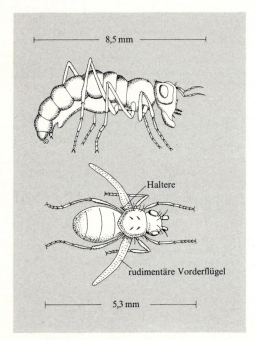

68.2. Flugunfähige Fliegen der Kerguelen, einer Inselgruppe im südlichen Indischen Ozean. Die Flugunfähigkeit ist auf solchen Inseln selektionsbegünstigt.

A Versuchen Sie, die Selektionsvorgänge für die Abbildungen 68.1 und 68.2 zu erläutern.

R Erläutern Sie das Wirken der Selektion im Bereich angeborener Verhaltensweisen am Beispiel der Witwenvögel. (Benutzen Sie als Literatur 62)

A Viele Tierarten schützen ihre Brut notfalls unter Einsatz des eigenen Lebens. Versuchen Sie diese angeborene Verhaltensweise mit der Selektion in Zusammenhang zu bringen.

scheiden. So können an sich unbedeutende Außenmerkmale mit anderen Eigenschaften in Zusammenhang stehen, die das eigentlich Wesentliche darstellen, also ihrem Träger den Auslesevorteil verschaffen. In jedem Fall ist die Entscheidung nur im Zusammenhang mit den jeweiligen Umweltbedingungen zu treffen. Die geringe Körpergröße erwies sich für Maulwürfe bei extremem Nahrungsmangel als vorteilhaft. Ganz sicher sind Bedingungen denkbar, unter denen sie einen negativen Selektionswert hätte.

Daß eine Mutation für ihren Träger abhängig von den jeweiligen Bedingungen günstig oder ungünstig sein kann, sehen wir am Beispiel der Sichelzellenanämie. Bei dieser auf einer Mutation beruhenden Blutkrankheit haben die roten Blutkörperchen Halbmondform (siehe Abb. 65.1.). Diese deformierten Gebilde werden von den weißen Blutkörperchen angegriffen. Homozygote (reinerbige) Träger des Sichelzellengens leiden unter schwerer Anämie, die meist schon im Kindesalter zum Tode führt. Heterozygote (spalterbige) haben dagegen normale Blutkörperchen. Die Sichelzellenanämie hat also einen negativen Auslesewert. Zugleich haben aber heterozygote Sichler eine höhere Resistenz gegenüber dem Erreger der Malaria, was dazu geführt hat, daß sie in Verbreitungsgebieten der Malaria prozentual häufiger auftreten als in anderen Gebieten der Erde. Das Sichelzellengen verschafft also den heterozygoten Trägern in Malariagebieten einen Selektionsvorteil.

Wenn DARWIN vom arterhaltenden Wert bestimmter Eigenschaften eines Lebewesens sprach, dann dachte er dabei mehr an das Überleben der Geeigneteren und das Absterben der weniger Geeigneten beim „Kampf ums Dasein". DARWIN verstand darunter allerdings eher das *Miteinander-Konkurrieren* als ein direktes *Gegeneinander-Kämpfen*. Wir verstehen heute Selektion als einen statistischen Prozeß. Dabei geht es weniger um das Überleben eines bestimmten Individuums als vielmehr darum, welchen Beitrag es zum Genbestand der Nachfolgegeneration liefert. Als auslesebegünstigt stellt sich nämlich der Genotyp heraus, der im Vergleich zu einem anderen, selektionsbenachteiligten, den größeren Genanteil in den Gen-Pool der nächsten Generation einzubringen vermag. Dabei handelt es sich natürlich um Genotypen von Individuen, die infolge besserer Anpassung (Adaptation) mehr zur Geschlechtsreife gelangende Nachkommen hervorbringen als Vergleichsindividuen. Die Folge der Selektion ist also ein Anwachsen oder Absinken der Häufigkeit bestimmter Gene von Generation zu Generation, womit gerichtete Veränderungen der Genfrequenz in der Generationenfolge verbunden sind. In der Populationsgenetik benutzt man als Maß für die Fähigkeit, Genmaterial in den Gen-Pool der nächsten Generation einzubringen, die **Fitness.** Diese Fortpflanzungseignung heißt auch Selektionswert oder Adaptationswert. Je kleiner die Fitness eines Genotyps, desto stärker wird er durch die Selektion eliminiert.

Wir haben es also mit einem **Selektionsdruck** zu tun, der zur Änderung der Genfrequenz in den folgenden Generationen führt. Ihm wirkt der **Mutationsdruck** entgegen. Die genetische Vielfalt einer Population stellt ein dynamisches Gleichgewicht zwischen Selektion und Mutation dar: Ständig entstehen neue Allele eines Gens, andere werden ausgemerzt.

Selektionsfaktoren. Als Auslesefaktoren lernten wir im Maulwurfbeispiel die niedrigen Temperaturen mit dem Nahrungsmangel im Gefolge und für die Sichelzellenanämie den Malariaerreger kennen. Bekannte Faktoren sind:

1. Einflüsse der unbelebten Natur, wie Temperatur, Niederschlag, Windverhältnisse, Bodenbeschaffenheit, chemische Bedingungen.

2. Feinde, die als Räuber oder Nahrungskonkurrenten auftreten.

3. Innerartliche Konkurrenz um Wohnraum, Nahrung und andere wichtige Lebensbedingungen.

4. Geschlechtliche Auslese bei der Partnerwahl.

5. Parasiten und Krankheitserreger.

6. Im Fall der Haustiere und Kulturpflanzen der Mensch mit seiner künstlichen Zuchtwahl.

Selektionstypen. Man unterscheidet verschiedene Arten der Auslese:

1. *Die stabilisierende Selektion.* Dabei handelt es sich um ein Fördern der durchschnittlichen Individuen einer Population, bei gleichzeitigem Eliminieren der extremen Varianten. Die Population bleibt in bezug auf die Merkmalsausbildung und genetisch in der Generationenfolge konstant. Das folgende Beispiel verdeutlicht diese Art der Selektion: Ein Biologe fand bei der Messung von Größe und Körperproportionen bei Spatzen, die in einem Sturm getötet wurden, einen deutlich höheren Anteil an Tieren mit anormal langen oder kurzen Flügeln im Verhältnis zum Durchschnitt der Population.

2. *Richtende (=dynamische) Selektion.* Sie veranlaßt einen Wandel der Population in Richtung auf die auslesebevorzugte Eigenschaft. Sie tritt z.B. bei Populationen auf, deren Umwelt sich fortlaufend wandelt.

3. *Disruptive Selektion.* Sie löst homogene Populationen auf. Infolge auseinanderstrebender Selektionsdrucke in verschiedenen Teilen des Gebietes entstehen Unterpopulationen.

Da Selektion stets an einem ganzen Komplex von Genen ansetzt, und da veränderte Eigenschaften nicht nur Vorteile, sondern auch Nachteile mitbringen, ist das Ergebnis häufig ein „Kompromiß", der uns die Wirkung der Aus-

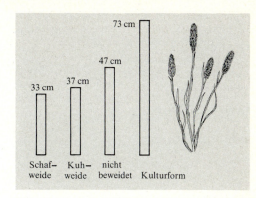

69.1. Lieschgraspopulationen zeigen genetische Unterschiede. Auf stark beweideten Wiesen haben Pflanzen solche Anlagen, die Zwergwuchs bedingen.

A Erklären Sie die Wirkung des Selektionsfaktors. Verdeutlichen Sie zugleich, warum es besser ist zu sagen, die Pflanzen werden an die Bedingungen *angepaßt*, als sie *passen sich an*.

R Informieren Sie sich in der Literatur (z.B. 3) über den Zusammenhang von Balzverhalten und Selektion.

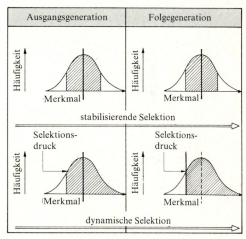

69.2. Variationskurven eines Merkmals bei stabilisierender und bei richtender Selektion. Bei letzterer verschiebt sich die Kurve infolge einseitigen Selektionsdrucks nach rechts. Die durchgezogene Linie symbolisiert den alten, die gestrichelte Linie den neuen Mittelwert.

A Nennen Sie Beispiele für stabilisierende und für dynamische (richtende) Selektion. Nehmen Sie gegebenenfalls die Literatur (z.B. 39) zu Hilfe.

R Informieren Sie sich in der Literatur (z.B. 67) über das Resistenzproblem und erläutern Sie den Fluktuationstest (Literatur: 23, S. 91).

A Bei einer Patientin fand man ein Darmbakterium, das gegen alle 14 zur Zeit im Einsatz befindlichen Antibiotika resistent war. Überlegen Sie die Konsequenzen.

70.1. Einem Insektenweibchen gleichende Blüte der Bienenragwurz

70.2. Mimikry: Schmetterling und Hornisse

R Informieren Sie sich in der Literatur (z.B. 39) über die experimentelle Untersuchung des Mimikry-Phänomens.

lese nicht immer erkennen läßt. Überzeugender scheinen uns die Beispiele, bei denen wir die Wirkung eines einzelnen Faktors deutlich erkennen können oder solche, die in wenigen Generationen eine deutliche Veränderung gebracht haben, die vom Menschen beobachtet werden konnte.

Ein bekanntes Beispiel ist der sogenannte Industrie-Melanismus bei Insekten. Wir kennen ihn heute von 70 Schmetterlingsarten. Während die dunkle Rasse des Birkenspanners um 1850 nur 1% ausmachte, stieg sie in Großbritannien in den Industriegebieten auf heute nahezu 100% an. Diese dunkelfarbige Mutante ist auf den rußgeschwärzten Baumstämmen besser vor ihren natürlichen Feinden geschützt als die helle Ausgangsform. Allgemein bekannt ist das Resistenzproblem, mit dem die Medizin zu kämpfen hat. Das Nachlassen der Wirksamkeit von Antibiotika hängt damit zusammen, daß resistente Mutanten zunächst wirkungsvoll bekämpfter Erreger zu Gründern neuer Stämme geworden sind, die sich nach dem Ausschalten ihrer nichtresistenten „Artgenossen" besser auszubreiten vermögen. Analog liegen die Verhältnisse bei insektizidresistenten Insekten.

Besonders beeindruckend sind die in ihrer Entstehungsweise nicht immer geklärten Beispiele komplexer adaptiver Systeme. Die erstaunliche Übereinstimmung von Blüten und Insekten in bezug auf Bau, Leistung und Verhalten zeigt sich in den verschiedensten Formen. Einige Orchideen-Arten, die die Namen Hummel-, Bienen- oder Fliegen-Orchis tragen, haben so auffällig bestimmten Insekten ähnelnde Blüten, daß diese, da sie auch den Sexuallockduft der Weibchen nachahmen, auf die Männchen als Weibchen wirken. Bei ihren Kopulationsversuchen mit diesen Weibchen-Attrappen bleiben dann Pollenpakete kleben, die sie zur nächsten Blüte mitnehmen, wodurch sie für deren Bestäubung sorgen.

Ein weiteres Beispiel für komplexe adaptive Systeme ist die **Mimikry.** Insekten dienen vielen Vögeln als Nahrung. Aus diesem Selektionsdruck heraus sind die vielfältigen Tarntrachten von Insekten zu verstehen. Häufig sind sie in Farbe, Form oder Zeichnung ihrem Untergrund angepaßt, wobei die Mittel sehr unterschiedlich sein können. Die Grünfärbung von auf Laub lebenden Insekten kann auf der Farbe des Darminhalts, des Blutes oder der Hautpigmente beruhen. Andere Insekten sind geschützt, weil sie übelriechende Sekrete absondern. Sie tragen häufig Warnfarben. Hummeln und Wespen sind auffällig schwarz-gelb gefärbt. Solche durch Unbekömmlichkeit oder Giftigkeit ausgezeichneten Tiere mit Warntracht werden häufig von nichtgiftigen „nachgeahmt". Diese „vorgetäuschte" Warntracht wirkt als schützende Ähnlichkeit und heißt Mimikry. Sie ist wohl eine der interessantesten Formen von Anpassung und ist experimentell gut untersucht.

3.2.3. Evolutionsmodelle

Evolution ist letzten Endes ein Optimierungsproblem. Prüft man biologische Sachverhalte — dort, wo es möglich ist — mit Hilfe der mathematischen Optimierungsmethoden nach, so zeigen sich verblüffende Übereinstimmungen mit dem Ablauf der Evolution. Berechnungen zeigen: In einem Festkörper-Flüssigkeitsgemisch wird eine maximale Festkörpermenge von einer strömenden Flüssigkeit mittransportiert, wenn der Volumenanteil der Feststoffe 43,3% beträgt. Der Volumenanteil der Blutkörperchen im Blut beträgt etwa 44%! — Die Struktur der Verzweigungssysteme der Blutgefäße im Mesenterium (= Haut, die den Dünndarm in der Bauchhöhle trägt) des Hundes weicht nur geringfügig vom errechenbaren Optimum ab.

Es liegt nahe, auszuprobieren, ob sich die Strategie der Evolution auch auf technische Systeme übertragen läßt, besonders da, wo die Komplexität der mathematischen Beziehungen eine rechnerische Lösung schwierig oder praktisch unmöglich macht. An einem einfachen Beispiel sei die Methode demonstriert.

Eine seitlich angeströmte Platte soll eine Form annehmen, die den geringstmöglichen Strömungswiderstand garantiert. Dabei liege der hintere Auflagepunkt um ein Viertel der Plattenlänge unter dem vorderen. Ausgangssituation ist die gestreckte Form der Platte. Diese sei in sechs gleichgroße Flächen unterteilt; die Gelenke an den Berührungslinien lassen sich durch Einrastvorrichtungen in 51 Stellungen verändern (siehe Abbildung). Im Experiment wird die Platte im Windkanal auf ihren Widerstand hin überprüft, wobei die Winkeleinstellungen nach einer Zufallsverteilung verändert werden. Positiv wirksame Einstellungen werden beibehalten, negative verworfen. Das Prinzip folgt genau der Strategie der Evolution.

Erbanlagen (fixiert in DNA)	↔	Winkelgrade (notiert im Protokoll)
Phänotyp	↔	Form der Platte
Zunehmende Tauglichkeit des Lebewesens	↔	Abnehmender Widerstand der Platte im Windkanal

Nach etwa 200 „Mutationsschritten" stellt sich eine ideale Plattenform ein, deren Gestalt nach den bisher verwendeten Methoden nicht berechenbar ist. Ein systematisches Durchtesten aller möglichen Winkeleinstellungen ergäbe bei 51 Einstellmöglichkeiten $51^5 = 345\,025\,251$ Versuche!

Ein anderes Beispiel ist die Anwendung der Evolutionsmethode bei der Entwicklung einer Zweiphasendüse für die Herstellung von Natriumcarbonat. Natronlauge und Kohlendioxid sollen in einer Düse so ideal verwirbelt werden, daß sich eine maximale Ausbeute von Natriumcarbonat ergibt. Wegen der komplizierten Strömungsverhältnisse in Zweiphasengemischen läßt sich die Form der Düse nicht berechnen. Für die Konstruktion der Düse stehen

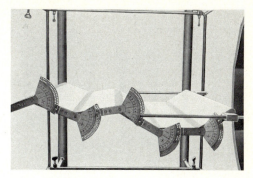

71.1. Versuchsanordnung zur Optimierung des Strömungswiderstands an einer Gelenkplatte

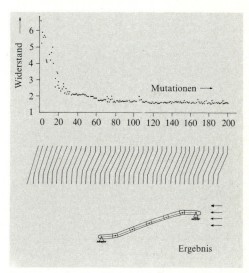

71.2. Versuchsablauf bei der Optimierung des Strömungswiderstands

A Machen Sie sich Gedanken über Modelle, mit denen sich ähnliche Optimierungsprobleme lösen lassen. Wenn Sie Zugang zu einer elektronischen Rechenanlage haben, versuchen Sie ein Programm zu entwickeln, das auf der Basis von Mutation (Zufallszahlen) und Selektion Annäherungen an vorgegebene Strukturen erzeugt. Vergleichen Sie die tatsächlich durchgeführten Mutationsschritte mit den aus den Voraussetzungen des Problems sich ergebenden Permutationen (Literatur und weiterführende Quellen in 52, 55 und 64).

A Informieren Sie sich darüber, wie Optimierungsprobleme in Wirtschaft und Technik mit mathematischen Mitteln gelöst werden! Wo liegen die Grenzen dieser Methoden?

A Versuchen Sie Beispiele zu finden, die sich analog zu den angeführten Fällen lösen lassen!

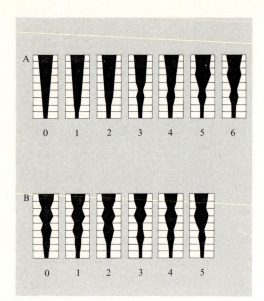

72.1. Entwicklung der idealen Form für eine Zweiphasendüse durch Mutationsschritte aus zwei verschiedenen Ausgangsformen A und B. Die Düse wird aus verschieden geformten Ringen aufgebaut, die hier im Querschnitt dargestellt sind.

100 verschieden geformte Ringe zur Verfügung. Die Düse besteht aus zehn solcher Ringe. In den „Mutationsschritten" werden die Ringe zufällig ausgetauscht, und die sich jeweils ergebende Ausbeute wird gemessen. Die Abbildung zeigt die Entstehung der gleichen Düsenform aus zwei verschiedenen Ausgangssituationen.

In diesen Experimenten, die sich auch auf andere technische Probleme anwenden lassen (Strömungswiderstand in Rohrkrümmern, ideale Form von Kühlrippen), bezieht sich die Parallelität zur Evolution nur auf die Prinzipien *Mutation* und *Selektion*. Das unten stehende Beispiel zeigt das Ergebnis einer Computersimulation der Schmetterlingsmimikry, bei der auch die genetischen Faktoren (Rekombination) und die Individuenzahl einbezogen wurden. Die Erhöhung der Evolutionsgeschwindigkeit im Modell läßt darauf schließen, daß die *Methode der Evolution* ebenso wie die durch sie bedingten Eigenschaften dem Evolutionsprinzip selbst unterliegt. Die Entstehung der Sexualität zum besseren Austausch der Informationen, die Hervorhebung von Eigenschaften durch *Dominanz* und *Rezessivität* sowie die Möglichkeit des *Crossing-over* an den Chromosomen mögen Schritte auf diesem Weg gewesen sein, der eine optimale Evolutionsgeschwindigkeit entstehen ließ.

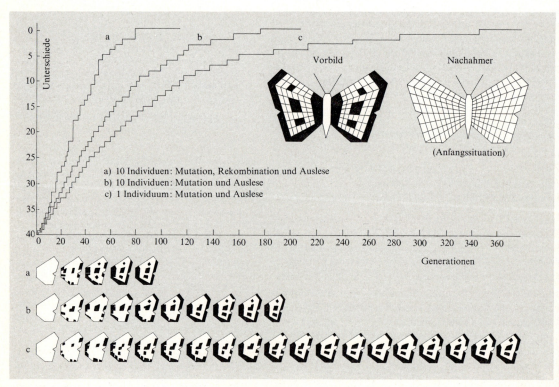

72.2. Simulation von Mimikry durch ein Computerprogramm

3.3. Domestikation

Als domestiziert bezeichnen wir Lebewesen, die der Mensch z.B. als Nutzpflanzen und Haustiere verwendet. Sie unterscheiden sich in bestimmten erblichen Merkmalen von ihrer jeweiligen freilebenden Stammform.

Mit der Domestizierung von Wildtieren innerhalb der vergangenen 10000 Jahre hat der Mensch selbst in den Evolutionsprozeß eingegriffen.

Dieser Vorgang beginnt damit, daß der Mensch einzelne Individuen aus einer Wildpopulation auswählt. Damit wird aus der genetischen Vielfalt des natürlichen Populationsgenoms nur ein bestimmter Teil für die Weiterzucht herausgegriffen. Dieser Populationsteil wird dann sexuell isoliert und veränderten Selektionsbedingungen ausgesetzt. Zwar entfällt auch bei den Haustieren die natürliche Auslese nicht vollständig, aber sie wird zumindest teilweise durch künstliche Zuchtwahl ersetzt.

Die auffälligste Folge der Domestikation ist zweifellos die Formenmannigfaltigkeit der entstandenen Haustierrassen gegenüber ihren Wildformen. In einer hinreichend großen Wildpopulation wirkt der **Mutationsdruck** dahingehend, daß aus Reinerbigen Mischerbige werden und daß schließlich aus der Gesamtpopulation ein Gemenge verschiedener Genotypen entsteht. Die Mutationshäufigkeit vom Normalallel weg ist höher als die der Rückmutation. In allen natürlichen Rassen gibt es deshalb eine Tendenz zum Schwinden der Gleichförmigkeit des Erbgefüges. Die den verschiedenen Genotypen entsprechenden Phänotypen sind aber biologisch nicht gleichwertig. Die weniger vitalen unter ihnen werden ausgemerzt. Der *Selektionsdruck* wirkt dem *Mutationsdruck* entgegen. Durch den Menschen werden dagegen häufig gerade solche Mutationsrassen bevorzugt und kontrolliert gepaart, die sich in freier Wildbahn nicht erhalten könnten. Die künstliche Zuchtwahl durch den Menschen wirkt also der natürlichen Auslese und damit der Vereinheitlichung entgegen. Künstliche Zuchtwahl schafft größere Mannigfaltigkeit.

Neben morphologischen Veränderungen zeigen domestizierte Tiere gegenüber ihren Wildformen auch Leistungs- und Verhaltensänderungen.

Die vielfältigen morphologischen Unterschiede unserer Hunderassen gegenüber dem Wolf sind offenkundig. Physiologische Veränderungen sind z.B. die gewaltig gesteigerten Milchleistungen der Rinder und die verblüffenden Legeleistungen der Haushühner.

Trotz der großen Variation in Körperbau und Leistung ist eine *Parallelentwicklung* von Rassenmerkmalen auffällig. So sind die Gesichtsschädel von Haustieren unter den Säugern, z.B. bei Bulldogge und Hausschwein, häufig stark verkürzt, womit eine Verbreiterung des Hirnteils

> **R** Die Definition der Begriffe Haustier und Domestikation ist schwierig. Informieren Sie sich in der Literatur (z.B. 7, S. 467).

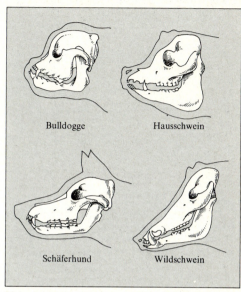

73.1. Schädelveränderungen infolge Domestikation, Wildschwein – Hausschwein, Bulldogge – Schäferhund

> **R** Informieren Sie sich in der Literatur (z.B. 7 und 43) über weitere morphologische und physiologische Veränderungen infolge Domestikation.

> **R** Informieren Sie sich in der Literatur (z.B. 30 und 43) über veränderte Verhaltensweisen als Folge der Domestikation.

> **R** Informieren Sie sich in der Literatur (z.B. 1) über Veränderungen von Kulturpflanzen gegenüber ihren jeweiligen Wildformen.

1000 v. Chr.	Kaninchen	Europa
4000 v. Chr.	Huhn	Vorderindien
5000 v. Chr.	Pferd	Südl. Osteuropa
6000 v. Chr.	Schwein	Vorderasien
7000 v. Chr.	Hund Rind	Ostseeraum Griechenland
8000 v. Chr.	Schaf	Vorderasien
9000 v. Chr.	Ziege	Iran
10000 v. Chr.	DOMESTIKATIONSBEGINN	

73.2. Zeitpunkt und Ort des Domestikationsbeginns verschiedener Tiere

R Informieren Sie sich am Beispiel der Lupine über das Entstehen einer Kulturpflanze. Bereiten Sie ein Referat unter Benutzung von Diapositiven vor. Benutzen Sie dazu Beiblatt und Bildreihe R 2021 (Institut f. Film u. Bild).

74.1. Hängeohren als Beispiel für Parallelentwicklung

A Versuchen Sie, die modifikatorischen Verminderungen der Hirngewichte von Haustieren gegenüber den Wildformen zu erklären.

A Lesen Sie das folgende Zitat und versuchen Sie das Argument MEDWEDJEWs, es handle sich um eine Pseudowissenschaft, zu begründen. Lesen Sie dazu „Die neue Biologie" S. 39 bis 44 oder auch andere Kapitel aus 31!

> Der Genetiker MEDWEDJEW schreibt in seinem Buch, „Der Fall LYSSENKO": „Heute ist offensichtlich, daß der Lyssenkoismus, der sich lange unter der Bezeichnung ‚MITSCHURINsche Biologie' verstecken konnte, eine Pseudowissenschaft ist. Als Pseudowissenschaft erschien er in den Jahren 1936, 1948 und 1958, und als solche tritt er 1966 immer noch in Erscheinung."

A Versuchen Sie, sich zu dem im folgenden Text angesprochenen Problem eine eigene Meinung zu bilden. Benutzen Sie dazu die Literatur (z.B. 4, S 59–63 und 31)

> Ein zentrales Problem im Verhältnis Wissenschaft und Gesellschaft ist der Widerspruch zwischen wissenschaftlicher Eigendynamik und gesellschaftlich-normativem Bezugsrahmen.

verbunden ist. Andererseits kommen auch verlängerte Gesichtsschädel vor, wie beim Windhund und dem Zeburind. Hängeohren können bei verschiedenen Säugetierarten auftreten. Der sogenannten Holländerscheckung begegnet man bei Rindern, Schweinen und Kaninchen. Kurzbeinigkeit kommt bei Pferden, Schafen, Rindern und Hunden vor. Daneben gibt es wieder auffällig langbeinige Formen.

Einige markante Beispiele für die Nichtlebensfähigkeit vom Menschen gezüchteter Rassen, die nur durch menschliche Fürsorge am Leben zu erhalten sind, machen die veränderten Selektionsbedingungen besonders deutlich: So gibt es Taubenrassen mit extrem verkürzten Schnäbeln, die bei entsprechender Fütterung zu überleben vermögen, aber unfähig sind, ihre Jungen zu ernähren. Abnorme Federstrukturen, wie Halskrausen, können die Futteraufnahme der Sichtbehinderung wegen einschränken. Bei anderen Rassen wiederum ist eine Begattung nur möglich, wenn durch Beschneiden der Afterfedern die Kloakenöffnung freigelegt wird.

Es gibt drei Typen von Verhaltensänderungen im Zusammenhang mit der Domestikation. Eine davon ist die Erweiterung des angeborenen Auslösemechanismus (AAM). Bei der Erweiterung des AAM sprechen Instinkte auch auf unspezifische Situationen an. So paaren sich z.B. verschiedene Rassen von Haustieren.

Alle angesprochenen domestikativen Wandlungen, die vielen Rassenmerkmale, sind erblich bedingt. Domestikation ist eben durch Erbwandel gekennzeichnet.

Daneben gibt es umweltabhängige, also modifikatorische Abwandlungen. So ist die Hirnmasse der meisten Haustiere im Vergleich zu der ihrer jeweiligen wildlebenden Vorfahren um 20%–30% geringer, und Furchenlänge und -tiefe sind verringert. Die Tatsache, daß diese Effekte schon in der ersten Gefangenschaftsgeneration von Wildtieren zu beobachten sind und die Wiederzunahme der Hirnmasse bei verwilderten Haustieren weisen auf modifikatorische Wirkungen hin.

Das Auftreten solcher modifikatorischer Wandlungen neben den mutativen führt immer wieder zur Annahme der *Vererbung erworbener Eigenschaften*. Ein Beispiel dafür ist die in den dreißiger Jahren von LYSSENKO begründete bis in die sechziger Jahre hinein wirkende Sowjet-Genetik. Von der Vererbbarkeit erworbener Eigenschaften ausgehend wurde sie zum Dogma. Wissenschaftler, die experimentell zu anderen Ergebnissen kamen, durften nicht veröffentlichen, weil nur solche Ergebnisse akzeptiert wurden, die der herrschenden Ideologie entsprachen. Am Beispiel dieser „neuen Wissenschaft" sehen wir die Folgen, die daraus erwachsen können, wenn eine Erfahrungswissenschaft gezwungen wird, gesellschaftliche Normen in den ursprünglichen Erkenntnisprozeß aufzunehmen.

3.4. Isolation

Voraussetzung für die Erhaltung des Genbestands einer Art ist die Möglichkeit, daß jede Erbanlage irgendwann einmal mit jeder anderen kombiniert werden kann. Theoretisch kann jedes Individuum des einen Geschlechts mit jedem des anderen zur Vermehrung kommen. In Wirklichkeit findet das natürlich nicht statt. Betrachtet man aber die Gesamtheit aller Gene einer Art, ihren **Gen-Pool,** über lange Zeit, so zeigt sich, daß er dauernd kräftig durchmischt wird. So sorgen z.B. Verbreitungsmechanismen bei Pflanzen sowie die sozialen Abstoßungsreaktionen bei Tieren dafür, daß eine Inzucht vermieden wird und auch „entfernt voneinander lebende Gene" kombiniert werden können. Die dauernde gleichmäßige Durchmischung des Genpools bezeichnen wir als **Panmixie.**

Es gibt aber Mechanismen, die der Panmixie einschränkend oder behindernd entgegenwirken. Wo das der Fall ist, wird eine neu auftretende Mutation nicht mehr über die gesamte Art gestreut, sondern sie beschränkt sich auf eine gesonderte Gruppe isolierter Individuen. Die Eigenschaftsunterschiede führen zunächst zur Bildung neuer **Rassen,** die noch mit der Ausgangsform kreuzbar und fruchtbar sind. Da mit länger andauernder Isolierung aber jede Rasse ihre eigenen neuen Mutationen erlebt und ausbildet, werden die Unterschiede schließlich so groß, daß eine Kreuzung nicht mehr möglich ist. Eine neue **Art** ist entstanden. Die in den nächsten Abschnitten beschriebenen Isolationsmechanismen wirken nicht getrennt voneinander, sondern überschneiden sich häufig. Sie sind nur im wechselseitigen Zusammenhang zu sehen.

3.4.1. Geographische Isolation

Die Extremfälle der geographischen Isolation, die durch die Kontinentaldrift und die Bildung neuer Inseln auftreten, sind schon in einem früheren Abschnitt beschrieben worden. Ihre Betrachtung führte als Baustein in der Beweiskette mit zur Begründung der Evolutionstheorie. Von den besprochenen Vorgängen sehen wir allerdings nur das Ergebnis. Der Prozeß der Evolution ist an diesen Beispielen nicht beobachtbar. Dagegen sind solche Geschehnisse von besonderem Interesse, bei denen die Rassenbildung in historischer Zeit unter direkter Beobachtung des Menschen abgelaufen ist. Ein Beispiel bietet die Einführung des europäischen Haussperlings in Nordamerika in der Mitte des vorigen Jahrhunderts. Er hat sich in mehr als hundert Jahren über den Kontinent verbreitet und die unterschiedlichsten Biotope besiedelt. 1962 wurde eine breitangelegte Bestandsaufnahme der Haussperlinge vorgenommen. Dabei zeigte sich, daß die Tiere inzwischen eine ausgeprägte Anpassung an die vorgegebenen Verhältnisse erlangt hatten. Die kleinsten Vögel wurden im Tal

A Sammeln Sie Beispiele dafür, wie Pflanzen durch bestimmte Einrichtungen dafür sorgen, daß ihre Samen über größere Strecken verfrachtet werden.

A Bei welchen Tieren finden sich soziale Abstoßungsreaktionen? In welcher Weise lassen sie sich mit der Ausbreitung der Art über größere Areale in Verbindung bringen?

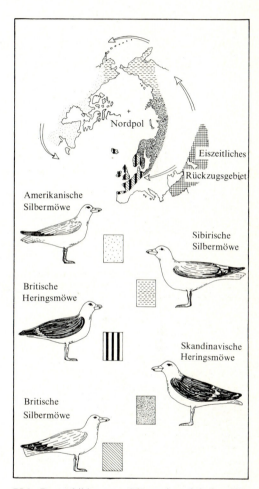

75.1. Rassenbildung von Möwen im arktischen Küstengebiet. Ausgangsgebiet für die Besiedelung war das eiszeitliche Refugium am Kaspischen Meer. Die Ausbildung der verschiedenen Formen erfolgte in getrennten Zentren. Nach weiterer Ausbreitung war die Differenzierung schon so weit fortgeschritten, daß heute an den Berührungslinien der Areale keine Vermischung mehr eintritt.

A Finden Sie eine Begründung für die Ausbildung der im Text beschriebenen Form- und Farbvarianten des amerikanischen Sperlings.

des Todes in Kalifornien gefunden, die größten im Staate Kansas. Besonders interessant waren die Farbvariationen, wobei festgestellt wurde, daß die Bewohner extrem trockener Gebiete eine wesentlich fahlere Gefiederfarbe zeigten als die anderer Areale.

Es ist allerdings nicht unbedingt nötig, daß die Isolation so einschneidend sichtbar vor sich geht wie in den angeführten Beispielen. Ist eine Art über ein großes Gebiet — eventuell als Kosmopolit über die ganze Erde — verbreitet, so steht der Panmixie naturgemäß die geringe Bewegungsmöglichkeit des Einzelindividuums entgegen. Eine bayerische Schnecke wird Schwierigkeiten haben, einen holsteinischen Vermehrungspartner zu finden. Demgemäß finden wir auch unterschiedliche Rassen bei Tieren, deren Wohngebiete nicht durch unüberwindbare geographische Barrieren getrennt sind, die sich aber wegen der großen Entfernungen zwischen den Besiedelungszentren nicht miteinander vermischen können. So leben in Europa, Zentralasien, China und Indien zwar Kohlmeisen der Art Parus major, die chinesischen und indischen unterscheiden sich jedoch in der Färbung von den bei uns heimischen so stark, daß man von eigenen Rassen sprechen kann.

3.4.2. Ökologische Isolation

Die Erschließung neuer ökologischer Nischen zur Ausnutzung eines Selektionsvorteils bringt es mit sich, daß eine Gruppe von Lebewesen unter Umständen auf einen bestimmten Lebensraum eingegrenzt wird, den sie nach der Besiedelung nicht mehr verläßt. Feuchte oder trockene, warme und kalte, sandige und feuchte, kahle und bewachsene Biotope liegen im gleichen Gebiet oft eng nebeneinander und liefern so unterschiedlich gestaltete Wohngebiete auf kleinstem Raum.

Die Bedeutung der **ökologischen Nischen** für die Rassen- und Artbildung hat DARWIN am Beispiel der Galapagosfinken gezeigt, das in einem früheren Abschnitt schon besprochen wurde. Nahrungsspezialisten sind demnach an das Vorkommen ihrer Nahrungsquelle gebunden und bilden mit dieser eine biologische Einheit. Wie stark eine solche Bindung sein kann, zeigen die australischen Koalabären, die so extrem an bestimmte Eucalyptusarten gebunden sind, daß es nicht möglich ist, sie in europäischen zoologischen Gärten zu halten. Auch die Schädlinge unserer Wälder und Kulturpflanzen sind durch die extreme Spezialisierung ökologisch isoliert.

Am ausgeprägtesten ist die ökologische Isolation bei den Endoparasiten. Das Milieu gewährt ihnen zwar eine langandauernde Konstanz der Lebensverhältnisse, so daß die Evolutionsgeschwindigkeit sich verlangsamt, die Anpassung an den Wirt ist aber so stark, daß eine Vermischung der verschiedenen Formen praktisch ausgeschlossen ist.

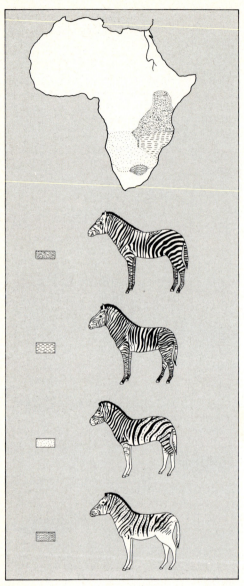

76.1. Geographische Rassen des Steppenzebras

A | Untersuchen Sie genau, in welchen Merkmalen sich die Zebrarassen der Abbildung unterscheiden. Sprechen Sie über den Ablauf des Rassenbildungsprozesses, der sich aus der Zeichnung ablesen läßt.

A | Versuchen Sie an kleinräumigen, nahe benachbarten Arealen ihrer Heimat (Bsp. Bahndamm Nordseite — Bahndamm Südseite) herauszufinden, in welcher Weise sich die Bewohner dieser Gebiete (z.B. Heuschrecken) unterscheiden.

3.4.3. Jahreszeitliche Isolation

Vermehrung ist nicht nur an die mögliche Begegnung der Elternindividuen gebunden, sondern auch an die Fähigkeit und Bereitschaft dazu. Pflanzen blühen, um sich zu vermehren, Tiere besitzen dazu typische **Brunftzeiten.** Stimmen diese Perioden zweier Individuen nicht überein, ist eine geschlechtliche Vermehrung ausgeschlossen.

Die Laichzeiten unserer einheimischen Frösche (Wasserfrosch, Seefrosch und Grasfrosch) sind zeitlich so gegeneinander verschoben, daß sie sich untereinander nicht vermischen. Da die Vermehrungsperioden durch klimatische Faktoren ausgelöst werden, kann es bei außergewöhnlichen Klimasituationen zu einer Gleichzeitigkeit der Brunftzeiten und dann unter Umständen zur Bastardbildung kommen.

Die Blühtermine der Pflanzen werden häufig durch die Tageslänge festgelegt. Wir unterscheiden **Kurztagpflanzen** und **Langtagpflanzen,** je nachdem, welche Tageslänge zur Auslösung des Blühens notwendig ist. Dabei stellt die Entwicklung dieses Phänomens ebenfalls die Ausnutzung einer ökologischen Nische dar: Langtagpflanzen bewohnen nördlichere Gebiete, während Kurztagpflanzen in tropischen und subtropischen Arealen zu finden sind. Ist eine Pflanze mit ihrem Blühtermin an eine bestimmte Tageslänge angepaßt, so hat sie ihren Konkurrenten gegenüber, die das nicht können, einen Vorteil. Gleichzeitig begibt sie sich aber damit in die Isolation. Ein Genaustausch mit den stammesgeschichtlich älteren Formen ist nicht mehr möglich.

3.4.4. Ethologische Isolation

Das **Balzverhalten** der Tiere gehört wie alle Instinkthandlungen zu den angeborenen, d.h. genetisch bestimmten Eigenschaften. Eine hier auftretende Mutation hat tiefgreifende Folgen, da der Vermehrungsprozeß direkt beeinflußt wird. Wenn die potentiellen Sexualpartner einander nicht mehr auf die angestammte Weise durch bestimmte Schlüsselreize anziehen, ist der Genaustausch und damit die uneingeschränkte Panmixie unterbrochen. Wir finden daher verbreitet innerhalb eines Wohngebiets nahe verwandte Formen, die sich ausgesprochen stark in ihren geschlechtsspezifischen Eigenschaften unterscheiden. Besonders bei Enten, die das gleiche Gebiet besiedeln, tragen die Erpel deutlich von Art zu Art verschiedene Prachtkleider während der Balz. Leuchtkäferarten, die im gleichen Gebiet leben, unterscheiden sich durch den Rhythmus der Lichtsignale, mit denen die Sexualpartner angelockt werden.

Ist also durch eine Trennung im Verhalten erst einmal der Genaustausch innerhalb einer Population unterbrochen, so steht der gesonderten Entwicklung weiterer Mutanten nichts mehr im Wege.

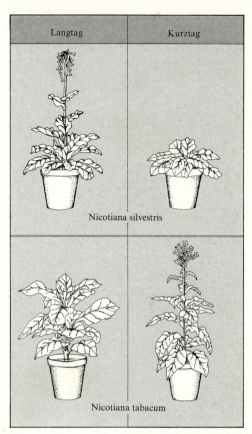

77.1. Zwei Formen des Tabaks. Nicotiana silvestris und Nicotiana tabacum bei Langtag und Kurztag gehalten.

A Finden Sie eine Erklärung für die ökologische Bedeutung der Tageslänge für Pflanzen. Stellen Sie eine Beziehung zur Breitenlage des natürlichen Standortes her!

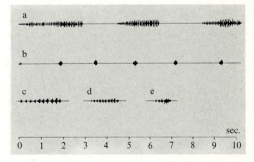

77.2. Lockrufe von fünf Heuschreckenarten. Chorthippus biguttulus (a) und Ch. brunneus (b) sind nahe verwandt und bewohnen das gleiche Gebiet, Ch. montanus (c), Ch. longicornis (d) und Ch. dorsatus (e) bewohnen verschiedenartige Areale.

78.1. Anatomische Unterschiede bei einigen Hunderassen

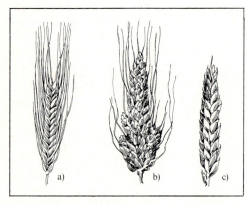

78.2. Formen des Weizens, die sich durch die Struktur ihres Genoms unterscheiden: das Einkorn (nicht gezeichnet) ist diploid, Emmer (a) und Zweigweizen (b) sind tetraploid, Saatweizen (c) ist hexaploid.

3.4.5. Anatomische und physiologische Isolation

Ist durch die bisher beschriebenen Mechanismen der Rassenbildungsprozeß erst einmal eingeleitet, kommen schnell weitere Eigenschaftsänderungen hinzu. Die Sperlinge Nordamerikas paßten sich entsprechend der BERGMANNschen Regel in ihrer Körpergröße der Umgebungstemperatur an. Die Darwinfinken entwickelten besondere Schnabelformen, die für die besonderen Bedürfnisse der betreffenden ökologischen Nische geeignet waren. Dementsprechend entwickelten sich überall je nach den Anforderungen des neu besiedelten Gebiets besondere anatomische Eigenschaften. Das kann zwei Folgen haben, die den Isolationseffekt weiter verstärken:

1. Körperformen können sexuelle Auslöser sein. Werden sie verändert, verstärkt sich der Effekt der ethologischen Isolation.

2. Durch die Veränderung der Körperformen kann die Kopulation unmöglich gemacht werden. Besonders bei der durch den Menschen in zahllose Rassen aufgesplitterten Art „Haushund" wird dieser Effekt deutlich. Aber auch bei Insekten, deren Kopulationsorgane oft hochspezialisierte Strukturen besitzen, kann eine geringfügige Änderung eine Vermehrung unmöglich machen.

Entsprechende Folgen haben physiologische Veränderungen, die z.B. die Beweglichkeit der Keimzellen beeinträchtigen oder das Auskeimen der Pollenschläuche bei Pflanzen verhindern.

3.4.6. Genetische Isolation

Die Trennung der Rassen ist perfekt, wenn die Genome sich in ihren Eigenschaften so weit voneinander entfernt haben, daß bei der Kombination zweier haploider Chromosomensätze kein funktionsfähiges System mehr entsteht. Wir sprechen dann von **Arten** oder — bei noch größerer Entfernung — von **Gattungen**.

Die Funktionsfähigkeit kann dadurch beeinträchtigt sein, daß Zahl oder Form der Chromosomen so stark voneinander abweichen, daß sie sich nicht mehr zu einem einzigen intakten Zellkern vereinigen lassen. Auch die Unterschiede in der Wirksamkeit der Allele können zu unüberwindbaren Störungen führen.

Natürlich kommen auch hier Übergänge und Grenzformen vor, bei denen stark unterschiedliche Rassen oder nah verwandte Arten noch miteinander fruchtbar sind. Aus solchen Kreuzungen können Junge hervorgehen. Unter Umständen entwickeln sie sogar eine außerordentliche Vitalität, eine Reduktionsteilung zur Bildung intakter Keimzellen stößt aber wegen der Unterschiedlichkeit der Chromosomensätze auf Schwierigkeiten, so daß die Bastarde steril bleiben. Maultiere und Maulesel sind dafür das bekannteste Beispiel.

3.5. Populationsgenetik

Das Beispiel für die Wirkung der Selektion als Evolutionsfaktor bei den Maulwürfen, bei denen angesichts des Nahrungsmangels kleinere Individuen einen Selektionsvorteil hatten, verdeutlicht, daß die Auslese an den *individuellen Phänotypen* ansetzt. Daraus ergibt sich zugleich, daß Unterschiede im Genotyp, egal, ob sie auf Mutation oder Rekombination beruhen, von der Selektion nur dann erfaßt werden, wenn sie auch phänotypisch in Erscheinung treten. Dabei ist das Schicksal des Einzelindividuums nicht das Wesentliche. Es verfügt ja stets nur über einen Bruchteil des Gesamt-Genbestands (Gen-Pool) der Population, aus der es stammt. Auslesebegünstigt ist schließlich immer der Genotyp, der im Vergleich zu einem anderen den größeren Genanteil in den Gen-Pool der nächsten Generation einbringen kann. So sind folgende Evolutionseinheiten voneinander zu trennen: Das **Gen** ist die *Einheit* der *Vererbung*, das **Individuum** ist die *Einheit* der *Selektion*, und die **Art** ist die *Einheit* der *Evolution*. Da alle Arten in mehr oder weniger abgrenzbaren Populationen, also in Fortpflanzungsgemeinschaften mit ständigem Genaustausch leben, können wir besser die Population als Einheit der Evolution auffassen.

Die **Populationsgenetik** untersucht die Häufigkeit der Gene einer Population und den Einfluß verschiedener Faktoren auf diese Genhäufigkeit. Sie untersucht also die genetischen Aspekte der Evolution auf Populationsebene.

3.5.1. HARDY-WEINBERG-Gleichgewicht

Für die mathematische Ableitung von Genhäufigkeiten (Genfrequenzen) geht der Populationsgenetiker von der Annahme der **idealen Population** aus. Sie ist unter natürlichen Verhältnissen nicht gegeben. Sie hat folgende Voraussetzungen zu erfüllen:

1. Die sich bisexuell fortpflanzende Population muß so groß sein, daß Zufallsschwankungen vernachlässigt werden können.

2. Es muß Panmixie herrschen, d.h. jedes Individuum muß die gleiche Chance haben, sich mit jedem Individuum des anderen Geschlechts zu paaren, also die eigene genetische Information an die Folgegeneration weiterzugeben. Die erzeugten Nachkommen müssen dabei gleichhäufig sein (gleiche Fruchtbarkeit).

3. Es treten keine Mutationen auf.

4. Jedes Gen oder jede Genkombination muß den Träger gleichgeeignet machen. Es findet also keine Selektion statt.

Betrachten wir unter diesen Voraussetzungen ein Allelpaar Aa einer Population. A sei dominant (merkmalbestimmend), a sei rezessiv (überdeckt). In der Bevölkerung

R Schadinsekten zeigen häufig eine sehr hohe Populationsdichte. Neben den chemischen Bekämpfungsmethoden ist die „Selbstvernichtung" durch biologische Methoden bekannt. Das Prinzip ist: Gezüchtete, sterilgemachte Männchen werden freigelassen. Sie konkurrieren mit fruchtbaren Wildmännchen um die Weibchen. Paarungen mit sterilen Männchen bleiben ohne Nachkommen, wodurch die Population reduziert wird. Auf diese Art hat man z.B. in subtropischen und tropischen Bereichen Amerikas eine Schmarotzer- und Aasfliege sehr wirksam bekämpft. Die Larven dieser Fliegen schmarotzen in Wunden von Weidetieren. Sie sind für die Tiere eine Plage und richten in der Viehzucht sehr großen Schaden an.

Informieren Sie sich in der Literatur (z.B. 54) über die Bedeutung dieser Methode der „Selbstvernichtung" von Insekten.

A Gäbe man zu einer in ihrer Individuenzahl konstant bleibenden Wildpopulation, die 1200 Männchen enthält (die tatsächlichen Zahlen sind viel höher!), 1200 sterilisierte Männchen, so wäre in dieser P-Generation das Verhältnis von Wild-Männchen zu sterilen Männchen = 1:1. Nur die Hälfte aller Paarungen erfolgte mit fruchtbaren Männchen. Die F_1 enthielte also nur noch die Hälfte der Individuen, also auch nur noch 600 Männchen. Setzte man erneut 1200 sterile Männchen aus, so wäre das Verhältnis Wild-Männchen zu sterilen Männchen in der F_1 1:2. Nur noch $\frac{1}{3}$ der Paarungen führte zur Befruchtung. Die F_2 hätte also nur noch $\frac{1}{3}$ der Männchen der F_1 und mithin nur $\frac{1}{3} \cdot \frac{1}{2} = \frac{1}{6}$ der Männchen der P-Generation. Den 1200 Männchen der Ausgangspopulation ständen also 200 Männchen der F_2 gegenüber.

Rechnen Sie in der Tabelle weiter. Ergänzen Sie die Werte für die 4. Generation. Interpretieren Sie. Wie ließe sich die Wirkung steigern? Welche Voraussetzungen sind in den Überlegungen und Berechnungen stillschweigend enthalten? Welche Variablen bleiben unberücksichtigt?

Generation	Zahl der zugefügten sterilen ♂♂	wild ♂ : sterilen ♂	Reduktion der Population
1, P	n	1:1	$\frac{1}{2}$
2, F_1	n	1:2	$\frac{1}{6}$
3, F_2	n	1:6	$\frac{1}{42}$
4, F_3	n		
5, F_4	n	1:1806	$\frac{1}{3263442}$

79.1. Fortschreitende Reduktion einer Insektenpopulation bei Hinzugabe einer konstanten Zahl steriler Männchen in jeder Generation

R Verdeutlichen Sie sich die Überlegungen zur Milchleistung einer Rinderpopulation und ihrer Nachfolgegenerationen, die vom Züchter anzustellen sind. (Benutzen Sie dazu die Literatur 14, S 781.)

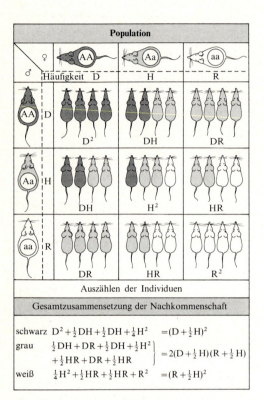

schwarz	:	grau	:	weiß
$(D+\frac{1}{2}H)^2$	:	$2(D+\frac{1}{2}H)(R+\frac{1}{2}H)$	:	$(R+\frac{1}{2}H)^2$
p^2	:	$2pq$	:	q^2
AA	:	Aa	:	aa

80.1. Ableitung des HARDY-WEINBERG-Gesetzes. Die Genotypen AA (Phänotyp-schwarz), Aa (Phänotyp-grau) und aa (Phänotyp-weiß) der Elterngeneration paaren sich zufällig. Die Nachkommen-Genotypen ergeben sich nach den MENDELschen Gesetzen. Die Häufigkeiten der Elterngenotypen seien für AA mit D, für Aa mit H und für aa mit R bestimmt. Das Ergebnis entspricht den Häufigkeiten, die man aus den Kombinationen der Gametensorten erhält.

A Betrachten Sie die Mäusepopulation in Abb. 80.1. und versuchen Sie, das HARDY-WEINBERG-Gesetz Schritt für Schritt nachzuvollziehen.

kommen dann drei Genotypen vor: AA, Aa und aa. Die Häufigkeit des Auftretens des Allels A sei p (Beispiel $0,9 = 90\%$), die des Allels a sei q (Beispiel $0,1 = 10\%$). Unabhängig von der Häufigkeit des Auftretens jedes der beiden Allele gilt stets: $p + q = 1$ ($=100\%$).

Die drei Genotypen liefern im Fall AA nur Keimzellen mit dem Allel A, im Fall Aa sowohl Keimzellen mit dem Allel A als auch solche mit dem Allel a. Im Fall aa entstehen nur Keimzellen mit dem Allel a.

Berechnet man für das gegebene Beispiel die Häufigkeiten der Genotypen, so ergibt sich folgendes Bild:

Häufigkeit der Allele in den Gameten	Wahrscheinlichkeit der Kombination der Gameten	Häufigkeit der Genotypen
A, $p=0,9$ a, $q=0,1$	A mit A, $p \cdot p = 0,9 \cdot 0,9$	AA, $p^2 = 0,81$
	A mit a, $p \cdot q = 0,9 \cdot 0,1$	Aa, $2pq = 0,18$
	a mit A, $q \cdot p = 0,1 \cdot 0,9$	
	a mit a, $q \cdot q = 0,1 \cdot 0,1$	aa, $q^2 = 0,01$

Für die nächste Generation unseres gewählten Beispiels gilt: 81% der Individuen der Population bilden nur A-Gameten. 1% der Individuen bringt nur a-Gameten hervor. Die 18% mit dem Genotyp Aa bringen 9% (die Hälfte) A-Gameten und 9% a-Gameten hervor. Addiert man die Prozentsätze entsprechend, so erhält man 90% und 10%. Die Allelhäufigkeit in den Gameten und auch die in den Genotypen ist in der nächsten Generation gleichgeblieben.

HARDY und WEINBERG haben diese Gesetzmäßigkeit als erste in dem nach ihnen benannten Gesetz formuliert: Die Genhäufigkeiten in Populationen stehen in einem stabilen Gleichgewicht zueinander:

$$(AA + Aa + aa) \cong p^2 + 2pq + q^2 = 1$$

Diese Beziehung, die Gleichgewichtsverteilung der Genotypen, bleibt über alle weiteren Generationen solange bestehen, wie die genannten Voraussetzungen sich nicht ändern.

Sowie eine einzelne Bedingung einer Idealpopulation nicht mehr erfüllt ist, erfährt die konstante Verteilung der Genhäufigkeit in einer Population Änderungen. So findet man eine Häufung bestimmter, sonst seltener Erbleiden in Bevölkerungsgruppen mit einem hohen Anteil an Verwandtenehen. In solchen **Inzucht**gebieten ist unsere 2. Voraussetzung, die Bedingung der Panmixie, nicht erfüllt. Ist die Größe einer Population z.B. durch geographische Isolation begrenzt, so kann sich die Zusammensetzung des Gen-Pools ebenfalls ändern. Sind nur wenige Elternindividuen da, entscheiden die zufälligen Kombinationen, welche Allele in der Population verloren gehen und welche angereichert werden. Diese Erscheinung der zufallsbedingten Änderung der Genhäufigkeit in einer Population nennt man **Gendrift**. Ein weiterer, auf die Zusammensetzung einer Population einwirkender Faktor, ist die **Migration**. Durch sie werden die Veränderungen der Genhäufigkeit durch Ein- und Abwanderung erfaßt.

3.5.1. Anwendung des HARDY-WEINBERG-Gesetzes

Die theoretische Verteilung nach HARDY-WEINBERG findet bei vielen populationsgenetischen Untersuchungen und der Berechnung von Genhäufigkeiten Anwendung. Genotypen- und Genhäufigkeiten lassen sich leicht auseinander berechnen.

Die Phenylketonurie (PKU), ein erblicher Stoffwechseldefekt, der Schwachsinnsformen hervorruft, gehört zu den autosomalen, rezessiven Erbkrankheiten. Sie tritt bei jedem 10000. Menschen auf. Fragt man sich, bei jedem wievielten Menschen das schädliche Allel in heterozygotem Zustand auftritt, also phänotypisch nicht manifestiert vorliegt (was für die Nachkommen durchaus relevant werden kann), so gilt:

$q^2 = \frac{1}{10000}$. Daraus ergibt sich $q = \frac{1}{100}$. Da $p = 1-q = 1-\frac{1}{100} = \frac{99}{100}$, ist $2pq = 2 \cdot \frac{1}{100} \cdot \frac{99}{100} = 2 \cdot \frac{99}{10000} \sim \frac{1}{50}$. Das bedeutet, daß etwa $\frac{1}{50}$ aller Menschen dieses Gen heterozygot trägt. Entsprechende Berechnungen lassen sich für die Schmeckfähigkeit von Versuchspersonen gegenüber Phenylthioharnstoff (PTH) anstellen. Seit den dreißiger Jahren weiß man, daß dieser Stoff dem einen bitter schmeckt, während andere ihn geschmacklos finden. Untersuchungen haben ergeben, daß in der Bevölkerung 64% Schmecker und 36% Nichtschmecker vorkommen. Fragt man sich, welches der beiden Gene, das Schmeckergen A oder das Nichtschmeckergen a häufiger in der Bevölkerung vorkommt, so mag die Zahl von 64% Schmeckern leicht eine falsche Antwort provozieren. Auch hier läßt sich der Sachverhalt rechnerisch klären. Betrachten wir noch ein weiteres Beispiel aus dem Tierreich: Bei Drosophila melanogaster findet man unter 10000 Tieren zwei mit sepia-Augen (Farb-Mutante). Dieses Merkmal beruht auf dem rezessiven Gen *se* (+ = dominantes Allel), von dem wir nach den Zahlenverhältnissen annehmen müssen, daß es bedeutungslos ist. Befindet sich eine Wildpopulation im Zufallsgleichgewicht, läßt sich die Verteilung von se leicht berechnen. Die Verteilung +/+ : +/se:se/se ist gleich $p^2:2pq:q^2$, woraus sich berechnen läßt, daß 3% der Tiere *se* in heterozygotem Zustand besitzen, d.h. *se* spielt im Gen-Pool eine bedeutendere Rolle, als man zunächst meint. Bei Rezessivität können auch seltene Gene im Gen-Pool eine Rolle spielen. Die Anwendung des HARDY-WEINBERG-Gesetzes gewährt uns also einen besseren Einblick in den Aufbau natürlicher Populationen.

		Annahme: Genotypen AA, Aa, aa Häufigkeit des Allels a: q = 0,5 relative Fitness von aa: W = 0,2			
Vor der Selektion	Häufigkeit a Genotypen	AA	50% Aa	aa	Gesamt
	Fitness Anzahl bzw. Häufigkeit	100% 25	100% 50	20% 25	100
	SELEKTION				
Nach der Selektion	Anzahl bzw. Häufigkeit	↓ 25	↓ 50	↓ 5	80
	Neue Häufigkeit von a (q_1)	\multicolumn{3}{l}{ $q_1 = \dfrac{\frac{Aa}{2}+aa}{Gesamt} = \dfrac{\frac{50}{2}+5}{80}$ $q_1 = 0,375$ }	

81.1. Rechenbeispiel für die Veränderung der Genhäufigkeit in einer Population. Durch die selektionsbedingt verminderte Fortpflanzungschance von aa verringert sich die Häufigkeit des Allels a von 50% auf 37,5%.

A Die totale Farbenblindheit wird autosomal, rezessiv vererbt. Sie tritt mit einer Häufigkeit von 1:500000 auf.

Berechnen Sie, welcher Prozentsatz der Bevölkerung für Farbenblindheit heterozygot ist.

A Im Fall multipler Allelie können für einen Genlocus mehr als zwei Allele vorliegen. In einem solchen Fall mehrerer Allele seien die relativen Häufigkeiten p, q, r und s.

Formulieren Sie für diesen Fall die HARDY-WEINBERGsche-Verteilung

A Die Rot-Grün-Blindheit ist eine x-chromosomale, rezessive Erbkrankheit. Männer sind zu 8% betroffen. Dies ist zugleich die Häufigkeit von x-Chromosomen mit dem Gen für die Krankheit in der männlichen Bevölkerung. Jeder hemizygote Träger des Gens ist ja Merkmalsträger. Die Häufigkeit des mutierten Gens r ist 0,08 (q), die des Normalgens R beträgt 0,92 (p = 1 − q). Diese Werte gelten nicht nur für die Männer, sondern stellen zugleich die Häufigkeit von r und R in der Gesamtbevölkerung dar.

Erklären Sie diesen Sachverhalt.

Berechnen Sie die Wahrscheinlichkeit für das Auftreten eines Mädchens, das für das Gen r homozygot ist.

Berechnen Sie den Prozentsatz der Heterozygoten.

4. Chemische Evolution

4.1. Die Entwicklung der Atmosphäre

Die **erste Gashülle** der Erde war höchstwahrscheinlich eine Wasserstoffatmosphäre, wie wir sie bei heißen Himmelskörpern, etwa der Sonne, noch heute beobachten können. Aufgrund der hohen Temperaturen, die die Erde in frühen Phasen hatte, diffundierte der Wasserstoff jedoch in den Weltraum und ging so verloren. Als die Erde zu erkalten begann, ordneten sich ihre Bestandteile im Schwerefeld entsprechend ihrer Masse, so daß die gasförmigen Substanzen die Außenschicht einnahmen. Sie bildeten die **zweite Atmosphäre** der Erde. Bei vulkanischen Eruptionen wurde die entstehende Erdkruste immer wieder durchbrochen, und dabei wurden große Gasmengen freigesetzt. Noch heute haben gasförmige Stoffe einen hohen Anteil am Material vulkanischer Ausbrüche. Sie bestehen aus den unterschiedlichsten anorganischen Verbindungen, allen aber ist eines gemeinsam: Vulkanische Gase enthalten keinen freien Sauerstoff! Der Sauerstoff gehört zwar zu den häufigsten Elementen des Universums, aufgrund seiner Reaktionsfähigkeit liegt er aber fast nur in Form seiner Verbindungen vor. Nun ist es zwar möglich, daß z.B. Wassermoleküle unter der Einwirkung energiereicher Strahlung, etwa aus dem Weltraum, gespalten werden und so Sauerstoff entstehen kann. Da dieser aber die Strahlung anschließend selbst absorbiert, verhindert er die Spaltung weiterer Wassermoleküle. Es tritt eine Art Selbstregulation ein, die verhindert, daß er einen zu hohen Anteil an der Atmosphärenzusammensetzung gewinnt. Wir können also annehmen, daß die zweite Atmosphäre der Erde folgende Bestandteile enthielt: **CO_2, CH_4, N_2, NH_3, H_2O**, daneben wahrscheinlich in geringen Mengen CO, H_2S und H_2. Einige dieser Gase lassen sich in den vulkanischen Gasen der Gegenwart und auch in den Atmosphären anderer Planeten nachweisen. Wir sprechen bei einer solchen Gas-Kombination von einer **reduzierenden Atmosphäre.** Die Annahme ihrer Existenz wird gestützt durch die Zusammensetzung sehr alter Gesteine, in denen Mineralien vorkommen, deren Entstehung in Gegenwart von Sauerstoff äußerst unwahrscheinlich ist. Dagegen sind die ältesten Gesteine, die Eisen in Form von Fe_2O_3 enthalten, erst $1,4 \times 10^9$ Jahre alt. Man nimmt an, daß Fe_2O_3 erst in einer sauerstoffhaltigen Atmosphäre gebildet wurde.

Den hohen Sauerstoffgehalt in der heutigen Atmosphäre bringt man mit der Entstehung der Photosynthese in Zusammenhang. Sie ist die Ursache für die Bildung der **dritten Atmosphäre** der Erde, deren Zusammensetzung der heutigen entspricht. Verschiedentlich wird zwischen der zweiten und dritten Atmosphäre auch ein Zwischenstadium angenommen, das durch einen hohen Gehalt an Stickstoff und Kohlendioxid gekennzeichnet ist.

82.1. Orientierungsschema für den Ablauf der chemischen Evolution und ihre Einordnung in die Erdgeschichte

4.2. Erste organische Verbindungen

In der Frühzeit der chemischen Wissenschaft war man der Meinung, organische Substanz könne nur von lebenden Zellen erzeugt werden. Die Bezeichnung „organische Chemie" für die Kohlenstoffchemie hat in dieser Zeit ihren Ursprung. Dementsprechend war es eine Sensation, als WÖHLER 1828 die Harnstoffsynthese gelang. Seitdem werden organische Substanzen in großem Maßstab künstlich hergestellt. Trotzdem hielt sich aber zunächst noch die Anschauung, daß eine spontane Bildung organischer Substanz als Voraussetzung für die Entstehung des Lebens unwahrscheinlich sei. Da gelang es im Jahre 1953 dem amerikanischen Studenten L.S. MILLER, in einem relativ einfachen Experiment unter den Bedingungen der Uratmosphäre eine Reihe von organischen Stoffen herzustellen. Er schloß die Gase Methan und Ammoniak in eine Kreislaufapparatur ein. In einem Kugelkolben kochte Wasser, das verdampfte und über ein gekühltes Röhrensystem wieder in den Kolben zurückkehrte. Auf diesem Weg passierte das Gasgemisch eine Funkenstrecke. Nachdem die Apparatur einige Tage gearbeitet hatte, konnten in der Flüssigkeit organische Substanzen, unter anderem Aminosäuren, nachgewiesen werden. Das Experiment wirkte als Sensation, und es wurde vielfach mit den gleichen Ergebnissen wiederholt. Dabei stellte sich heraus, daß die MILLERsche Anordnung nur eine von vielen möglichen ist. Man kann die Gaszusammensetzung variieren, man kann andere Energiequellen benutzen, der Versuch kann bei niedrigen oder hohen Temperaturen laufen — ja es ist sogar möglich, auf den Kreislauf zu verzichten und das Experiment lediglich in einem Kolben durchzuführen. Jedesmal erhält man in der Flüssigkeit meßbare Mengen organischer Moleküle. Das Faszinierende an diesen Experimenten ist aber, daß die Bausteine entstehen, die zur Aufrechterhaltung von Lebensprozessen nötig sind.

Verwenden wir diese Ergebnisse als Grundlage für unsere Vorstellungen über die Ereignisse vor 3 bis 4 Milliarden Jahren, so entsteht folgendes Bild: Als die Erde kalt genug war, daß Wasser als Flüssigkeit existieren konnte, bildeten sich Ozeane. Sie nahmen die wasserlöslichen Bestandteile der Gesteine auf. Darüber befand sich die reduzierende zweite Atmosphäre. Es drangen kosmische Strahlung, Wärme und UV-Licht ein. Gewitter sorgten für elektrische Entladungen. Wir können uns vorstellen, daß unter diesen Bedingungen alle die Stoffe entstanden, die sich auch heute in unseren Experimenten bilden. Der Ozean der Vorzeit war eine Lösung unübersehbar vieler organischer und anorganischer Substanzen, die unter den Bedingungen der reduzierenden Atmosphäre stabil blieben und sich anreicherten. Diese unansehnliche, übelriechende und für heutige Verhältnisse höchst giftige Brühe bezeichnen die Biologen übereinstimmend und treffend als **Ursuppe.**

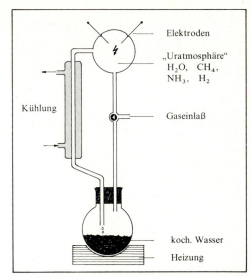

83.1. MILLERsche Versuchsanordnung. Simulation der Uratmosphäre und der Ursuppe im Experiment.

V Informieren Sie sich über die Durchführung der MILLERschen Experimente mit Schulmitteln (56, 61 und 66) und versuchen Sie, die Ergebnisse im Praktikum zu realisieren!

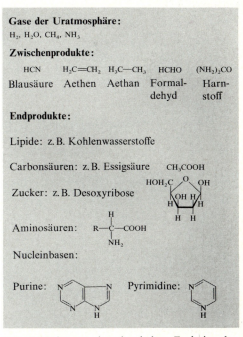

83.2. Wichtige, an der chemischen Evolution beteiligte Substanzen

Landoldtsche Zeitreaktion.

Die Oxidation von schwefliger Säure durch Iodsäure verläuft nach der Bruttogleichung:

$5\,H_2SO_3 + 2\,HIO_3 \longrightarrow 5\,H_2SO_4 + H_2O + I_2$

Man bekommt das Iod jedoch nicht sofort nach Reaktionsbeginn zu sehen, sondern erst nach längerer Zeit (konzentrationsbedingt), da die Reaktion in folgenden Teilschritten erfolgt:

$3\,H_2SO_3 + HIO_3 \longrightarrow 3\,H_2SO_4 + HI$
$5\,HI + HIO_3 \longrightarrow 3\,H_2O + 3\,I_2$
$H_2SO_3 + I_2 + H_2O \longrightarrow H_2SO_4 + 2\,HI$

Das entstehende Iod wird sofort wieder „verbraucht", solange noch schweflige Säure vorhanden ist. Erst wenn dieser Vorrat erschöpft ist, bildet sich schlagartig elementares Iod, das sich mit Stärkelösung nachweisen läßt. Man kann den Reaktionsablauf als Zyklus darstellen:

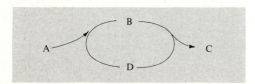

V Informieren Sie sich über die Landoldtsche Zeitreaktion (2, 12, 26) und führen Sie das Experiment im Praktikum durch!

84.1. Allgemeines Schema einer zyklischen Reaktion

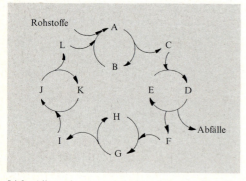

84.2. Allgemeines, vereinfachtes Schema eines Hyperzyklus

4.3. Makromoleküle und Reaktionsketten

Schon in den Experimenten, die die Verhältnisse der Uratmosphäre simulieren, entstehen teilweise Verknüpfungsprodukte der organischen Grundbausteine. Wir finden niedermolekulare Peptide, aber auch Mononukleotide wie AMP und ADP. Es liegt also der Schluß nahe, daß sich ähnliche Reaktionen in der Ursuppe ereigneten. Zweifellos werden die gelösten anorganischen Stoffe dabei eine gewisse katalytische Wirkung entfaltet haben. Heute mißt man den festen anorganischen Stoffen, die den Meeresboden und die Ufer des Urozeans bildeten, eine wesentliche Bedeutung zu. Es hat sich gezeigt, daß an Tonmineralien und vulkanischen Gesteinen einfache organische Teilchen zu Makromolekülen verknüpft werden können. Die regelmäßige Anordnung polar gebauter Gruppen in den Mineralien spielt dabei eine wesentliche Rolle.

Für die Zusammensetzung der Ursuppe war es ausschlaggebend, welche chemischen Prozesse am effektivsten abliefen. Ihre Reaktionsprodukte häuften sich dementsprechend am stärksten an. Falls sich bestimmte Reaktionen dabei gegenseitig unterstützten, hatten sie gegenüber einfachen Reaktionen einen „Selektionsvorteil". Eine solche gegenseitige Unterstützung finden wir in Reaktionsketten, deren Endprodukt wieder in den Anfang der Kette einmündet. Wir nennen sie *zyklische Reaktionen*. Das nebenstehende Beispiel ist ein einfacher Fall aus der anorganischen Chemie. Der Zyklus läuft so lange, wie Rohstoffe für seine Unterhaltung vorrätig sind. Er ist ein sehr einfaches Stoffwechselsystem. Noch wirkungsvoller ist die Reaktionskette, wenn sich mehrere solcher Zyklen gegenseitig ergänzen und einen **Hyperzyklus** bilden. Der Mengenzuwachs der an ihm beteiligten Substanzen ist einfachen Reaktionsketten über lange Zeit hinweg überlegen.

Man stellt sich heute vor, daß die Zusammenarbeit von Proteinsynthese und Nucleinsäurevermehrung ihren Ursprung in einem solchen Hyperzyklus hat. Es könnte Proteine gegeben haben, die die Synthese anderer Eiweißmoleküle katalysierten, die möglicherweise wiederum enzymatisch die Bildung der ersten Proteinmoleküle beeinflußten. Das ist ein Reaktionszyklus.

Nucleinsäuren sind so gebaut, daß ihre spezifische Struktur eine autokatalytische Selbstvermehrung zuläßt. Diesen Vermehrungsprozeß kann man ebenfalls als Zyklus auffassen. Wenn nun ein Protein des ersten Zyklus für die Selbstverdoppelung der Nukleinsäuren als Katalysator nützlich ist, andererseits aber die Nukleinsäuren eine entsprechende Wirkung bei der Proteinsynthese entfalten, ist der Kreis geschlossen — ein Hyperzyklus hat sich gebildet. Solange genügend Rohstoffe vorhanden sind, wird er nun ununterbrochen arbeiten und die Menge der an ihm beteiligten Substanzen vermehren. Er wird „überleben", wenn er effektiver ist als die konkurrierenden Hyperzyklen.

4.4. Vorläufer der Zelle

Die Entstehung der Zelle ist das Kapitel der chemischen Evolution, über das wegen ihrer Komplexität bisher die größten Unsicherheiten bestehen. Der sowjetische Biologe OPARIN schlug 1928 vor, die sogenannten **Koazervate** als Modell für urtümliche Zellen zu betrachten. Unter bestimmten Bedingungen trennen sich Mischungen kolloidaler Lösungen in ihre Bestandteile, wobei kleine, kugelförmige Tröpfchen des einen Mischungspartners im anderen schwimmen. Die Molekularladungen sowie der pH-Wert des Gemischs spielen dabei eine entscheidende Rolle. An diesen Tröpfchen kann man primitive Stoffwechselvorgänge beobachten. Sie reichern im Experiment Enzyme in ihrem Inneren an und führen Ausscheidungsprozesse nach Art der Exocytose durch. Die Koazervattröpfchen besitzen aber keine Membranen. Ihnen fehlt damit ein wesentliches Kriterium für die Zellstrukturen.

Das zweite Modell, das gegenwärtig diskutiert wird, versucht die Urzelle von sogenannten **Mikrosphären** abzuleiten. Sie bestehen ebenfalls aus etwa bakteriengroßen Tröpfchen, die aber von einer Membran polar gebauter Moleküle umgeben sind. Manche experimentell hergestellten Mikrosphären besitzen sogar Doppelmembranen, was der Struktur heute lebender Zellen äußerst nahe kommt.

Zusammen mit protein- und nucleotidähnlichen Molekülen wird die Ursuppe auch Substanzen enthalten haben, deren Moleküle hydrophile und hydrophobe Anteile nach Art unserer heutigen Waschmittel enthalten haben. Aufgrund dieser Doppelnatur ordneten sie sich als monomolekulare Schicht auf der Wasseroberfläche an, wobei die hydrophoben Molekülteile nach außen ragten. Wir stellen uns nun vor, daß die Wasseroberfläche durch starken Wind bewegt wird. Es entstehen Schaumblasen und Wassertropfen, die von der oben erwähnten Molekülschicht umgeben sind. Werden diese durch die Turbulenz der Brandung unter die Oberfläche gerissen, nehmen sie eine zweite Molekülschicht mit — sie besitzen jetzt eine Doppelmembran.

Experimentell hergestellte Mikrosphären dieser Art zeigen auffällige Ähnlichkeiten zur Physiologie heute lebender Zellen. Die Membranen können semipermeabel sein. Die Mikrosphären reichern bestimmte Stoffe in ihrem Innern an. Manche sind in der Lage, durch Knospung Tochterkugeln abzugliedern. Auch einfache Bewegungsreaktionen wurden beobachtet.

Projizieren wir die experimentellen Befunde zurück in die Ursuppe, so wird vorstellbar, daß sich unter günstigen Bedingungen Mikrosphären bildeten, die in ihrem Inneren urtümliche Stoffwechselreaktionen ablaufen ließen. Die im vorangehenden Abschnitt behandelten hyperzyklischen Reaktionen werden dabei eine wichtige stabilisierende Rolle gespielt haben.

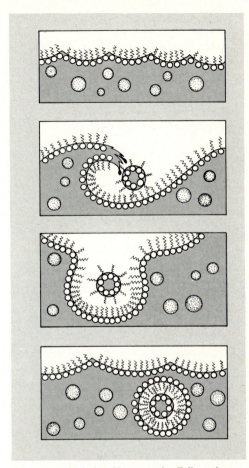

85.1. Hypothetischer Ursprung der Zellmembran

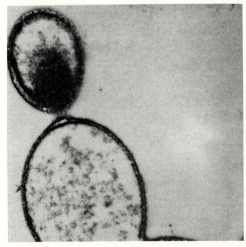

85.2. Elektronenoptische Aufnahme eines gefärbten Schnitts durch eine experimentell hergestellte Protenoid-Mikrosphäre

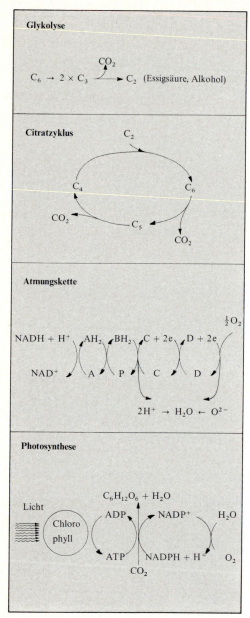

86.1. Wiederholungsschemata zu den wichtigsten physiologischen Grundprozessen

A Informieren Sie sich wiederholend über die Reaktionsabläufe der Prozesse in Abbildung 86.1. (z.B. nach 35, 36)

A Studieren Sie nochmals die Abbildungen 52.1. und 51.1.! Stellen Sie einen Zusammenhang zwischen dem nebenstehenden Text und diesen Abbildungen her!

4.5. Physiologische Grundprozesse

Die chemischen Reaktionen, die sich ursprünglich im freien Wasser, später im Inneren der Urzellen abgespielt haben dürften, bestanden hauptsächlich in der Umsetzung des organischen Materials, das die Ursuppe lieferte.

Nicht alle Reaktionen liefen aber spontan ab. Sie konnten nur in Gang kommen, wenn die nötige Energie für ihre Durchführung zur Verfügung stand. Wenn die Wärmeenergie, die die Sonnenstrahlung lieferte, nicht ausreichte, mußte chemische Energie dazukommen. Chemische Energie stand aber nur in Form von freien organischen Molekülen zur Verfügung. Wenn es einer Zelle gelang, diese Energie in geeigneter Form freizusetzen und für andere Prozesse nutzbar zu machen, hatte sie einen beträchtlichen Vorteil gegenüber den Konkurrenten. Wir sehen, daß sich mit den Reaktionsketten des Energiegewinns ein weiteres Glied in den ursprünglichen Hyperzyklus von Nucleinsäurevermehrung und Proteinsynthese einfügt.

Der bekannteste anaerobe Abbauprozeß, der auch heute noch in der Zelle abläuft, ist die **Glykolyse,** d.h. der Abbau der Kohlenhydrate. Er liefert Hefen und vielen Bakterien die Energie zum Leben, aber auch in Vielzellgeweben werden die gleichen Schritte durchlaufen. Es ist wahrscheinlich, daß die ersten Zellen ähnliche Prozesse mit den Substanzen der Ursuppe ausführten. Sie nahmen die großen Moleküle auf, zerlegten sie enzymatisch und verwendeten die freiwerdende Energie für neue Synthesen. Wenn dies aber alle Urzellen taten, ist es wahrscheinlich, daß die Ursuppe eines Tages „leergefressen" war.

In dieser Zeit müssen Zellen entstanden sein, deren Moleküle in der Lage waren, die Energie des Sonnenlichts zu nutzen und für die Synthese hochmolekularer Substanzen zu verwenden. Wir finden heute noch einfache Bakterien, die solche Vorstufen der modernen **Photosynthese** zeigen. Auf alle Fälle waren die ersten photosynthetischen Zellen so erfolgreich, daß sie das entstehende Defizit an organischer Substanz durch Neusynthese ausgleichen konnten. Die Zellen, die heterotroph blieben, „fraßen" die Urpflanzen und konnten so ebenfalls überleben. Der Nachteil der neuen Methode war nur, daß dabei giftiger Sauerstoff frei wurde, denn er oxidierte die Bestandteile der empfindlichen Urzellen. Wahrscheinlich ist ein großer Teil der damals vorhandenen Urlebewesen durch das Ansteigen der Sauerstoffkonzentration ausgerottet worden. Einigen gelang es aber, Enzymketten zu bilden, die dieses „Gift" nutzbringend verwerten konnten. Sie benutzen es zur Oxidation von Nahrungsmolekülen und gewannen so ein Vielfaches an Energie gegenüber der herkömmlichen anaeroben Methode. Damit war die **Atmung** „erfunden", die sich als erfolgreiches Rezept als Ergänzung des anaeroben Stoffwechsels durchsetzte.

4.6. Entstehung der Zellorganellen

Wir nehmen an, daß der Urozean kein einheitliches, in allen Gebieten der Erde gleichgestaltetes Gebilde gewesen ist. Es gab unterschiedliche Klimazonen. In Buchten und Binnenmeeren herrschten andere Bedingungen als im offenen Meer, flache Küstenzonen unterschieden sich wie heute von der Tiefsee.

Unter diesen Voraussetzungen ist es vorstellbar, daß an verschiedenen Stellen der Erde unter isolierten Bedingungen auch unterschiedliche Formen von Urzellen mit voneinander abweichenden Stoffwechselformen entstanden. Trafen sie durch geotektonische Veränderungen dann aufeinander, trat ein Konkurrenzkampf ein, bei dem der besser Ausgestattete die Oberhand behielt. Es kann aber manchmal auch so gewesen sein, daß der Kampf nicht zur gegenseitigen Vernichtung durch Auffressen, sondern zum Zusammenleben bei gegenseitigem Nutzen führte. Wir nennen dies heute **Symbiose**.

So ist es denkbar, daß eine amöbenartige Urzelle, die anaerob und heterotroph lebte, auf bakterienartige andere Zellen stieß, die in der Lage waren, eventuell vorhandenen Sauerstoff mit den ihnen eigenen Enzymen für Oxidationsprozesse zu verwenden. Die Uramöbe nahm die atmende Urzelle auf, verdaute sie aber nicht, sondern ließ sie in ihrem Inneren „weiterleben". Solche gemeinsamen Lebensformen finden wir heute noch verbreitet bei unterschiedlichen Tier- und Pflanzengruppen. Wir nennen das Prinzip **Endosymbiose.** Man ist heute der Meinung, daß der Ursprung der **Mitochondrien** in endosymbiontisch aufgenommenen Bakterien zu suchen ist, die das Prinzip der Atmung beherrschten. Die **Chloroplasten** der Pflanzen führt man dementsprechend auf endosymbiontisch eingelagerte **Blaualgen** zurück.

Verschiedene Argumente sprechen für die Endosymbionten-Hypothese. Sowohl Mitochondrien als auch Chloroplasten besitzen eigene semipermeable Membransysteme und eigene genetische Informationskomplexe in Form von DNA. Sie vermehren sich unabhängig vom Zellkern in eigenen Teilungsvorgängen. Allerdings sind sie außerhalb der Zelle nicht lange lebensfähig, was auf den über Milliarden von Jahren andauernden „Domestikationsprozeß" zurückgeführt werden muß. Die Endosymbionten-Hypothese erfährt aber eine gewisse Einschränkung dadurch, daß die Bakterien eine bestimmte Art von Basen in den Nucleinsäuren besitzen, die bei Mitochondrien und Chloroplasten nicht vorkommen. Daneben gibt es eine Reihe von Zellorganellen, die keine eigene DNA besitzen, wie z.B. Golgi-Apparat und ER. Für sie wird angenommen, daß sie durch Einstülpung einzelner Membranpartien entstanden sind. Auch die Geißeln besitzen keine eigene DNA. Deshalb ist ihre Entstehung bisher noch weitgehend ungeklärt.

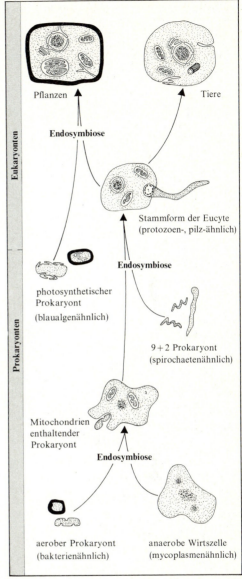

87.1. Hypothetischer Ablauf der Bildung von Zellorganellen durch Endosymbiose

R Informieren Sie sich in Handbüchern und Lexika über Endosymbiose! Tragen Sie Beispiele zusammen und sprechen Sie darüber!

A Informieren Sie sich über Bau und Funktion von Mitochondrien und Chloroplasten (35)! Vergleichen Sie diese mit Bakterien und Blaualgen!

A Stellen Sie in einer Tabelle die Unterschiede zwischen Prokaryonten und Eukaryonten zusammen.

4.7. Das Problem der „Entstehung des Lebens"

Die vorangegangenen Abschnitte zeigen einige Gesichtspunkte über den Weg, den das Leben im Laufe seiner Entstehung genommen haben könnte. Wir sind aber bisher weit davon entfernt, diesen Weg vollständig erkennen zu können. Wir sind weitgehend auf Spekulationen angewiesen. Vor allem fehlen uns die direkten Beweise, da die Gesteine, in denen sich Fossilien hätten halten können, fast völlig metamorphisiert sind. Zwar gibt es kohlenstoffhaltige Schichten in praekambrischen Gesteinen, die man als Reste von Urzellen interpretieren kann. Sie geben aber eben nur andeutungsweise Auskunft, und das auch nur unter Annahme bestimmter Voraussetzungen.

Die größte Schwierigkeit bei der Verfolgung der Entwicklung des Lebens ist das Problem der unübersehbaren Komplexität in der Struktur lebender Wesen, die in den ersten Jahrmilliarden der Erdgeschichte entstanden ist. Wir wissen nichts über die ersten Hyperzyklen. Wir können uns nur schwer vorstellen, wie sich der genetische Code zu der Perfektion entwickelte, die wir heute vorfinden. Die Lücke zwischen dem einfachen Bakteriengenom, das aus einem ringförmigen DNA-Molekül besteht, und dem komplizierten Zellkern der höheren Pflanzen und Tiere ist zu groß, als daß wir sie mit einem theoretischen Konzept schließen könnten. Was uns fehlt, sind die Zwischenformen, die „erfolglosen Experimente" der Natur, die Seitenlinien der Versuche, die, ohne Spuren zu hinterlassen, untergegangen sind. Dabei erhebt sich überhaupt die Frage, ob wirklich *alle* möglichen „Experimente" auch durchgeführt wurden. In früheren Abschnitten ist gezeigt worden, daß es Substanzen und Reaktionsketten gibt, die allen irdischen Lebewesen schlechthin gemeinsam sind. Die verschiedenartigen Anwendungen der Nukleotide seien als Beispiel genannt. Warum gibt es nicht verschiedene Lebensformen auf unterschiedlicher chemischer Basis auf der Erde, wenn doch die Ursuppe alle Möglichkeiten offen ließ? Nach den DARWINschen Mutations-Selektions-Prinzipien müßten auch konkurrierende Systeme eine gewisse Chance zur Existenz nebeneinander haben.

MANFRED EIGEN hat durch Computersimulationen gezeigt, daß ein sich selbst reproduzierendes System dann einem anderen überlegen ist, wenn seine Vermehrungskurve einem hyperbolischen Verlauf folgt. Systeme mit exponentiellem Wachstum können parallel nebeneinander existieren. Tritt hyperbolisches Wachstum auf, dessen Kurvenverlauf sich einer Asymptote nähert, werden die konkurrierenden Systeme überwuchert und sterben aus. Möglicherweise ist das komplexe chemische System, das den heutigen Zellen zugrunde liegt, ursprünglich mit den Eigenschaften des hyperbolischen Wachstums ausgestattet gewesen, so daß nur diese Strukturen in den heutigen Lebewesen zu finden sind.

88.1. Mikrofossil aus alten Sedimentschichten (ca. 500fache Vergr.). Der Ursprung solcher Fossilien ist bisher ungeklärt.

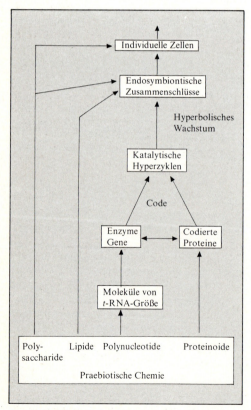

88.2. Die „Wurzeln" des Stammbaums der Lebewesen

Man kann sich fragen, ob das Leben heute auf der Erde noch einmal entstehen könnte. Die Frage muß, so wie wir die Entstehung des Lebens heute auffassen, verneint werden. Organische Moleküle nach Art der Ursuppe können nur unter den Bedingungen der reduzierenden Atmosphäre entstehen. Wenn sie sich heute bildeten, würden sie in kürzester Zeit oxidiert. Das Leben trat, nachdem es sich gebildet hatte, mit seiner Umgebung in eine Wechselbeziehung und veränderte sie aktiv. Die Verarmung der Ursuppe führte zur Notwendigkeit der Photosynthese, die Produktion von Sauerstoff zur Möglichkeit der Atmung. Mit der Sauerstoffproduktion durch die Photosynthese hat sich das Leben selbst dazu „verurteilt", sich immer wieder aus sich selbst heraus reproduzieren zu müssen. Eine Urzeugung ist faktisch unmöglich geworden.

Können wir dann aber die Existenz von Leben auf anderen Himmelskörpern erwarten? Die Antwort auf diese Frage ist mit großer Wahrscheinlichkeit Ja. Im Umkreis von 11×10^9 Lichtjahren ist es z.Z. möglich, ca. 10^{11} Galaxien, das sind Sternsysteme ähnlich unserer Milchstraße, mit Teleskopen zu entdecken. Jede Galaxie enthält ca. 10^{11} Sterne ähnlich unserer Sonne. Das bedeutet, daß sich im Sichtbereich der Teleskope 10^{22} Sterne befinden. Wenn wir annehmen, daß nur jeder zehntausendste Stern einen erdähnlichen Planeten besitzt, kommen wir auf die stolze Zahl von 10^{18} Himmelskörpern, deren Bedingungen Leben wie bei uns ermöglichen könnten. Dementsprechend geht man z.Z. von der Annahme aus, daß es im Universum prinzipiell noch weiteres Leben gibt, denn die Prozesse, die sich auf der Erde abgespielt haben, können natürlich ebensogut auch woanders stattgefunden haben. Eine andere Antwort bekommen wir allerdings auf die Frage, ob wir auf diesen Planeten Menschen finden könnten. Zweifellos besteht die Möglichkeit, daß sich das Leben auf einem anderen Stern auch bis zu Stadien der Intelligenz und der Zivilisation hochentwickelt. Es ist aber sehr unwahrscheinlich, daß die Lebensform dieser „anderen" der unseren auch nur annähernd ähnelt. Zu viele Zufallsfaktoren greifen im Laufe der Evolution in den Entwicklungsgang ein, so daß selbst auf der Erde der Mensch nicht ein zweites Mal in dieser speziellen Weise entstehen würde. Man hat die Wahrscheinlichkeit für den Fall berechnet, daß es auf zweien der 10^{18} erdähnlichen Planeten parallel zur Entwicklung von Menschen kommt. Die Wahrscheinlichkeit ist kleiner als 10^{-1500}, möglicherweise sogar kleiner als 10^{-15000}. Andere Formen der Intelligenz sind dagegen sicher zu finden. Einer Kontaktaufnahme steht allerdings die Tatsache entgegen, daß die Entfernungen im Universum so unvorstellbar groß sind, daß eine Kommunikation — falls es je dazu kommt — ausgesprochen langwierig, wenn nicht unmöglich sein wird. Wir werden uns mit dem Gedanken befreunden müssen, daß wir wohl nicht allein im Universum leben, die „anderen" aber nie zu Gesicht bekommen werden.

89.1. Mögliche Lebensformen auf anderen Planeten. Die pflanzenartigen Wesen wurden von einem Exobiologen der Nasa entworfen. Nach seinen Vorstellungen sind sie mit SiO_2-Hüllen überzogen und haben eine bläuliche Farbe.

A Informieren Sie sich über die Entfernungen, die zwischen den Fixsternen einer Galaxie bzw. zwischen den Galaxien im Weltraum bestehen! Informieren Sie sich weiterhin über die Geschwindigkeiten, die Raumflugkörper maximal erreichen können! Beurteilen Sie auf dieser Basis die Chancen, die für den interstellaren Weltraumflug bestehen! Berechnen Sie die Reisezeiten!

A Beschäftigen Sie sich mit der Literatur, die den Besuch außerirdischer, intelligenter Lebewesen auf der Erde zum Gegenstand hat! Beurteilen Sie diese Literatur anhand der Kenntnisse, die Sie über die Evolution des Lebens auf der Erde erworben haben!

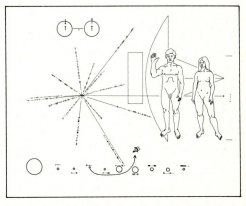

89.2. Information über die Erde und ihre Bewohner, die auf einer Metallplatte in der Sonde Pioneer X seit 1972 durch das Weltall fliegt.

5. Wege der Stammesentwicklung

5.1. Probleme bei der Rekonstruktion der Stammesentwicklung

|A| Fassen Sie in Kurzform die im Kapitel „Beweise für die Evolutionstheorie" behandelten Argumente zusammen, die für die Evolutionstheorie sprechen! Verwenden Sie die Form einer tabellarischen Zusammenstellung.

Stellen Sie fest, wo Lücken in den Indizienketten vorhanden sind, und versuchen Sie herauszufinden, warum diese Lücken bisher noch bestehen!

|A| Versuchen Sie, auf der Grundlage der in den vorangegangenen Abschnitten behandelten Tatsachen und der Gedanken der nebenstehenden Textspalte einige Erscheinungen aus der Botanik oder Zoologie kausal zu erklären! Die Fragestellung sollte etwa so lauten: „Wie ist eine bestimmte Erscheinung möglicherweise entstanden? Welche Bedingungen könnte ihre Entstehung begünstigt haben, und welche Selektionsvorteile brachte sie?"

Vorschläge für die Betrachtungen:

Anatomische und morphologische Strukturen des Fischkörpers,
die Entstehung der Landpflanzen,
die Entstehung der Landtiere,
die Entstehung der farbigen Kronblätter der Blütenpflanzen,
die Entwicklung von Amphibienherzen zum Vogel- und Säugerherzen,
die Entstehung des Ultraschall-Ortungssystems der Fledermäuse.

Der Stammbaum einer Gruppe von Lebewesen soll den Weg nachzeichnen, den die Entwicklung dieser Gruppe im Laufe der Zeit genommen hat. Da diese Gruppe — sagen wir z.B. die Weichtiere — heute greifbar existiert, muß es einen solchen Weg gegeben haben, und zwar notwendigerweise nur einen einzigen. Diesen Weg mit absoluter Sicherheit nachzuvollziehen ist aber fast unmöglich. Der Biologe, der sich dies zur Aufgabe macht, ist in der Lage eines Kriminalisten, der ein Verbrechen rekonstruieren soll, für das es keine Zeugen gibt. Es gibt eine Reihe von Hinweisen, deren Auswertung die Annahme einer Entwicklung zwangsläufig fordern. Die Verknüpfung der Indizien zu einer zusammenhängenden Kette erfordert aber viel Fingerspitzengefühl und Erfahrung. So muß ein Evolutionstheoretiker notwendigerweise Ökologe sein, er muß etwas von Anatomie verstehen und von Physiologie, er muß die Genetik beherrschen und für zoologische Objekte die Verhaltenslehre, um alle Gesichtspunkte einer möglichen mutativen Veränderung berücksichtigen zu können. Das theoretische Konzept über den Ablauf der Evolution, das er erarbeitet, muß den Anforderungen aller Teilwissenschaften standhalten, es muß technisch möglich und praktisch plausibel sein.

In den vorangegangenen Kapiteln sind Indizien zusammengetragen worden, die die Annahme bestimmter Tatbestände rechtfertigen. Auch eine Theorie für den Ablauf liegt vor. Aber schon bei der „Tatzeit" kommen wir in Schwierigkeiten. Nur Fossilien können die Existenz einer Lebensform für eine bestimmte Zeit beweisen. Sie aber sind naturgemäß nur dünn gesät und verschwinden für die frühen, entscheidenden Erdzeitalter ganz. Unser Stammbaum wird deshalb an den entscheidenden Stellen notgedrungen gestrichelte Linien und eventuell sogar Fragezeichen aufweisen.

Handfeste Auskünfte liefern die anatomischen Befunde an lebenden und fossilen Pflanzen und Tieren. Es sind die wichtigsten und tragfähigsten Daten, die in den letzten Jahrzehnten zur Untermauerung der Evolutionstheorie beigetragen haben. Aber immer wieder erhebt sich die Frage, ob es sich bei anatomischen Homologien etwa um Konvergenzen handeln könnte.

Prüfstein der anatomischen Vergleiche ist die Frage nach der „technischen Notwendigkeit" auftretender Neuerungen im Bauplan. Unserer auf DARWIN gegründeten Theorie zufolge gibt es zwar keine „Notwendigkeit", aber der geforderte Selektionsvorteil einer mutativen Veränderung sollte sich begründen lassen. Für den Kriminalisten ist es die Frage nach dem Motiv des Täters. Warum z.B. überkreuzen sich die Sehnerven der Wirbeltiere teilweise kurz hinter den Augen, so daß die Informationen des rechten Auges in der linken Gehirnhälfte ausgewertet werden? Die nebenstehende Abbildung versucht, eine hypothetische Antwort für frühe Stufen der Wirbeltierreihe zu geben. In bezug auf sehr viele Erscheinungen, die wir an Tieren und Pflanzen beobachten können, stehen derartige Erklärungen allerdings bis heute noch aus.

Für den Kriminalisten ist es relativ leicht, sich Informationen über die Lebensverhältnisse und die Umgebung des Opfers zu verschaffen, aus denen er Schlüsse ziehen kann. Die entsprechende Aufgabe für den Biologen gestaltet sich unvergleichlich viel schwerer. Er muß — um Antworten auf die Frage nach der Zweckmäßigkeit einer Bauplanänderung geben zu können — Informationen über den Lebensraum seines Studienobjekts erhalten. Das bedeutet, er muß die **ökologischen Bedingungen** rekonstruieren, unter denen die Tiere und Pflanzen lebten. Warum erleben bestimmte Formen manchmal eine Massenverbreitung? Warum sterben sie plötzlich wieder aus? Welche Rolle spielt eine neuentstandene Form im Wechselspiel von Räuber und Beute? In welcher Weise ist sie in das Gesamtbild des Ökosystems eingepaßt? Die Beziehung zwischen der anwachsenden Artenzahl der Insekten und der Entstehung der Blütenpflanzen in der Kreidezeit sei als Beispiel für diese Wechselbeziehungen genannt. Aus der Komplexität der uns heute umgebenden Ökosysteme erkennen wir die Schwierigkeit, die einer Aufklärung vergangener Verhältnisse entgegensteht.

Die Vielzahl der Wirkungszusammenhänge führt uns dazu, die Stammesgeschichte mit den Augen des Systemtheoretikers und Kybernetikers zu betrachten. Eine Art oder auch nur ein Einzellebewesen ist Teil eines Gesamtzusammenhangs, ohne den einzelne Eigenschaften nicht erklärbar sind. Dieses komplexe Gefüge bringt es aber mit sich, daß eine Eigenschaftsänderung nicht nur Folgen für das Organ hat, an dem sie auftritt. Das gesamte System wird in unvorhersehbarer Weise verändert. Das nebenstehende Beispiel soll das an einem physikalischen Modell verdeutlichen. KONRAD LORENZ hat für diese weitreichenden und nicht voraussehbaren Auswirkungen einer geringfügigen Systemveränderung den Begriff **Fulguration** geprägt (fulguratio=lat. Blitzstrahl). Rückschauend lassen sich die wechselseitigen Beziehungen von Systemeigenschaften und ihrer Änderungen möglicherweise entwirren. Die in den vorangegangenen Kapiteln zusammengetragenen Ergebnisse versuchen einen Beitrag dazu zu liefern. Es ist aber unmöglich, Aussagen über den zukünftigen Verlauf eines Entwicklungsweges zu machen. Die Unüberschaubarkeit der Systemzusammenhänge macht eine derartige Prognose unmöglich.

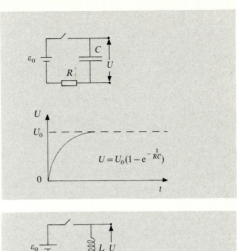

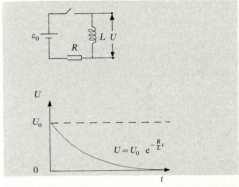

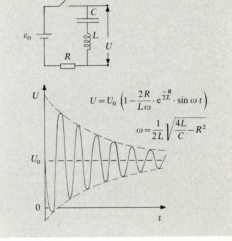

91.1. Entstehung neuer Systemeigenschaften durch Kombination unterschiedlicher Systemelemente. In den Stromkreisen a und b ergibt sich nach Schließen des Schalters der in den Diagrammen dargestellte Spannungsverlauf. Kombiniert man den Kondensator C mit der Spule L in einem System, ergibt sich ein Schwingkreis, dessen Spannungsverlauf *nicht* die einfache Addition der beiden Einzelkurven darstellt, sondern eine neue Systemeigenschaft zum Ausdruck bringt.

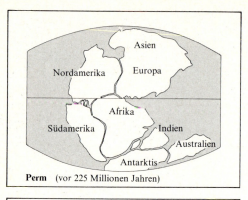
Perm (vor 225 Millionen Jahren)

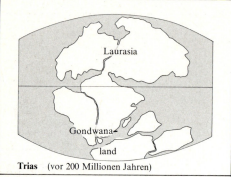
Trias (vor 200 Millionen Jahren)

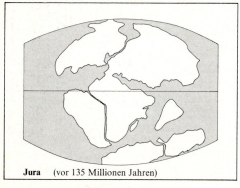
Jura (vor 135 Millionen Jahren)

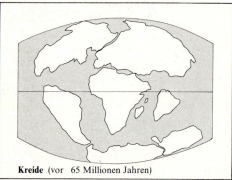
Kreide (vor 65 Millionen Jahren)

5.2. Die Zeittafel der Evolution

Der Ablauf der Stammesentwicklung ist untrennbar — das hatte schon DARWIN gesehen — mit der Gestaltung der Erdoberfläche verbunden. Die Evolution lief auf der Erdoberfläche ab und hinterließ ihre Spuren in Form von Fossilien. Aber auch die Erde selbst nahm eine ihr eigene Entwicklung. Die Erdoberfläche veränderte sich und beeinflußte die Lebewesen, die sie besiedelten.

Für das Bild von der Vergangenheit der Erdoberfläche gilt das gleiche, was wir über die Erforschung des Evolutionsablaufs gesagt haben. Es ist ein Puzzlespiel von Indizien, aus dem ein möglicher Verlauf der Entwicklung abgeleitet werden kann.

Die Theorie, die nach dem gegenwärtigen Stand der Kenntnisse die Veränderungen der Erdoberfläche beschreibt, ist die **Kontinentalverschiebungstheorie,** deren wichtigste Aussagen die nebenstehenden Abbildungen zusammenfassen. Sie wird durch mannigfaltige Beweise aus der Geomorphologie und der Geophysik gestützt. Nach ihr bilden die Kontinente ursprünglich eine relativ leichte Kruste, die auf dem schwereren Material des Erdmantels schwimmt. Konvektionsströmungen des zähflüssigen Erdinneren bewegen die Kontinente, so daß sie zerbrechen, auseinandertreiben und sich neu zusammenfügen. Auf ihnen aber vollzieht sich die Entwicklung der Pflanzen und Tiere, deren Lebensbedingungen durch die jeweilige Lage des Kontinents bestimmt sind.

Die Tatsache, daß die Säugetiere Australiens eine eigene Entwicklung genommen haben, findet in dieser Theorie eine deutliche Erklärung. Möglicherweise ist das Zerbrechen der Landmassen überhaupt die Ursache für die Mannigfaltigkeit im Artenreichtum der Säugetiere, die sich gegen Ende des Jura über die Kontinente verbreiteten, um hier in der Kreidezeit eine Vielzahl eigener Entwicklungslinien zu bilden. Die bekannten Bezeichnungen „Altweltaffen" und „Neuweltaffen" sind ein Beispiel dafür.

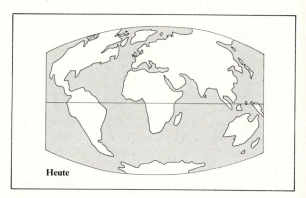
Heute

92.1. Die Entstehung der Kontinente in den letzten 225 Millionen Jahren

Känozoikum	Quartär	Holozän	Gegenwärtige Tiere und Pflanzen	
		Pleistozän	Auftreten des Menschen, Pflanzen und Tiere der Eiszeit 1. Riesenhirsch, 2. Mammut	
	Tertiär	Pliozän	Pflanzen und Tiere nähern sich den heutigen Formen, Sumpfwälder, Aufblühen der Säuger 3. Titanotherium, 4. Hipparion	
		Miozän		
		Oligozän		
		Eozän		
		Paleozän		
Mesozoikum	Kreide	Oberkreide	Laubhölzer, Gräser, urtümliche, kleine Säuger 5. Credneria, 6. Brontosaurus	
		Unterkreide		
	Jura	Malm	Gingkogewächse, Nadelhölzer, Hauptzeit der Saurier, erste Vögel, erste Knochenfische 7. Stegosaurus, 8. Archaeopteryx	
		Dogger		
		Lias		
	Trias	Keuper	Riesenformen von Schachtelhalmen und Farnen, Saurier, Schildkröten, erste Säuger 9. Plateosaurus, 10. Seelilie	
		Muschelkalk		
		Buntsandstein		
Paläozoikum	Perm	Zechstein	Erste Nadelhölzer, Entfaltung der Wirbeltiere 11. Stegocephalus	
		Rotliegendes		
	Karbon	Oberkarbon	Erste Wälder (Bärlappe, Schachtelhalme), erste Kriechtiere und Lurche 12. Meganeura, 13. Cordaites, 14. Sigillaria	
		Unterkarbon		
	Devon	Oberdevon	Erste Baumfarne, erste Insekten, größte Mannigfaltigkeit der Fische 15. Pterichthys, 16. Coccosteus	
		Mitteldevon		
		Unterdevon		
	Silur	Obersilur	Erste Landpflanzen, Entwicklung der Panzerfische 17. Ophioceras, 18. Birkenia	
		Untersilur		
	Ordovizium	Oberordovizium	Erste Fische (Rundmäuler) 19. Bellerophon, 20. Platystrophia	
		Mittelordovizium		
		Unterordovizium		
	Kambrium	Oberkambrium	Leben nur im Meer, Algen, alle Stämme der Wirbellosen. 21. Paradoxides, 22. Medusites (Qualle)	
		Mittelkambrium		
		Unterkambrium		

93.1. Auftreten der Lebewesen in den einzelnen Erdzeitaltern

5.3. Die Entwicklung des Pflanzenreichs

Über die Anfänge des Pflanzenreichs ist bisher nur wenig bekannt, da von den wasserbewohnenden Formen nur äußerst spärliche Fossilien existieren. Wir kennen die Nachkommen der ersten primitiven Urpflanzen — Blaualgen und einfache einzellige Algen gibt es auch heute noch — aber auch sie haben eine Milliarden von Jahren dauernde Entwicklung hinter sich, so daß man nur wenige Schlüsse auf ihre Abstammung ziehen kann.

Die Besiedelung des Festlandes am Ende des Silur bringt es mit sich, daß mehr statische Elemente in der Anatomie auftauchen, die eine Entstehung von Fossilien begünstigen. In dieser Zeit treten erstmals Pflanzen auf, die aufrecht stehen und den Luftraum über der Erdoberfläche nutzen. Dazu bedarf es einerseits spezieller Leitungsbahnen, um das Wasser aus dem Boden in die oberen Teile der Pflanze zu bringen, andererseits muß der Körper ausgesteift werden, damit er aufrecht stehen kann. Die ersten entwickelten Landpflanzen, die **Moose,** besitzen diese Fähigkeiten noch nicht. Ihr Körper ist durch den Turgor stabil, der Stofftransport erfolgt von Zelle zu Zelle. Daher können Moose eine bestimmte Größe nicht überschreiten. Die **Farne** aber legen Röhrensysteme und Gewebe an, deren Wände durch den Holzstoff *Lignin* versteift werden. Im Karbonzeitalter erlebt diese Entwicklung einen Höhepunkt. Die Kohlelager, deren Energie wir heute nutzen, haben in den riesigen Baumfarnwäldern dieser Zeit ihren Ursprung. Das Prinzip der verholzten Gefäßröhre hat sich über die **Gymnospermen** bis zu den **Angiospermen** gehalten. Durch regelmäßige, jährliche Neubildung von Gefäßen entstehen dicke Holzstämme. Nur die Einkeimblättrigen unter den Angiospermen haben diese Art des Dickenwachstums wieder aufgeben. Sie bleiben bis auf wenige Ausnahmen zeitlebens krautig.

Der anatomische Fortschritt der Gewebebildung brachte den Farnen einen gewaltigen Selektionsvorteil. Ihr Handikap war aber die umständliche und komplizierte Art der Vermehrung, die noch aus der „Algenvergangenheit" stammt — der voll ausgebildete **Generationswechsel.** Wir finden noch heute bei Algen verschiedene Entwicklungsstufen im Wechsel von geschlechtlicher und ungeschlechtlicher Vermehrung. Bei manchen Formen hängt die Fortpflanzungsart von den Umweltverhältnissen ab (fakultativer Generationswechsel), andere durchlaufen einen strengen, alternierenden Zyklus (obligatorischer Generationswechsel). Bei den Moosen tritt schon eine gewisse Vereinfachung auf: Der Sporophyt bleibt als kleiner, diploider „Parasit" auf dem Gametophyten sitzen. Dieses Prinzip war aber offensichtlich eine Sackgasse. Die Moose entwickelten sich nicht weiter. — Bei den Farnen jedoch ist der Sporophyt groß und kräftig ausgebildet. Der Gametophyt dagegen bleibt ein zartes, anfälliges Gebilde.

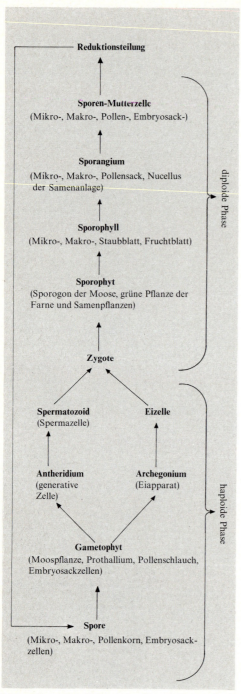

94.1. Allgemeines Schema des Generationswechsels bei Pflanzen. Die Darstellung ist so gestaltet, daß die homologen Teile verschieden hoch entwickelter Pflanzengruppen auf einer Stufe stehen. Das Mikrosporophyll der Moosfarne z.B. entspricht dem Pollensack der Blütenpflanzen.

An dieser Stelle griff die Entwicklung an und vereinfachte das Prinzip des Generationswechsels radikal. Wenigstens ein Teil der Sporen — jene, die den weiblichen Gametophyten bilden sollten — blieb einfach auf dem Sporophyten sitzen. Nur die kleinen „männlichen" Sporen begaben sich noch auf die Reise. Wenn sie in die Nähe einer weiblichen, großen Makrospore kamen, bildeten sie einen äußerst reduzierten Gametophyten, d.h. eigentlich nur einen kleinen Zellfaden. Ein Zellkern dieses Fadens übernahm die Rolle der männlichen Keimzelle und führte bei der Verschmelzung mit der Eizelle in der weiblichen Anlage die Befruchtung aus.

So können wir die Vermehrung der höheren Pflanzen als konsequent weiterentwickelten Generationswechsel ansehen. Die Blüte ist ein Sporophyllstand, die Pollen sind Mikrosporen. In der Samenanlage bildet der Embryosack den weiblichen Gametophyten. Der Pollenschlauch entspricht dem männlichen Gametophyten. Lag die Samenanlage bei den Gymnospermen noch offen auf dem Sporophyll („Nacktsamer"), schließen die Angiospermen sie in eine Hülle verwachsender Blätter ein. Es entsteht der Fruchtknoten („Bedecktsamer"). Die größte „Entwicklungsleistung" der Angiospermen aber war in der Kreidezeit die Bildung der Bestäubungssymbiose mit den Insekten. Der Zufallsfaktor Wind als Transportmittel für die Mikrosporen wurde durch Tiere ersetzt, die gezielt bestimmte Blüten anfliegen.

A Mikroskopieren Sie Querschnitte der Stengel von Moospflanzen, Farnen, Gymnospermen, Monocotyledonen und Dicotyledonen! Färben Sie die Schnitte mit Phloroglucin-Salzsäure. Dadurch werden die verholzten Teile durch eine rötliche Tönung sichtbar. Stellen Sie fest, welche Pflanzengruppen und welche Gewebe Verholzungen zeigen!

A Wenden Sie das Schema in Abb. 94.1. auf die Gruppen Moose, Farne, Moosfarne (Selaginella), Gymnospermen und Angiospermen an! Ordnen Sie diesen Gruppen die Begriffe zu, die in dem Schema in Klammern stehen (z.B. 1, 41)! Informieren Sie sich darüber, was das Samenkorn der Gymnospermen und Angiospermen ist! Worin besteht der Unterschied zwischen Bestäubung und Befruchtung?

A Verschaffen Sie sich einen Überblick über die Hauptgruppen des Pflanzenreichs! Informieren Sie sich über die Begriffe und Bezeichnungen, die in Abb. 95.1. vorkommen (z.B. 1, 41)!

A Beschäftigen Sie sich mit pflanzlichen Fossilien (Schulsammlung, örtliche Museen). Stellen Sie fest, wo sie in den Stammbaum eingeordnet werden und zu welchen Zeiten sie lebten!

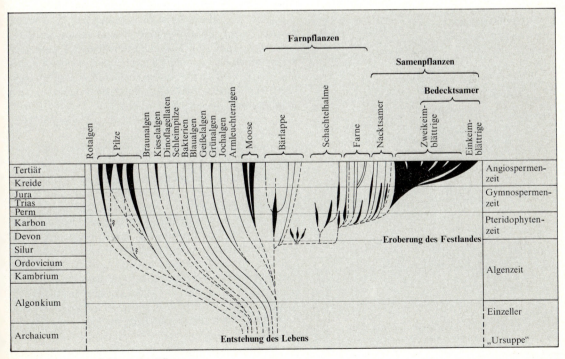

95.1. Stammesentwicklung der Pflanzen

5.4. Die Entwicklung des Tierreichs

Die einfachsten Vielzeller, die schon eine gewisse Bauplandifferenzierung aufweisen, sind die **Schwämme**. Es sind nur festsitzende Formen bekannt, die ihre Nahrung durch sehr einfache Strudelmechanismen mit Hilfe von Geißeln im Körperinneren gewinnen. Demgegenüber haben die Hohltiere trotz ihres sehr einfachen Konstruktionsprinzips eine große Formenvielfalt entwickelt. Es gibt festsitzende und freischwimmende Formen, einzellebende und solche, die zu Kolonien zusammengeschlossen sind. Daß die lange Entwicklungszeit nicht spurlos an diesen Tieren vorübergegangen ist, zeigt die Tatsache, daß bei ihnen so komplizierte Organe, wie die Nesselkapseln, oder so hochdifferenzierte Strukturen, wie die der Staatsquallen, entstehen konnten. Im Grunde blieben sie aber als Typ auf der Stufe einer einfachen, zwei- bis dreischichtigen Gastrula stehen.

Auf die große Zahl wurmförmiger Tiere, deren Ursprung ebenfalls in den Anfängen des Tierreichs liegt, soll hier nicht näher eingegangen werden, da ihre Systematik den Rahmen des normalen Schulunterrichts sprengen würde. Nur eine Gruppe sei wegen ihrer besonderen Bedeutung hervorgehoben — die **Ringelwürmer** oder *Anneliden*. Ihr Bauplan nimmt wesentliche Merkmale nachfolgender Gruppen vorweg, so daß sie als Ausgangspunkt für den großen Stamm der **Arthropoden** (Gliedertiere) angesehen werden können. Ihr Körper ist segmental gegliedert, das Zentralnervensystem liegt auf der Bauchseite, das Antriebsorgan für den Blutkreislauf ist auf der Rückenseite plaziert. Trotz der unübersehbaren Vielfalt der Arthropoden läßt sich ihr Bauplan immer wieder auf das einfache Annelidenprinzip zurückführen. Es gibt sogar eine Art lebendes Bindeglied zwischen Anneliden und Arthropoden: In Südamerika, Südafrika und Australien leben regenwurmartige Tiere, die *Peripatiden,* die viele gegliederte Stummelfüßchen besitzen, so daß sie wie Tausendfüßler aussehen. Ihr Körper ist aber noch nicht von einem festen Außenskelett umhüllt.

Die Einordnung der **Mollusken** gestaltet sich demgegenüber nicht so einfach, da ihre Anatomie doch sehr starke Eigenheiten aufweist. Da jedoch einige Formen mit segmentaler Gliederung gefunden wurden, und auch die für Anneliden typische Trochophora-Larve bei den Mollusken auftaucht, ist es wahrscheinlich, daß sie mit Anneliden und Arthropoden zusammen einen gemeinsamen Ursprung besitzen. Verschiedentlich werden Arthropoden und Mollusken zusammen mit einigen anderen Stämmen zu dem Stammbereich **Protostomia** (Urmundtiere) vereinigt. Die Bezeichnung leitet sich von der Tatsache ab, daß diese Tiere während der Embryonalentwicklung den im Stadium der Gastrula entstehenden Urmund auch wirklich als spätere Mundöffnung benutzen. Die neu

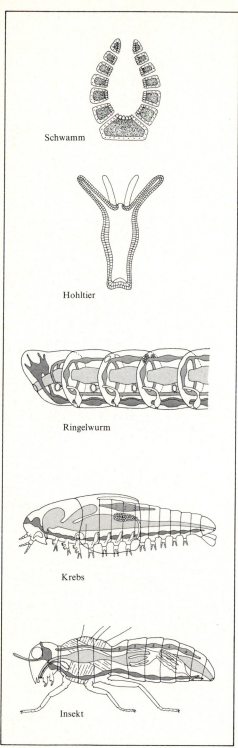

96.1. Wichtige Baupläne des Tierreichs (homologe Organsysteme tragen die gleiche Schraffur)

durchbrechende zweite Körperöffnung ist dann der After. Diese Einteilung wird durch die Lage des Nervensystems und die Tendenz zur Außenskelettbildung gestützt.

Demgegenüber verwendet die Stammreihe der **Deuterostomia** (Neumundtiere) den Urmund der Gastrula als zukünftigen After. Die neuentstehende Körperöffnung ist der Mund. Typischerweise verläuft dann das Zentralnervensystem im Gegensatz zu den Protostomiern hier auf der Rückenseite, das Herz liegt entsprechend ventral.

Nicht alle Gruppen der Deuterostomier zeigen allerdings diese Eigenschaften. Die **Stachelhäuter** (Echinodermata) gehen einen völlig eigenen Weg, indem sie die Bilateralsymmetrie aufgeben und zu der sonst eigentlich nur bei sehr ursprünglichen Tierformen und bei Pflanzen auftretenden Radiärsymmetrie zurückkehren. Ihre Larve (Pluteus) aber ist zweiseitig symmetrisch und zeigt die typische Deuterostomierentwicklung.

Der andere große Zweig der Deuterostomierlinie sind die **Chordata**, d.h. die Tiere, die aus einem dorsalen Stützorgan (Chorda) die Wirbelsäule entstehen lassen. Auf einer früheren Stufe stehen die **Tunicaten** (Manteltiere), deren Chorda nur in larvalen Stadien zu sehen ist. Sie sind die einzigen Tiere, die Zellulose als Hüllsubstanz für ihren Körper benutzen.

Das **Lanzettfischchen** dagegen behält die Chorda als Stützorgan und legt so den Grundstein für die Wirbeltierentwicklung. Das ursprüngliche Innenskelett der sich daraus entwickelnden Fische ist noch nicht verknöchert. Die Haie z.B. besitzen nur knorpelige Strukturen statt der Knochen (Knorpelfische). Mit den **Knochenfischen** beginnt dann die eigentliche Ausbildung der Wirbeltierreihe, die über **Amphibien** und **Reptilien** zu **Vögeln** und **Säugern** führt.

Diese Entwicklung konnte allerdings erst erfolgen, nachdem an Land durch die Besiedelung mit Pflanzen und Gliedertieren ausreichende Lebensgrundlagen geschaffen waren. Möglicherweise sind in den Gezeitenzonen Fische entstanden, deren Flossen sich in beinartige Strukturen umwandelten und deren Magen-Darm-Kanal lungenähnliche Atmungsorgane ausbildete. Lebende Fossilien, die auf diesen Weg hinweisen, finden wir heute noch in den *Quastenflossern* und *Lungenfischen*. — Amphibien und Reptilien wetteiferten daraufhin um die Besiedelung des Landes, wobei die Reptilien die weitaus erfolgreichere Gruppe waren. Ihr Artenreichtum im Jura- und Kreidezeitalter ist beeindruckend. Aus einigen dieser vielfältigen Reptilienformen entstanden dann — wahrscheinlich parallel zueinander — Vögel und Säuger, deren Fähigkeit, die Körpertemperatur konstanthalten zu können, den Reptilien gegenüber einen ausschlaggebenden Vorteil darstellte. Nicht zuletzt war es diese Fähigkeit, die eine wesentliche Verbesserung der Strukturen sauerstoffbedürftiger Nervensysteme erlaubte, die im Endeffekt zur Bildung des menschlichen Großhirns führte.

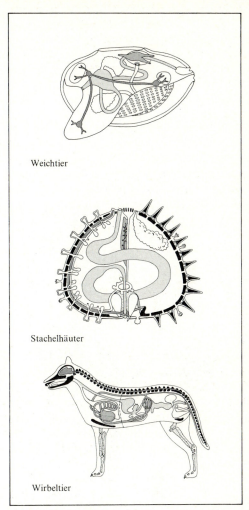

Weichtier

Stachelhäuter

Wirbeltier

97.1. Wichtige Baupläne des Tierreichs

A Informieren Sie sich über die wichtigsten Baupläne des Tierreichs! Verwenden Sie dazu die Abbildungen 96.1. und 97.1. sowie Lehrbücher der Zoologie! Identifizieren Sie die Organsysteme in den Schemazeichnungen und arbeiten Sie Unterschiede und Gemeinsamkeiten heraus!

A Vergleichen Sie die Stammbaumschemata der beiden folgenden Seiten!

Informieren Sie sich über die Bezeichnungen und Begriffe, die darin vorkommen!

Stellen Sie eine Liste mit Vertretern der einzelnen Gruppen zusammen!

Worin unterscheiden sich die beiden Stammbaumschemata? Versuchen Sie zu erklären, was die Absicht der beiden Darstellungen ist!

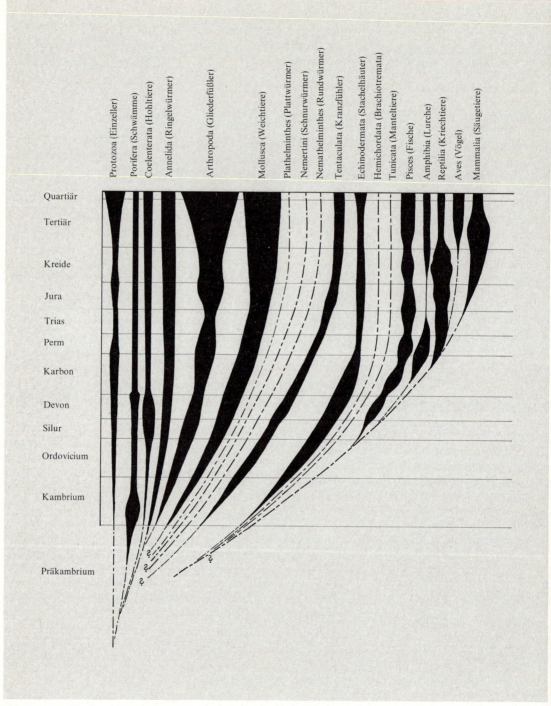

98.1. Stammbaum der Tiere. Die Breite der Stammbaumäste soll den Artenreichtum der Gruppe im jeweiligen Zeitalter symbolisieren. Die unterbrochenen Linien deuten an, daß für diese Gruppe keine oder nur spärliche Fossilien vorliegen. Deshalb kann ihre Artenmächtigkeit in der Vergangenheit nicht geschätzt werden. Aus dem gleichen Grunde sind auch die entsprechenden Abzweigungen mit Fragezeichen markiert.

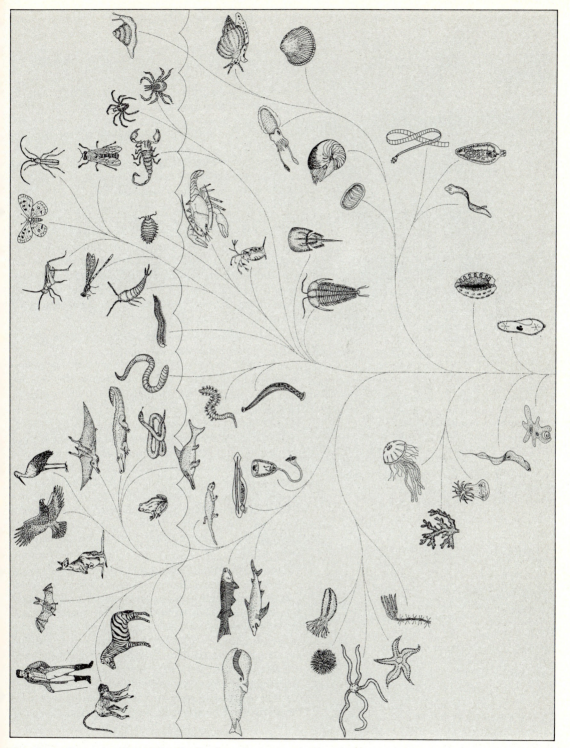

99.1. Stammbaum der Tiere. Für die einzelnen Stämme und Klassen des Tierreichs sind repräsentative Vertreter eingezeichnet.

6. Evolution des Menschen

6.1. Die Problematik der Abstammung des Menschen

100.1. „Darwin als Affe". Zeitgenössische englische Karikatur (1871).

Die Opposition gegen die Abstammungslehre, die das 19. Jahrhundert charakterisiert, ist einmal in dem Festhalten am althergebrachten Weltbild der Schöpfungsgeschichte begründet. Zum anderen aber schwingt immer der Gedanke mit, daß der Mensch ein Teil der Natur ist, die mit dieser Theorie beschrieben wird. Es besteht — anfangs unausgesprochen, später deutlich artikuliert — ein Unbehagen bei der Vorstellung, wir seien mit den Affen verwandt. Vielen Menschen ist dieser Gedanke unerträglich. Die Ablehnung der neuen Idee war von beißendem Spott und scharfer Polemik begleitet. Sachlichere Kritiker verwiesen auf die Lückenhaftigkeit der Beweiskette. Das „missing link", der fehlende Baustein in der Abfolge der Vorfahren, ließ auf sich warten. Auch die heute noch anzutreffenden Kritiker der Abstammungslehre tragen als wesentliches Argument die mangelnde Geschlossenheit der paläontologischen Fundreihen vor.

Inzwischen ist die Abstammungslehre durch mannigfaltige Indizienbeweise aus den unterschiedlichsten Fachbereichen zu einer allgemein verbreiteten und anerkannten biologischen Theorie geworden.

Gleichwohl schwelt das Unbehagen an der biologischen Herkunft des Menschen weiter. Die Auseinandersetzung hat sich auf ein Gebiet verlagert, das auf den ersten Blick nicht viel mit Abstammungslehre zu tun hat. Die Fragen werden heute so gestellt: „Welche Faktoren beeinflussen die Art und Weise unseres Verhaltens? Wodurch ist der Mensch in seinen Reaktionen bestimmt? Welche Rolle spielen Lernen und Erziehung bei der Ausbildung der Charaktereigenschaften? Was bestimmt das ‚aggressive Verhalten' des Menschen? Welcher Teil der Intelligenz ist angeboren bzw. anerzogen? Gibt es überhaupt ‚Begabungen'?"

Hinter diesen Fragen steht nach wie vor das Problem unserer Abstammung. Wenn es nämlich Verhaltensweisen gibt, die angeboren und dementsprechend in der Evolution entstanden sind, so bestehen nur geringe Chancen, sie tiefgreifend zu verändern. Die Polemik, mit der der Streit zwischen verschiedenen Schulen von Biologen und Psychologen, Naturwissenschaftlern und Geisteswissenschaftlern ausgetragen wird, erinnert zuweilen an die Anfangszeit der Abstammungslehre. Der Ausgang der Diskussion ist insofern nicht nur von theoretischer Bedeutung, als die Konsequenzen ihrer Ergebnisse für unser tägliches Leben Bedeutung bekommen werden. Die Bewältigung des Aggressionsproblems, Fragen des Erziehungs- und Bildungswesens sowie die Struktur unserer Gesellschaft hängen wesentlich von diesen Antworten ab.

A Finden Sie durch Umfragen heraus, welche Vorstellung die Menschen Ihrer Umgebung von der Herkunft und der Natur des Menschen haben! Fragen Sie Menschen verschiedenen Alters und verschiedener Vorbildung! Halten Sie die Antworten in einem Protokoll oder auf Tonband fest und stellen Sie die herrschenden Meinungen in einem Bericht zusammen!

Stellen Sie dabei z.B. folgende Fragen:
„Wodurch unterscheidet sich der Mensch von den Tieren?"
„Was wissen Sie über die Abstammung des Menschen?"
„Woher weiß man etwas über die Abstammung des Menschen?"
„Hat die Kenntnis über die Abstammung des Menschen irgendwelche Bedeutung für unser heutiges Leben?"

Beantworten Sie die Fragen auch selbst! Bewahren Sie Ihre Antworten auf! Wiederholen Sie diesen Test, nachdem Sie das Kapitel 6 durchgearbeitet haben! Vergleichen Sie die Antworten!

A Diskutieren Sie in Ihrer Gruppe die Fragen, die im Text gestellt werden! Halten Sie die geäußerten Meinungen in einem Protokoll fest! Wiederholen Sie die Diskussion, nachdem das Kapitel 6 behandelt worden ist!

6.2. Stellung des Menschen im System der Lebewesen

Betrachtet man den Menschen als ein nur biologisches Objekt, so fällt es nicht schwer, ihn nach den Regeln der zoologischen Ordnungsprinzipien in das System der Lebewesen einzuordnen. Er gehört eindeutig in die Ordnung der Primaten, mit denen er wesentliche Eigenschaften gemeinsam hat. Die Augen liegen frontal im Schädel. Dadurch wird das räumliche Sehen ermöglicht. Dementsprechend ist das Sehzentrum im Großhirn gut ausgebildet. Die Augen werden durch einen geschlossenen Knochenring um die Augenhöhle wirkungsvoll geschützt. Die Extremitäten der Primaten tragen fünf Finger bzw. Zehen, an deren Enden sich Nägel befinden. Entweder der Daumen oder der große Zeh oder beide können den restlichen Fingern bzw. Zehen gegenübergestellt werden. Das ermöglicht ein festes Zupacken und Greifen mit Händen oder Füßen. Das Gebiß besteht in einer Hälfte des Kiefers jeweils aus zwei Schneidezähnen, einem Eckzahn, zwei oder drei Lückenzähnen (Praemolaren) und zwei oder drei Backenzähnen (Molaren). Die Backzähne tragen mehrere Höcker. Auch die rudimentären Eigenschaften, wie die verkümmerte Muskulatur der Kopfhaut und der Ohren sowie das embryonale Haarkleid, weisen auf die enge Verwandtschaft des Menschen mit anderen Primaten hin.

Die Merkmale der Primaten treten allerdings in abgewandelter Form auch bei anderen Säugern auf. Die Fünfstrahligkeit der Extremitäten ist eine wenigstens in der Anlage weitverbreitete Eigenschaft. Bei den Primaten bleibt sie jedoch in ihrer ursprünglichen, unspezialisierten Struktur erhalten, während andere Säugetiere Sonderformen entwickeln, die an den jeweiligen Lebensraum angepaßt sind. Die Bildung des Pferdehufs aus dem Fuß der entwicklungsgeschichtlichen Vorfahren ist ein Beispiel dafür. Auch das Schlüsselbein, das bei vielen Säugern fehlt, ist ein ursprüngliches Merkmal.

Die systematische Anordnung der Primaten scheint eine Entwicklungsreihe wiederzugeben, die von den einfachen Halbaffen über die Menschenaffen bis hin zum Menschen führt. Diese Betrachtung ist jedoch irreführend. Man muß sich vergegenwärtigen, daß alle heute lebenden Formen das Ergebnis einer langen Entwicklung sind. Die einfach strukturierten Tupaias repräsentieren also nicht den ältesten Vorfahren der Primaten, sondern eine besondere Anpassung an ihren Lebensraum.

Der Schlüssel für die Beantwortung der Frage nach der Abstammung des Menschen liegt unverändert in der Ausdeutung fossiler Funde. Diese aber sind nur richtig und fachgerecht interpretierbar, wenn die Merkmale der verwandten Formen bekannt sind. Der Vergleich zwischen Affen und Menschen dient also in der Hauptsache der Klärung und Einordnung von Funden.

Unter-ordnungen	Familien		Gattungen
PROSIMIAE (Halbaffen) — Tupaiiformes	Tupaiidae		Tupaia (Spitzhörnchen), Dendrogale, Urogale, Ptilocercus (Federschwanz-Spitzhörnchen)
PROSIMIAE (Halbaffen) — Lemuriformes	Lemuridae		Lemur (Vari), Hapalemur (Halbmaki), Lepilemur (Wieselmaki), Cheirogaleus, Microcebus (Mausmaki)
PROSIMIAE (Halbaffen) — Lemuriformes	Indriidae		Avali (Wollmaki), Propithecus (Sifaka), Indri (Babako)
PROSIMIAE (Halbaffen) — Lemuriformes	Daubentoriidae		Daubentoria (Fingertier, Aye-Aye)
PROSIMIAE (Halbaffen) — Lorisiformes	Lorisidae		Loris (Schlanklori, Dünnleib), Nycticebus (Plumplori), Arctocebus (Märenmaki), Perodicticus
PROSIMIAE (Halbaffen) — Lorisiformes	Galagidae		Galago (Ohrenmaki)
PROSIMIAE (Halbaffen) — Tarsiiformes	Tarsiidae		Tarsius (Gespensttier, Koboldmaki)
SIMIAE (Affen) — Platyrrhina	Ceboidea	Cebidae	Aotus (Nachtaffe), Callicebus, Pithecia (Weißkopfaffe), Chiropotes, Cacajo (Scharlachgesicht), Alouatta (Brüllaffe), Saimiri (Totenkopfaffe), Cetus (Kapuziner), Ateles (Klammeraffe), Lagothrix (Wollaffe), Callinico (Springtamarin)
SIMIAE (Affen) — Platyrrhina	Ceboidea	Callithricidae	Callithrix (Pinseläffchen), Leontocebus (Löwenäffchen)
SIMIAE (Affen) — Catarrhina	Cercopithecoidea	Cercopithecinae	Macaca (Berberaffe), Cynopithecus (Schopfmakak), Papio (Pavian), Theropithecus, Cercocebus (Mangabe), Cercopithecus (Meerkatze), Erythrocebus (Husarenaffe)
SIMIAE (Affen) — Catarrhina	Cercopithecoidea	Colobinae	Presbytis (Hulman), Pygathrix (Kleideraffe), Rhinopethecus, Simias, Nasalis (Nasenaffe), Colobus (Stummelaffe)
SIMIAE (Affen) — Catarrhina	Hominoidea	Hylobatidae	Hylobathes (Gibbon), Symphylangus
SIMIAE (Affen) — Catarrhina	Hominoidea	Pongidae	Pongo (Orang), Pan (Schimpanse), Gorilla
SIMIAE (Affen) — Catarrhina	Hominoidea	Hominidae	Homo

101.1. Die systematische Einteilung der heute lebenden Angehörigen der Ordnung Primatae (Herrentiere)

| A | Studieren Sie Tabelle 101.1.! Ziehen Sie Bücher heran, in denen die Anatomie und das Verhalten von Primaten beschrieben werden (28, 29, 68)! Gewinnen Sie eine Vorstellung von Aussehen und Lebensweise einiger Vertreter der in der Tabelle aufgeführten Familien! Zeichnen Sie in einen Umrißstempel die Vorkommen dieser Familien ein! |

| A | Studieren Sie die Abbildungen dieser Seite und der folgenden Seiten, und machen Sie sich mit den anatomischen Unterschieden der Primaten vertraut! Ziehen Sie Skelette von anderen Wirbeltieren zum Vergleich heran! Beachten Sie dabei, daß die Knochen nicht nur als Stütze, sondern auch als Ansatzflächen für die Muskeln dienen! |

6.2.1. Anatomische Vergleiche

Körperhaltung und Proportionen. Der wesentliche Unterschied zwischen dem Menschen und den übrigen Primaten ist seine aufrechte Körperhaltung. Von dieser Tatsache lassen sich die meisten anatomischen Unterschiede direkt ableiten. Zwar ist die senkrechte Stellung des Körpers auch von anderen Gruppen der Wirbeltiere realisiert worden — bis hin zu den Sauriern finden wir verbreitet Tiere, die nur auf den Hinterfüßen gehen — in der Konstruktion der Skelette bleibt bei ihnen aber stets die Grundstruktur der Vierfüßler erhalten. Das bedeutet, daß nur beim Menschen Oberschenkel und Wirbelsäule eine gerade Linie bilden. Dementsprechend verändern sich die Längenver-

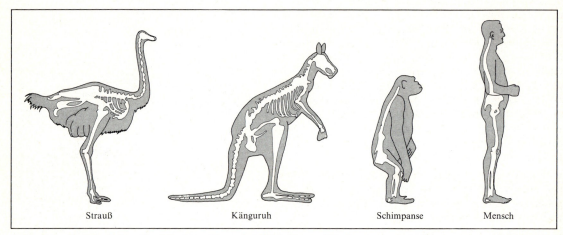

102.1. Verschiedene Arten des aufrechten Gangs bei Wirbeltieren. Die konsequenteste Anpassung der Konstruktion des Beckens an die aufrechte Lebensweise erfolgte erst beim Menschen.

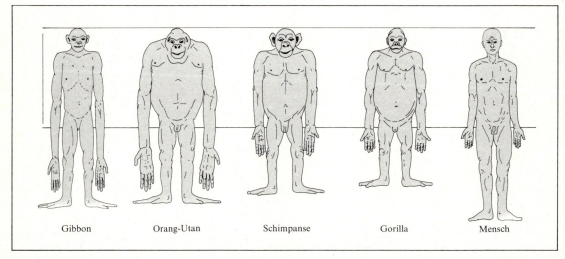

102.2. Körperproportionen verschiedener Primaten. Die Verhältnisse der Länge von Armen, Beinen und Wirbelsäule werden durch die Art der Fortbewegung bestimmt.

hältnisse der Extremitäten. Es ist für den Menschen ausgesprochen unbequem, auf allen Vieren zu gehen.

Wirbelsäule, Brustkorb und Becken. Entsprechend der aufrechten Haltung ergeben sich statische Notwendigkeiten für eine Abwandlung des Skeletts. Die Wirbelsäule bekommt die typische, doppelt S-förmige Krümmung, die ihr Extrem in der Beckengegend erreicht, wo ein regelrechter Knick in der Wirbelreihe die senkrechte Stellung ermöglicht (Promontorium). Die Wirbelfortsätze an der Rückenseite, die als Befestigung für die Nackenmuskulatur dienen, werden kleiner, da der Kopf nicht mehr „nach vorn hängt", sondern senkrecht auf der Wirbelsäule ruht.

Für vierfüßige Tiere ist es charakteristisch, daß die Höhe ihres Brustkorbs größer ist als seine Tiefe. Die Vorderextremitäten laufen seitlich an ihnen nach vorn und zwängen ihn zwischen sich ein. Die Bewegung der Beine geschieht nur in einer Ebene parallel zur Körperachse. Demgegenüber rundet sich bei den Primaten der Brustkorb zu einer faßförmigen Struktur, die Arme bekommen mehr Bewegungsfreiheit, und die Schulterblätter wandern nach hinten. Der Unterschied zwischen einem Vierfüßlerbrustkorb und dem eines Menschen wird deutlich, wenn man einen Hund auf den Rücken legt und die Haltung seiner Vorderbeine beobachtet. Er kann nicht wie wir „mit ausgebreiteten Armen" auf dem Rücken liegen.

Die stärkste Veränderung bei der Aufrichtung des Körpers erfährt das Becken. Während die inneren Organe bei gebückter Körperhaltung von der Bauchmuskulatur getragen werden, so sacken sie in der senkrechten Stellung ins Becken. Dementsprechend weiten sich seine Schaufeln zu einem schüsselförmigen Gebilde, das die Last der Eingeweide bequem aufnehmen kann. Die am Becken angrei-

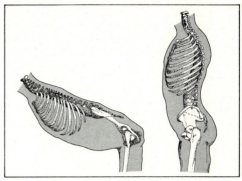

103.2. Becken und Wirbelsäule bei Schimpanse und Mensch. Bemerkenswert ist der scharfe Knick der menschlichen Wirbelsäule im Beckenbereich

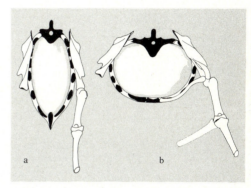

103.3. Brustkorb und Schultergürtel eines Vierfüßlers (a) und des Menschen (b)

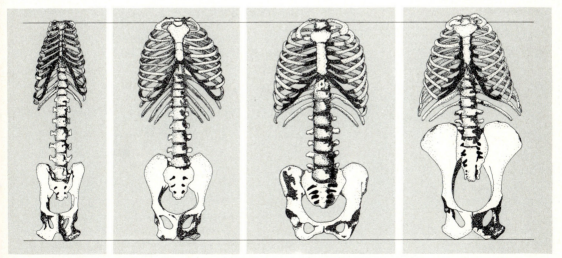

103.1. Proportionen der Rumpfskelette verschiedener weiblicher Primaten. Die Länge der Skelette ist auf die gleiche Größe umgezeichnet (Makake, Gibbon, Mensch, Schimpanse).

fende Muskulatur dient jetzt nicht mehr vornehmlich der Stabilisierung der Körperhaltung, sondern der Durchführung der Schreitbewegung. Die starke Ausbildung des Gesäßmuskels ist eine typisch menschliche Eigenschaft.

Extremitäten. Die ausschließlich aufrechte Gangart des Menschen bringt es mit sich, daß der Fuß das gesamte Gewicht des Körpers zu tragen hat. Dementsprechend ist seine Form dieser Belastung angepaßt. Die Hauptbelastungslinie liegt nahe der großen Zehe, die nicht mehr abgespreizt werden kann und nicht mehr opponierbar ist. Das bedeutet, sie kann den anderen Zehen nicht gegenübergestellt werden. Den Affen ist das sehr wohl möglich. Sie sind in der Lage, beim Klettern Äste mit dem Fuß zu ergreifen und festzuhalten. Dafür belasten sie beim Gehen auf dem Boden nur die Außenkante der Fußfläche, während der Mensch mit der gesamten Sohle auftritt. Dabei sorgt die Wölbung der Fußinnenfläche, die sowohl in der Längs- wie in der Querrichtung ausgebildet ist, für Elastizität beim Laufen und Springen. Die Zehen des menschlichen Fußes sind gegenüber denen der Affen stark verkürzt. Beim Gehen führt der Fuß eine Abrollbewegung aus, deren Drehpunkt in den Zehengelenken am Ende der Mittelfußknochen liegt. Die dafür benötigte Kraft liefert die Wadenmuskulatur, die mit der Achillessehne und dem Fersenbein eine wirkungsvolle Hebelkonstruktion bildet.

Die Besonderheit der menschlichen Hand ist der stark ausgebildete, in mehreren Richtungen bewegliche Daumen. Er kann ohne Schwierigkeiten allen anderen Fingern kraftvoll gegenübergestellt werden. Das ermöglicht ein festes und differenziertes Zugreifen und Festhalten. Die Daumen der Affen sind zwar ebenfalls abspreizbar, aber ihre Länge erlaubt nicht die geschickten Hantierungen der Menschenhand. Zusätzlich dazu ist die Handfläche mit empfindlichen Tastballen versehen.

Die Ausbildung der Menschenhand ist eines der wichtigsten Unterscheidungsmerkmale gegenüber Affen. Durch

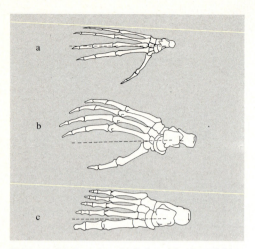

104.1. Fußskelett eines Makaken (a), eines Schimpansen (b) und des Menschen (c)

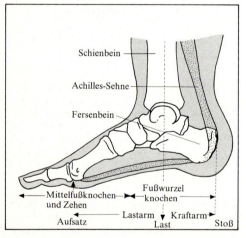

104.2. Mechanik des menschlichen Fußes

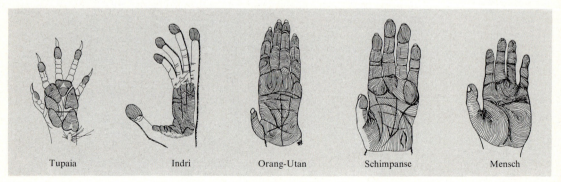

104.3. Vergleich verschiedener Primatenhände. Neben der Ausbildung des menschlichen Daumens ist die Zunahme der sensiblen Hautflächen bemerkenswert

die aufrechte Gangart werden die vorderen Extremitäten frei für Hantierungen aller Art. Die spezielle Konstruktion der Hand und die freie Beweglichkeit des Arms erlauben es dem Menschen, die Vorderextremitäten als wirksame Werkzeuge einzusetzen.

Schädel und Gebiß. Die Veränderung der Schädelform des Menschen steht ebenfalls in engem Zusammenhang mit der aufrechten Körperhaltung. Ein Vierfüßler hält den Kopf mit der Nackenmuskulatur, die dementsprechend stark ausgebildet sein muß und die nötigen Ansatzstellen am Schädel braucht. Der Menschenschädel wird senkrecht auf der Achse der Wirbelsäule balanciert. Die Nackenmuskulatur ist deshalb schwächer ausgebildet. Charakteristisch ist der Verlust der Schnauzenstruktur des Gesichtsschädels. Beim Menschen steht die Vorderfront des Kopfes fast senkrecht. Gleichzeitig vergrößert sich die Schädelkapsel enorm und nimmt das beim Menschen besonders stark entwickelte Gehirn auf. Die Struktur des Gesichtsschädels ist feingliedriger als bei den restlichen Primaten, die große Ansatzflächen für die Kaumuskulatur am Unterkiefer und am Schläfenbein besitzen. Statt dessen wird die Gesichtsmuskulatur des Menschen stärker differenziert. Das ermöglicht reichhaltigere Ausdrucksbewegungen des Gesichts, was durch das weitgehende Fehlen von Haaren noch unterstützt wird.

Das Gebiß der Menschenaffen zeigt in der Aufsicht eine typische Rechteckform. Charakteristisch sind die großen Eckzähne, die dem Festhalten und Zerteilen der Beute dienen. Wir finden sie bei vielen Raubtieren in dieser Form. Eine Lücke zwischen den Eckzähnen und ihren Nachbarn, in die der Eckzahn des gegenüberliegenden Kiefers eingreift, erlaubt es, daß die Kiefer geschlossen werden können. Demgegenüber ist die Form der menschlichen Zahnreihe parabolisch rund. Die Eckzähne haben die auffällig spitze Form verloren und auch die Lücke fehlt. Das gesamte Gebiß ist recht gut zum Zerkleinern zäher Pflanzenteile geeignet.

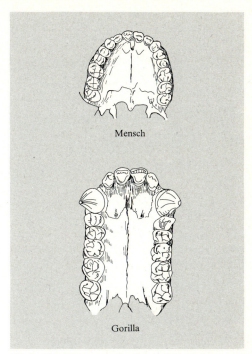

105.2. Oberkiefer von Gorilla und Mensch

A Betrachten Sie Primaten verschiedener Familien bezüglich des Zusammenhangs zwischen körperlicher Ausstattung und Lebensweise. Benutzen Sie dazu Literatur wie (28, 29, 68). Beantworten Sie folgende Fragen: Welche Primaten bewegen sich vorwiegend springend fort? Welche bevorzugen das Hangeln? Welche können — wenigstens zeitweise — aufrecht gehen? Durch welche körperlichen Eigenschaften sind die Tiere an diese Bewegungsformen angepaßt? Betrachten Sie Arme, Beine, Hände, Füße, Schwanz, Ausbildung und Ansatz der Muskulatur! Welche Greifbewegungen können sie ausführen?

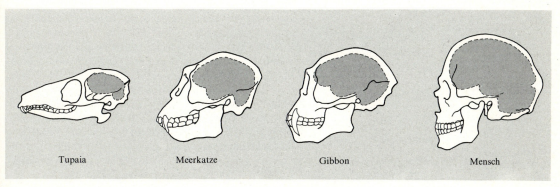

105.1. Schädel verschiedener Primaten. Der Schädel ist jeweils hinter dem Kiefergelenk an der Wirbelsäule befestigt. Die Größen der Gehirne sind eingezeichnet.

6.2.2. Cytologischer und serologischer Vergleich

Die materielle Voraussetzung des Evolutionsgeschehens ist, wie wir in den früheren Abschnitten gesehen haben, das genetische Material. Von der genetischen Information ausgehend, werden Eiweißmoleküle synthetisiert, die teils Strukturbestandteile des Körpers sind, teils als Enzyme Steuerungsfunktionen wahrnehmen. Je mehr Mutationen an der genetischen Grundstruktur stattgefunden haben, desto größer ist die chemische Verschiedenheit und dementsprechend auch die verwandtschaftliche Entfernung ihrer Träger.

Schon aus dem lichtmikroskopischen Bild lassen sich Befunde für diese Thesen erbringen. Träger des Erbmaterials sind die Chromosomen. Ihre Zahl und ihre Form sind artspezifisch. Vom Grad der Übereinstimmung hängt es ab, ob zwei Vermehrungspartner miteinander fruchtbar sind. Innerhalb der Primaten-Ordnung variiert die Chromosomenzahl beträchtlich. Zwischen Menschenaffen und Menschen allerdings besteht nur ein geringer Unterschied. Menschenaffen besitzen $2n = 48$ Chromsomen, der Mensch $2n = 46$. Auffällig ist, daß sich die Einzelchromosomen von Mensch und Menschenaffen in Form und Feinstruktur sehr stark ähneln. Mit abnehmender Verwandtschaft nimmt auch diese Ähnlichkeit beträchtlich ab. In der gleichen Weise verringern sich die Unterschiede der Eiweißstrukturen mit der verwandtschaftlichen Annäherung an den Menschen.

Die Blutgruppen des Menschen, die unter der Bezeichnung A, B, AB und 0 bekannt sind, treten in der gleichen Weise auch bei den Menschenaffen auf. Auch die Spezialtypen A_1 und A_2, in die sich die Blutgruppe A differenziert, finden sich hier wieder. Der Rhesusfaktor trägt seinen Namen nach der Meerkatzenart, an der er zuerst entdeckt wurde. 85% der Menschen besitzen diese Eigenschaft der roten Blutkörperchen.

Eine stärkere Differenzierung erbringt die Betrachtung der Anti-Serum-Reaktionen der Menschenaffen. Läßt man Schimpansen-Serum mit Kaninchen-Serum reagieren, das Antikörper gegen Menscheneiweiß enthält, so erfolgt eine Ausfällung von 85% des Schimpanseneiweißes. 85% der im Blut gelösten Eiweiße des Schimpansen stimmen demnach mit denen des Menschen in der Struktur überein. Für den Gorilla sind es nur noch 64%, beim Orang-Utan fallen 42% aus. Der im zoologischen System weiter entfernt stehende Pavian zeigt nur noch in 29% der Eiweißstrukturen Übereinstimmungen. Diese Experimente bringen natürlich nur ein summarisches Ergebnis, da die Reaktion sich auf alle im Blut gelösten Eiweißstoffe bezieht. Analysen einzelner Substanzen sind langwieriger und komplizierter, dementsprechend liegen hier bisher nur wenige Ergebnisse vor. Der Cytochromstammbaum ist ein Beispiel dafür.

Art	2n
Tupa Art	2n
Tupaia (Spitzhörnchen)	62
Nycticebus (Plumplori)	50
Tarsius (Koboldmaki)	80
Cercocebus (Mangabe)	42
Symphalangus	50
Hylobates (Gibbon)	44
Orang-Utan	48
Gorilla	48
Zwergschimpanse	48
Schimpanse	48
Mensch	46

106.1. Zusammenstellung der diploiden Chromosomensätze verschiedener Primaten

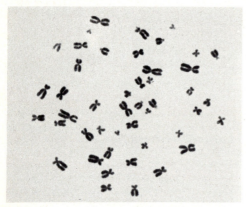

106.2. Diploider, ungeordneter Chromosomensatz des Menschen

A Informieren Sie sich über Blutgruppen und ihre Bedeutung! Welche Rolle spielt der Rhesusfaktor?

A Informieren Sie sich (z.B. nach 23) über die Herstellung eines Karyogramms!

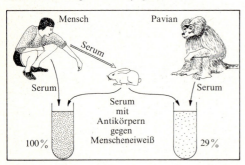

106.3. Ausfällung von Eiweiß durch Antimenschen-Serum

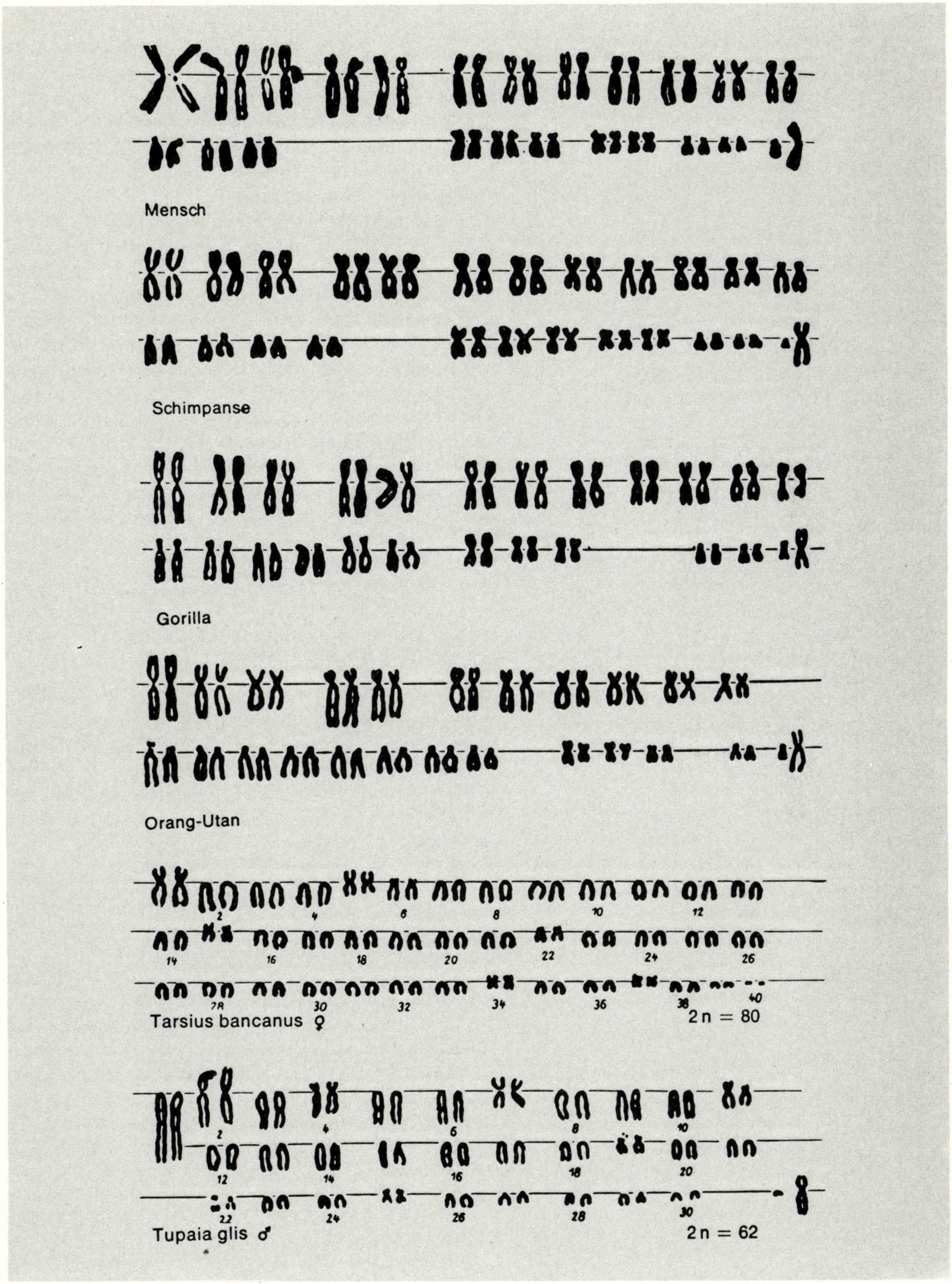

Mensch

Schimpanse

Gorilla

Orang-Utan

Tarsius bancanus ♀ 2n = 80

Tupaia glis ♂ 2n = 62

107.1. Karyogramme verschiedener Primaten

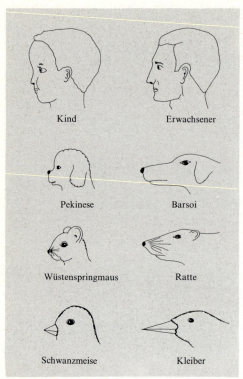

108.1. Kindchen-Schema

108.2. Verschiedene Gesichtsausdrücke eines jungen Schimpansen

6.2.3. Vergleich der Verhaltensweisen

So, wie die morphologischen, anatomischen und biochemischen Eigenschaften der Primaten uns Hinweise auf ihre Verwandtschaft geben, können wir aus ihrem und unserem Verhalten ebenfalls Schlüsse ziehen, die unsere Natur zu erklären helfen. Trotz der überragenden geistigen Fähigkeiten des Menschen enthält unser Verhalten noch eine Vielzahl urtümlicher Elemente, die auf die Beziehungen zu den übrigen Primaten hinweisen. Am elementarsten wird das an den Funktionen einfacher Instinktauslöser deutlich. Das Kindchenschema ist ein Signal, auf das die meisten Menschen ansprechen. Im Fall der Gefahr läuft uns manchmal „ein Schauer über den Rücken". Dies könnte der alten Reaktion des Haaresträubens entsprechen, die bei den Menschenaffen noch heute als Imponiergeste verwendet wird. Die Körperkonturen vergrößern sich durch die abgespreizten Haare, die Silhouette wirkt dadurch bedrohlich und abschreckend. Wir haben kein Fell mehr, aber die Reaktion läuft trotzdem noch ab. Auch die unbewußte Ausnutzung von Deckung im Gelände bzw. das Streben nach Übersicht ist in unserem Verhalten tief verwurzelt. Menschen, die ein Lokal besuchen, besetzen zuerst die Rand- und Eckplätze. Auch in Eisenbahnabteilen kann man dies beobachten. Wir sitzen lieber mit dem Rücken zur Wand, wir wollen sehen, was um uns herum vorgeht. Kinder bauen mit Vorliebe Höhlen, Hütten und Unterschlüpfe.

Die entsprechenden Parallelen finden sich im Sozialverhalten. Menschen finden sich in Kleingruppen zusammen, die den gemeinsam jagenden Horden der Wildtiere entsprechen. Die sich hier wie da einstellende Rangordnung wird nach den gleichen Ritualen gebildet. Das Imponierverhalten der Menschenaffen wirkt häufig ausgesprochen „menschlich". Die Kommunikation innerhalb der Gruppe erfolgt durch Gesten, die uns vertraut sind. Handausstrecken bedeutet Kontaktaufnahme. Körperliche Berührungen deuten Sympathie an, das Streicheln der Menschen wird manchmal als eine abgewandelte Geste der sozialen Körperpflege gedeutet. EIBL-EIBESFELD hat darauf hingewiesen, daß die nichtverbale Kommunikation durch mimischen Ausdruck angeboren und international verständlich sei. Der Gesichtsausdruck von Angehörigen der Naturvölker unterscheidet sich in bestimmten Situationen (z.B. Angst, Wut usw.) nicht von dem der Angehörigen von Industriestaaten. Diese Parallele geht so weit, daß wir meinen, im Gesichtsausdruck von Menschenaffen Gefühlsregungen ablesen zu können.

Die aufgeführten Beispiele deuten an, daß in unserem Verhalten „tierische" Reste vorhanden sind, die die Verwandtschaft unter den Primaten belegen. Teilweise handelt es sich dabei um Eigenschaften, die nicht nur den Primaten eigen sind. Das Zähnefletschen als aggressives Symbol ist weit über diese Ordnung hinaus verbreitet.

Deutlicher auf die Primaten eingrenzbar werden die Ergebnisse, wenn man den umgekehrten Weg geht, indem man „vormenschliche" Eigenschaften bei diesen Tieren sucht. Als „menschlich" werden Abstraktionsfähigkeit und einsichtiges Denken angesehen. In gewisser Ausprägung finden wir das aber auch bei den Affen. Andere Säugetiere oder gar Vögel zeigen diese Eigenschaft wesentlich seltener. Der einsichtige Werkzeuggebrauch ist ein Beispiel dafür. Zwar benutzen einige Nichtprimaten Werkzeuge, aber sie „wissen" es nicht, die Fähigkeit ist ihnen angeboren. Affen dagegen sind in der Lage, durch „Nachdenken" Probleme zu lösen, indem sie aus vorgegebenen Materialien Werkzeuge herstellen und einsetzen. Das Zusammenstecken von Hölzern zum Angeln nach Früchten oder das Auftürmen von Kisten zum Erreichen hochhängender Nahrung sind bekannte Beispiele dafür. Hier erbringt das Affengehirn schon eine fast „menschliche" Leistung, indem es einen Vorgang „vor dem geisten Auge" in der Zukunft ablaufen läßt, daraus Schlüsse zieht und danach handelt.

Ausschlaggebend für die Entwicklung der menschlichen Kultur ist die Sprache, mit der wir uns verständigen. Kein Tier ist in der Lage, abstrakte Wortsymbole akustisch zu formulieren. Und doch ist der Nachweis gelungen, daß das Affengehirn Begriffe bilden und sinnvoll aneinanderreihen kann. Zur Zeit leben in Nordamerika mehrere Schimpansen, die sich mit Hilfe der amerikanischen Taubstummensprache (American Sign Language, ASL) artikulieren können. Man dressierte sie auf die Symbole dieser Sprache und erlebte die Überraschung, daß sie frei damit zu kombinieren begannen, um ihre Absichten, Bedürfnisse und Gefühle zum Ausdruck zu bringen. Experimente, bei denen man die ASL-Symbole durch farbige Plastikplättchen oder durch Leuchtsymbole auf einem Computer-Bildschirm ersetzte, brachten ähnliche Ergebnisse.

Neben der Sprache ist die Lernfähigkeit des Menschen eine für ihn typische Eigenschaft. Wir übernehmen die Erfahrungen unserer Mitmenschen und Vorfahren, um daraus Nutzen zu ziehen. Auch diese Fähigkeit wurde bei — in diesem Fall sogar relativ einfachen — Primaten angetroffen. In Japan lebt eine Kolonie von Makaken, bei denen es seit einigen Jahren „Mode" ist, die Nahrung vor dem Genuß zu waschen. Die „Erfindung" wurde von einem einzelnen Affenweibchen gemacht und hat sich seither durch Nachahmung als „Tradition" in der gesamten Gruppe verbreitet. Andere Makaken, die in entfernteren Gegenden wohnen, tun das nicht.

Diese Ergebnisse runden das Bild ab, das den Menschen als Teil einer systematischen Gruppe des Tierreichs darstellt. Das Problem besteht nun darin, herauszufinden, wann und in welcher Weise die Entwicklung vom Tier zu dem Wesen erfolgte, das man zum ersten Male als „Menschen" ansprechen konnte.

109.1. Orang-Utan beim einsichtigen Handeln

[R] Informieren Sie sich über die Freilandbeobachtungen, die Jane v. Lawick-Godall (z.B. 28, 68) an Affen machte und sprechen Sie darüber!

[R] Informieren Sie sich über die Traditionsbildung bei japanischen Makaken (z.B. nach 24) und sprechen Sie darüber.

6.3. Paläontologische Befunde

Es sind im wesentlichen drei Schlußfolgerungen, die sich aus paläontologischen Funden für die Entwicklung der Menschheit ziehen lassen: 1. Knochenfunde gestatten die Rekonstruktion der morphologischen und **anatomischen Strukturen.** 2. Der Stand der **geistigen Entwicklung** läßt sich außer von den Größenangaben über den Schädelinhalt aus den Funden ablesen, die auf eine Tätigkeit des Gehirns hinweisen. Werkzeuge und Geräte sind einfacher oder komplizierter gestaltet. Zu ihrer Herstellung waren bestimmte Überlegungen erforderlich. Der Gebrauch von Feuer, der an Herdstellen oder verkohlten Knochenresten nachweisbar ist, zeigt eine Denkweise an, die den Tieren in keinem Fall zukommt. In höheren Entwicklungsstadien weisen schließlich Reste von Kultstätten darauf hin, daß über differenzierte, abstrakte und eventuell transzendente Dinge nachgedacht wurde. Man vermutet z.B., daß der Kannibalismus, der sich an einigen Funden durch zerbrochene und angekohlte Menschenknochen zeigt, ein Merkmal für das Denken in übergeordneten Kategorien ist. Durch das Verspeisen des überwundenen Feindes eignet man sich dessen Fähigkeiten an. 3. Aus der Anlage von Siedlungsplätzen und Bauten können möglicherweise Schlüsse auf die **Sozialstruktur** und Lebensweise ihrer Bewohner gezogen werden. Seßhaftigkeit oder Nomadenleben haben unterschiedliche Strukturen und hinterlassen demzufolge verschiedenartige Spuren.

Einer der ersten Funde, die als Reste urtümlicher Menschen gedeutet wurden, war das Skelett eines tertiären Amphibiums. Der Schweizer Naturforscher Johann Jakob SCHEUCHZER bezeichnete es 1726 als „einige Überreste des in der Sündflut untergegangenen Menschengeschlechts". 1856 fand man im Tal der Düssel zwischen Düsseldorf und Wuppertal die Reste des berühmten **Neandertalers.** Das Tal, das dem Fossil seinen Namen gab, ist nach dem Pfarrer Joachim NEUMANN benannt, der seinen Namen latinisierte (Neander) und als Dichter von Kirchenliedern bekannt wurde. Bei Steinbrucharbeiten wurden hier in einer Höhle verschiedene Skeletteile einschließlich eines gut erhaltenen Schädeldachs gefunden. Der Elberfelder Oberlehrer Johann Carl FUHLROTT erkannte, daß es sich um die Reste eines urtümlichen Menschen handeln müsse. Dagegen aber erhob sich eine Welle der Ablehnung. Das Skelett sei das eines Menschen der Gegenwart, hieß es. Prominentester Gegner war der Mediziner Rudolf VIRCHOW, der die abartige Anatomie des Neandertalers als Folge von Rachitis und Schädelverletzungen deutete. Es wurde sogar versucht, die massigen Überaugenwülste so zu erklären, daß dieser Mensch durch Verletzungen so starke Schmerzen erleiden mußte, daß sich durch das andauernde Runzeln der Stirn der Knochen veränderte.

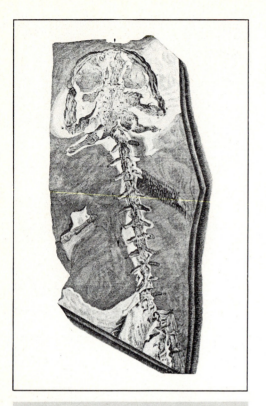

„Betrübtes Beingerüst von einem alten Sünder. Erweiche, Stein, das Herz der neuen Bosheitskinder!"

110.1. Text zu dem 1726 am Bodensee gefundenen tertiären Amphibienskelett.

A Besuchen Sie die Vorgeschichtsabteilungen der Museen und Heimatmuseen in der Umgebung Ihres Wohnorts! Sprechen Sie im Unterricht über die dort ausgestellten Funde!

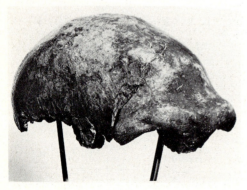

110.2. Schädeldach des 1856 gefundenen Neandertalers

Nichtsdestoweniger wurden in den nächsten Jahrzehnten weitere Funde gemacht, die eine Deutung wie die VIRCHOWs ausschlossen. Ernst HAECKEL hatte gefordert, daß es ein Übergangsglied, eine Art „Affenmenschen" geben müsse, und hatte diese Art, ohne daß irgendwelche Funde vorlagen, *Pithecanthropus* (Affenmensch) genannt. Der niederländische Arzt Eugéne DUBOIS zog folgenden Schluß: Die Affenwelt Indonesiens ist anatomisch dem Menschen so ähnlich, daß die Wahrscheinlichkeit groß ist, in diesem Gebiet fossile Reste der menschlichen Vorfahren zu finden. Er ließ sich als Regierungsarzt nach Indonesien versetzen, begann zu graben und fand tatsächlich bei Trinil auf Java 1891 den Pithecanthropus. Er trägt heute die Bezeichnung *Homo erectus erectus*.

Aus der Fülle der nachfolgenden Funde sei hier nur noch eine besonders ergiebige Quelle aufgeführt, die **Olduway-Schlucht** in Tansania. Seit 1935 werden an dieser Stelle in verschiedenen Schichten Skelettreste geborgen, die darauf hinweisen, daß hier über lange Zeit hinweg eine hohe Besiedlungsdichte urtümlicher Menschen bzw. menschenähnlicher Wesen geherrscht hat. Der Paläontologe Louis S.B. LEAKEY aus Kenia sowie sein Sohn Richard LEAKEY haben sich um die Bergung und Auswertung dieser Funde besonders verdient gemacht. In unserem Stammbaum tauchen sie unter dem Namen *Australopithecus* wieder auf. Wegen der besonderen Vielfalt der Funde in diesem Gebiet ist in den letzten Jahren häufig die Meinung geäußert worden, die „Wiege der Menschheit" liege hier im tropischen Afrika.

In den letzten Jahrzehnten haben sich die Funde jedoch so stark vermehrt, daß es schwer fällt, die Übersicht zu behalten. Ursprünglich bekam jedes Fossil seinen eigenen Namen, deshalb findet sich in der älteren Literatur eine Vielzahl verschiedener Bezeichnungen, die nur schwer systematisch einzuordnen sind. Neuerdings sind daher Bestrebungen im Gange, die Nomenklatur zu vereinfachen. In diesem Buch sollen deshalb für die großen fossilen Menschengruppen nur die Bezeichnungen *Australopithecus*, *Homo erectus* und *Homo sapiens* verwendet werden. Auch die neuen Datierungsmethoden führten in den letzten Jahren dazu, daß sich die Angaben über das Alter der Fossilien und dementsprechend die Schlüsse auf den Zeitpunkt bestimmter Entwicklungsschritte teilweise beträchtlich verschoben. Zumeist vergrößerten sich die Zeitangaben, so daß einige Ereignisse weiter in die Vergangenheit zurückverlegt werden mußten. Auch neuere Funde in tiefer gelegenen Schichten und der Vergleich mit schon vorhandenen Ergebnissen führten immer wieder zur Abänderung der Zeitskala und der Einordnung von Fossilien. Da der Prozeß der Klärung dieser Tatsachen zur Zeit noch nicht abgeschlossen ist, können die Angaben, die im folgenden Kapitel über die verflossenen Zeiträume gemacht werden, nur unter Vorbehalt betrachtet werden.

Knochen	Funde
Schädel	
Schädel ohne Kiefer	12
Abdrücke des Schädelinneren	13
Fragmente des Gesichtsschädels	23
Hirnschalen	48
Oberkiefer	77
Unterkiefer	86
Milchzähne	110
Permanente Zähne	943
Skelett	
Kreuzbein	1
Rippen	13
Wirbel	20
Beckengürtel	
Sitzbein	1
Darmbein	3
Hüftbein	9
Schultergürtel	
Schulterblätter	1
Schlüsselbeine	4
Arme	
Elle	3
Handgelenkknochen	4
Speiche	6
Handwurzelknochen	9
Oberarmknochen	13
Fingerknochen	22
Beine	
Wadenbein	2
Fußknöchel	1
Schienbeine	5
Zehenknochen	5
Mittelfußknochen	14
Oberschenkelknochen	23

111.1. Knochen der Gruppe Australopithecus (Funde bis 1971)

111.2. Ausgrabungsstelle

Primat	Gehirnvolumen in cm³
Schimpanse	400
Gorilla	500
Australipithecus africanus	450
Australopithecus robustus	500
Homo habilis	750
Homo erectus (früh)	900
Homo erectus (spät)	1100
Homo sapiens neandertalensis	1500
Homo sapiens sapiens	1400

112.1. Vergleich der Gehirnvolumina von Menschenaffen, Frühmenschen und Menschen

A Informieren Sie sich (z.B. nach 32) über den Aufbau des Gehirns! Welche Teile und Strukturen sind für die geistige Leistungsfähigkeit ausschlaggebend?

A Werten Sie die Tabelle 112.1. aus! Sprechen Sie über die Bedeutung des Hirnvolumens für die Leistungsfähigkeit eines Tieres! Inwiefern ist eine solche Betrachtung problematisch? Welche Tatsachen der Hirnstruktur kommen dabei nicht zur Geltung?

A Vergleichen Sie die Abbildung 112.2. mit den Angaben zu Abbildung 114.1. und werten Sie den Vergleich aus! Welche Faktoren können möglicherweise zur Bevorzugung des afrikanischen Kontinents bei der Entstehung des Menschen geführt haben?

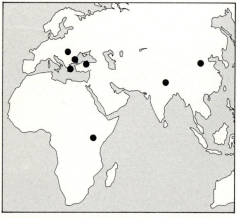

112.2. Stellen, an denen Funde von Ramapithecus gemacht wurden

6.4. Die Entwicklung zum Menschen

Die Geschichte der modernen Säugetiere, d.h. der Säuger, die den Fetus durch eine Placenta ernähren, beginnt in der späten Kreidezeit mit rattengroßen Wesen, die heute systematisch etwa zu den Insektenfressern gestellt würden. Sie besiedelten verschiedene Biotope, wie wir es an ihren heutigen Nachfahren, den Spitzmäusen, Fledermäusen und Maulwürfen sehen. Auch die Baumkronen bilden einen solchen Lebensraum, für den besondere Anpassungen nötig sind.

Um im Gezweig des Urwaldes überleben zu können, bedarf es geschickter Hände — die Greiffähigkeit der fünfstrahligen Extremität bildete sich heraus. Krallen wurden zu Nägeln, empfindliche Tastpolster entstanden an den Fingern. In engem Zusammenhang damit mußte das Gehirn eine genaue Koordinationsfähigkeit der Bewegungen entwickeln. Gleichzeitig wurde das beidäugige Sehen zur Garantie für zielsicheres Wahrnehmen und Ergreifen von Ästen und Beute. Dies aber stellte wiederum erhöhte Anforderungen an die Auswertungsfähigkeiten des Gehirns. Wir sehen also, daß der Grundstein für die Entwicklung des menschlichen Gehirns schon in sehr früher Zeit gelegt wurde.

Die Tiere, die diese Fähigkeiten erwarben, ähnelten den heutigen Halbaffen. Im frühen Tertiär, also vor etwa 70 Millionen Jahren, hatten sie ungefähr das Aussehen unserer Spitzhörnchen, der Tupaias. Wir kennen Fossilien aus dieser Zeit, die diese These belegen.

Vor etwa 40 Millionen Jahren, am Beginn des Oligozäns entstanden nach den Halbaffen und Affen die Vorfahren der Menschenaffen und Menschen. Ein frühes Fossil aus dieser Zeit ist **Dryopithecus africanus,** der als Vorläufer der Menschenaffen anzusehen ist. Die ersten Reste dieser Gruppe, die man 1931 auf einer Insel im Victoria-See fand, nannte man damals *Proconsul africanus*. Im Londoner Zoo lebte zu dieser Zeit ein bekannter Schimpanse namens Consul, und da man das Fossil als Vorfahren der Affen ansah, erhielt es diesen Namen.

Den eigentlichen Vorfahren der Menschen meint man heute in einem Fossil zu sehen, das den Namen **Ramapithecus** trägt. Die Bezeichnung weist auf den ersten Fundort in Indien hin. Ramapithecus erlebte eine weite Verbreitung durch das späte Miozän vor etwa 12 bis 9 Millionen Jahren. Er war etwa 1 m groß und ging vorwiegend aufrecht. Wahrscheinlich hat Ramapithecus das schützende Dickicht des Waldes verlassen und Steppen und Savannengebiete besiedelt. Obgleich Ramapithecus-Fossilien in verschiedenen Gegenden der Welt gefunden wurden, erfolgte die Entwicklung zum Menschen doch nur in Afrika. Möglicherweise begünstigte die nur hier stattfindende Auflockerung des Waldes und die Entstehung von Steppen und Savannen diese Tendenz.

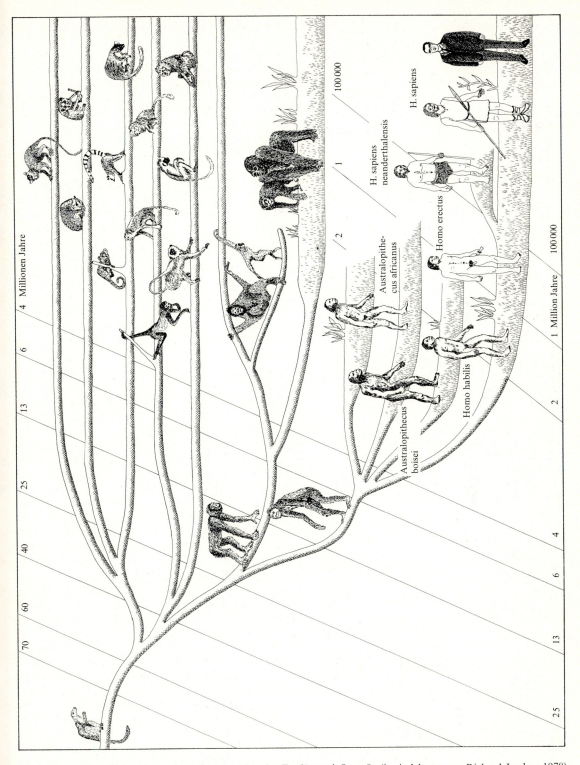

113.1. Entwicklung der Primaten und des Menschen im Tertiär und Quartär (in Anlehnung an Richard Leakey 1978)

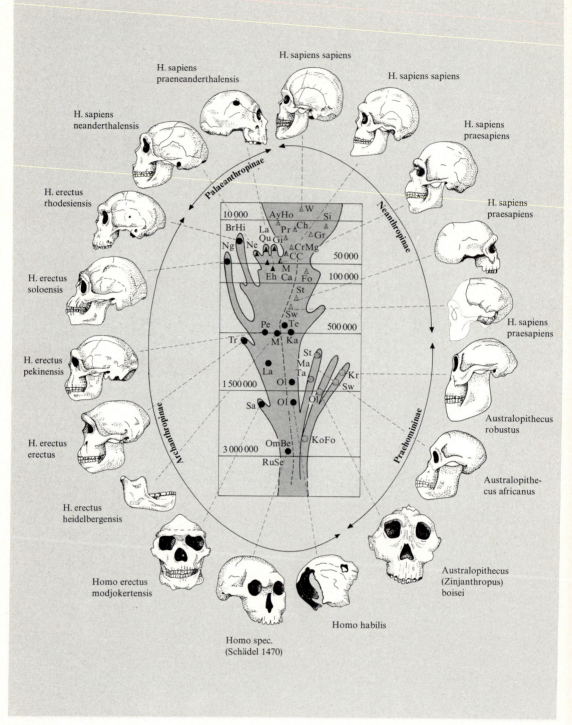

114.1. Stammbaum der pleistozänen Hominiden (E. Steitz 1974). Die Signaturen der Fundorte entsprechen denen in der Tabelle 115.1.

AvHo	Aveline's Hole (Britannien)	MtCa	Monte Carmel (Israel)
BrHi	Broken Hill (Zambia)	Ne	Neandertal (Deutschland)
CC	Combe Capelle (Frankreich)	Ng	Ngangdong (Java)
Ch	Chancelade (Frankreich)	Ol	Olduvay (Tansania)
		OmBe	Omo-Becken (Äthiopien)
CrMg	Cro Magnon (Frankreich)	Pe	Peking (China)
EH	Ehringsdorf (Deutschland)	Pr	Předmost (Tschechoslowakei)
Fo	Fontechevade (Frankreich)	RuSe	Rudolf-See (Kenya)
		Sa	Sangiran (Java)
Gi	Gibraltar (Gibraltar)	Si	Singa (Sudan)
		St	Steinheim (Dtld.)
Gr	Grimaldi (Italien)	St	Sterkfontein (Transvaal)
Ka	Kanam (Kenya)		
KoFo	Koobi Fora (Kenya)	Sw	Swanscombe (Britannien)
Kr	Kromdraai (Transvaal)	Sw	Swartkrans (Transvaal)
La	Lantian (China)		
LaQu	La Quina (Frankr.)	Ta	Taung (Transvaal)
M	Mauer (Deutschld.)	Te	Ternifine (Algerien)
Ma	Makapansgat (Transvaal)	Tr	Trinil (Java)
		W	Welt

115.1. Die wichtigsten Fundorte aus dem Pleistozän

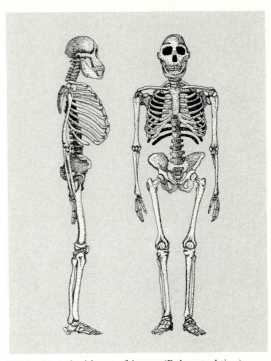

115.3. Australopithecus africanus (Rekonstruktion)

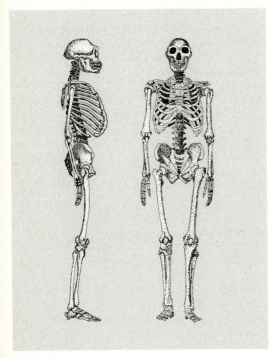

115.2. Homo erectus

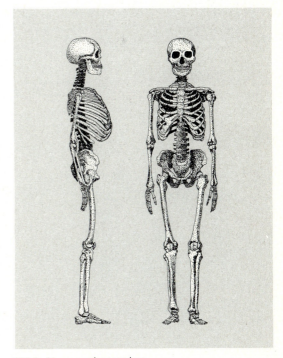

115.4. Homo sapiens sapiens

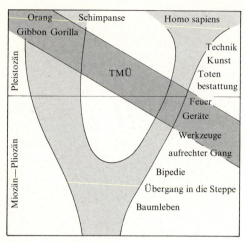

116.1. Schematische Darstellung des Tier-Mensch-Übergangsfeldes

> **A** Werten Sie die Abbildung 114.1. aus! Suchen Sie die Fundorte in einem Atlas auf und zeichnen Sie diese in einen Umrißstempel der gesamten Erde ein! Erarbeiten Sie daraus eine Karte der Wanderzüge, durch die die Besiedlung der Erdteile erfolgte!

> **A** Vergleichen Sie die Merkmale der in Abbildung 114.1. gezeichneten Schädel! Achten Sie auf die Proportionen der Schädelteile zueinander sowie auf die Ausbildung einzelner Schädelknochen! Vergleichen Sie mit Abbildung 116.2.!

> **A** Werten Sie die Abbildungen 115.2. bis 115.4. aus! Stellen Sie eine Liste von Merkmalen zusammen, in denen sich die Skelette unterscheiden!

116.2. Schädel Nr. 1470 (Homo habilis)

Die frühesten Funde von eigentlichen Menschen werden heute auf ein Alter von etwa 6 Millionen Jahren datiert. Vom Ende des Pliozäns bis zum Anfang des Pleistozäns existierten wahrscheinlich vier Gruppen von urtümlichen Menschen oder Menschenvorfahren parallel nebeneinander: 1. der aussterbende Ramapithecus, 2. der feingliedrige, kleine **Australopithecus africanus,** 3. der robustere **Australopithecus boisei** und 4. **Homo habilis.** Ihr Lebensraum waren die Savannen Afrikas, wo ihre Reste sich in Tansania, Kenia und Südafrika erhalten haben.

Ursprünglich war man der Meinung gewesen, Australopithecus sei ein direkter Vorfahre des Jetztmenschen gewesen. Man mußte diese Ansicht aber aufgeben, als in den gleichen Schichten neben Australopithecus Schädelteile gefunden wurden, die wesentlich mehr menschliche Eigenschaften aufweisen. Das vollständigste Fossil dieser Art rangierte lange Zeit in der Literatur unter seiner Registriernummer 1470. Heute bezeichnet man die Gruppe als Homo habilis und stellt sie an den Anfang der Entwicklungsreihe zum heutigen Menschen.

Die Problematik der Entwicklungsgeschichte des Menschen liegt in der Frage: Bis wann muß man von Tieren sprechen, und von welchem Zeitpunkt an heißt das neue Wesen „Mensch"? Diese Frage ist nicht exakt zu beantworten. Als Kriterium für das Menschsein gilt die *planmäßige, gezielte Herstellung von Werkzeugen*. Finden sich solche in der Nähe von Fossilien und in offensichtlichem Zusammenhang mit diesen, so kann man sie als Spuren menschlicher Aktivität ansprechen. Die Werkzeugherstellung aber unterliegt selbst einem Entwicklungsprozeß, an dessen Anfang die *Benutzung* unbearbeiteter Gegenstände zu bestimmten Zwecken steht. Bis zur gezielten *Bearbeitung* von Hölzern oder Steinen ist es dann immer noch ein weiter Weg. Den Zeitraum dieses Lernprozesses bezeichnen wir als **Tier-Mensch-Übergangsfeld (TMÜ),** an dessen Anfang die Werkzeugbenutzer und an dessen Ende die Werkzeughersteller stehen. Zieht man die Ergebnisse der Verhaltensforschung hinzu, so muß man allerdings sagen, daß sich die Menschenaffen als Werkzeugbenutzer und teilweise auch als Werkzeughersteller heute am Beginn einer ähnlichen Phase befinden.

In den Pleistozän-Schichten schwillt die Serie der menschlichen Fossilfunde beträchtlich an. Homo habilis scheint sich zum **Homo erectus** weiterentwickelt zu haben, während Australopithecus vor 1,5 Millionen Jahren ausstarb. War der frühmenschliche Lebensraum bisher auf Afrika beschränkt, beginnt nun die Eroberung der Erde: Homo erectus begibt sich auf die Wanderschaft und besiedelt von Afrika ausgehend Asien und Europa. Aus zahlreichen Gegenden der drei Kontinente sind Funde bekannt. Sie differieren teilweise in Einzelmerkmalen so stark, daß sie zur Zeit ihrer Entdeckung jeweils eigene Bezeichnungen erhielten. Die Viefalt der Erscheinungsformen von Homo erectus weist darauf hin, daß im Pleistozän eine beträchtliche Entwicklungsbeschleunigung einsetzte. Möglicherweise steht sie in Zusammenhang mit den neuentstandenen Fähigkeiten, die sich aus der Zunahme der Gehirnfunktionen und der Benutzung der Vordergliedmaßen ergaben. Man konnte Nahrung und möglicherweise auch Wasser transportieren und so weite Reisen unternehmen. Der Gebrauch des Feuers, der im Pleistozän erlernt wird, bietet Schutz vor klimatischen Einflüssen und hilft, neue Ernährungsmöglichkeiten zu erschließen. Und nicht zuletzt führt die Entwicklung der Sprache zu verbesserten Kommunikationsmöglichkeiten und damit zu leistungsfähigeren Sozialstrukturen. Der Mensch, der sich auf dieser Basis vor etwa 100 000 Jahren zu entwickeln beginnt, ist der direkte Vorfahr des Jetztmenschen, des **Homo sapiens.** Auch seine Entwicklung erfolgt in vielen, parallellaufenden Linien, deren bekannteste die des **Homo sapiens neandertalensis** ist. Er starb vor etwa dreißigtausend Jahren aus; über die Gründe gibt es bisher nur Spekulationen.

Ein Erklärungsversuch zieht die Anatomie des Schädels heran und kommt zu dem Schluß, daß der Neandertaler nur schwer eine wohlartikulierte Sprache formulieren konnte. Dementsprechend war er dem konkurrierenden **Homo sapiens sapiens** unterlegen.

Die Gehirnentwicklung des neuentstehenden Homo sapiens läßt sich an Funden ablesen, die Schlüsse auf seine Denkweise zulassen. Bei Shandinar im Irak wurde ein Höhlengrab entdeckt, in dem vor sechzigtausend Jahren ein junger Neandertaler bestattet wurde. Man stellte fest, daß um den Toten herum Pflanzenreste nachweisbar waren, deren Anordnung auf eine überlegte Handlung schließen ließ. Besonders widerstandsfähig gegen Zersetzung sind Blütenpollen, und mit ihrer Hilfe war es möglich, die Pflanzen genau zu bestimmen. Es handelt sich um acht Pflanzenarten, von denen sieben heute noch in der irakischen Volksmedizin als Heilpflanzen verwendet werden. So läßt sich daraus schließen, daß diese Menschen gewisse vormedizinische Kenntnisse gehabt haben müssen. Die Tatsache der Bestattung und der Grabbeigaben weist darauf hin, daß auch Überlegungen über transzendente Dinge angestellt worden sein müssen. Ähnliche Gedanken müssen möglicherweise auch schon den Homo erectus bewegt haben. In der Nähe von Peking wurden Reste gefunden, die darauf schließen lassen, daß die Schädel der Toten in bestimmter — möglicherweise ritueller — Art geöffnet wurden, um das Gehirn zu verspeisen. Solche Handlungen kann man heute noch bei den Ureinwohnern Neuguineas beobachten.

Mit der Herstellung von Kunstwerken endet schließlich die Entwicklung zum Jetztmenschen. Höhlenmalereien, Plastiken, Kultstätten und komplizierte Werkzeuge weisen darauf hin, daß der Mensch am Ende der letzten Eiszeit den Weg in die Zivilisation eingeschlagen hat.

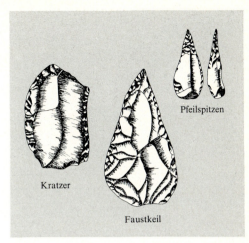

117.1. Steingeräte des Neandertalers (Schaber, Faustkeil und Pfeilspitzen)

R Sammeln Sie Informationen über die Steinzeit (Literatur z.B. 44)! Sprechen Sie über Werkzeuge, Plastiken, Malereien, Kultstätten und Siedlungsformen! Berücksichtigen Sie dabei auch die in den Museen in der Umgebung Ihres Wohnorts vorhandenen Ausstellungsstücke.

R Sammeln Sie Informationen über heute lebende Völker, die sich auf der Kulturstufe der Jäger und Sammler befinden (z.B. nach 29 und 44)! Stellen Sie Beziehungen her zu unseren Kenntnissen über die Steinzeit!

R Sammeln Sie Informationen über die Entwicklung des Ackerbaus und der Nutztierhaltung! Welche Bedeutung hat die Pollenanalyse in diesem Zusammenhang?

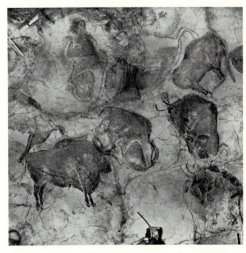

117.2. Höhlenmalerei

6.5. Die Rassen des Menschen

Eine Gemeinschaft von Lebewesen, die unter natürlichen Verhältnissen unbegrenzt miteinander fruchtbar sind, bezeichnet die biologische Systematik als **Art**. Unter diesem Gesichtspunkt gehören die heute lebenden Menschen alle der Art *Homo sapiens sapiens* an. Innerhalb der Art lassen sich Unterschiede abgrenzen, die sich durch charakteristische, erbliche Merkmalskombinationen voneinander trennen lassen — die **Rassen**. Es sind beim Menschen im wesentlichen drei Großgruppen, die **Europiden**, die **Mongoliden** und die **Negriden**. Je nachdem, wie schwer einzelne Merkmale vom jeweiligen Autor bewertet werden, kann man diese Gruppen in mehr oder weniger stark differenzierte Untergruppen aufteilen. Diese Differenzierung verliert aber zunehmend an Bedeutung, da im Laufe der Geschichte wiederholt starke Durchmischungen durch Wanderzüge einzelner Gruppen eingetreten sind. In der modernen Zeit hat sich diese Tendenz durch die Entwicklung der Verkehrsmittel und die wirtschaftlichen Verflechtungen in der Welt wesentlich verstärkt. Deshalb fällt es heute schwer, einen einzelnen Menschen einer bestimmten Gruppe innerhalb der Rassengroßkreise zuzuordnen.

Die Entstehung der Großrassen fällt in den Zeitraum der letzten 40 000 Jahre. Genaue Informationen liegen darüber nicht vor, da sich die Rassenmerkmale an Fossilien nur in begrenztem Maße wiederfinden lassen. Man vermutet, daß der südostasiatische Raum das Ursprungsgebiet der Rassendifferenzierung ist. Von dort aus erfolgte die Wanderung in die heutigen Siedlungsgebiete. Wahrscheinlich sind die Negriden dabei als letzte Gruppe entstanden und haben den afrikanischen Kontinent von Nordosten her „wiederbesiedelt".

Für die Entstehung der menschlichen Rassen sind einerseits **Isolationsmechanismen,** andererseits Anpassungen an **klimatische** Gegebenheiten ausschlaggebend. Die hohen Gebirgszüge Asiens wirkten dabei wahrscheinlich als wirksame Barrieren gegen eine Vermischung. Mit gewissen Einschränkungen lassen sich die früher erwähnten Klima-Anpassungsregeln von ALLEN und BERGMANN auch auf die menschlichen Rassen anwenden. Die deutlichsten Anpassungen findet man bei den auf die Tropen spezialisierten Negriden, deren Haut durch starke Pigmenteinlagerungen einen wirksamen Schutz gegen die schädliche UV-Strahlung bietet. Auch das Kraushaar ist als Anpassung gegen eine zu starke Erwärmung der Kopfregion gedeutet worden.

Unterschiede der intellektuellen und emotionalen Entwicklungsfähigkeit unter den Rassen und eine damit verbundene Wertung lassen sich mit den Mitteln der Abstammungslehre nicht begründen. Die UNESCO hat 1962 in diesem Sinne auf der Grundlage fachwissenschaftlicher Gutachten eindeutig Stellung genommen.

Rasse	Verbreitung
Europide	
Nordide	Nord- und Nordwesteuropa
Osteuropide	Osteuropa, östliches Mittel- und Südeuropa
Dinaride	Balkanländer, Westukraine
Alpine	Alpenländer, Zentralfrankreich
Mediterrane	Mittelmeer- und Schwarzmeerraum
Lappen	Nordskandinavien
Ainuide	Hokaido, Sachalin, Kurilen
Orientalide	Nordafrika, Mesopotamien, Persien, Syrien, Palästina
Indide	Indien
Polyneside	Inselwelt des Pazifik
Weddide	Indien, Ceylon, Indonesien
Anadolide	Armenien
Turanide	Westturkestan
Negride	
Sudanide	Sudan, Guineaküste
Kafride	Süd- und Ostafrika
Nilotide	Oberer Weißer Nil
Äthiopide	Abessinien, Ostafrika
Pälänegride	Zentralafrika
Mongolide	
Tungide	nördliches Zentralasien
Sinide	China
Pälämongolide	Südchina, Hinterindien, Korea, Japan
Sibiride	Tundren Sibiriens
Eskimoide	Arktis
Pazifide	Westkanada
Silvide	Kanadische Wälder, Prärie
Margide	Kalifornien, Florida, nördliches Mittelamerika
Zentralide	Süden der USA, Mexiko, Mittelamerika
Anide	Hochland von Bolivien
Patagonide	Südliches Südamerika
Brasilide	Amazonasgebiet
Lagide	Südpatagonien, Feuerland

118.1. Gliederung der Großrassenkreise. Daneben unterscheidet man noch Zwergwuchsrassen in Afrika und Asien sowie die Ozeanischen Rassen des Pazifik.

A Studieren Sie die Rassenverteilung auf der Erde anhand der Spezialkarten in Ihrem Schulatlas! Betrachten Sie in Lexika oder in anderer Literatur (z.B. 21) Abbildungen von Vertretern der verschiedenen Rassen!

R Besorgen Sie sich die Erklärung der UNESCO zur Rassenfrage aus dem Jahre 1962 (Schreiben Sie an folgende Adresse: UNESCO-Kurier, Bahrenfelder Chaussee 160, 2000 Hamburg oder UNESCO Visitors' Service, 7 Place de Fontenoy, 75700 Paris.

Merkmale	Großrassenkreise		
	Europide	Mongolide	Negride
Wuchs	variabel	in der Regel kurz und untersetzt	variabel
Hautfarbe	hellrötlichweiß bis dunkelbraun	gelb bis gelbbräunlich oder rötlichbraun	sehr dunkel
Augen- und Haarfarbe	hell bis dunkel	dunkel	sehr dunkel
Kopfhaar	glatt bis wellig, relativ dünn	dick, straff	dicht, dick, kraus
Körperbehaarung	Tendenz zu starker Gesichtsbehaarung, im männlichen Geschlecht auch zu starker Körperbehaarung	Gesichts- und Körperbehaarung meist gering	Gesichts- und Körperbehaarung meist gering
Gesicht	reliefreich	flaches Mittelgesicht, betonte Jochbögen	meist starke Prognathie (Oberkiefer überragt Unterkiefer)
Augenregion	variabel	meist flachfliegende Lidspalte, schwere Deckfalte und Nasenlidfalte (Mongolenfalte)	variabel
Nase	relativ schmal	Nasenwurzel meist niedrig	meist breit mit geblähten Nasenflügeln
Lippen	meist dünn	dünn bis voll	meist wulstig
Besondere Merkmale	auffallend geringe Häufigkeit, den Bitterstoff PTC zu schmecken (60%—80%).	große Merkmalsunterschiede, besonders zwischen Indianern Nord- und Südamerikas. Schmeckfähigkeit für PTC 90%	vermutlich phylogenetisch jüngster Rassenkreis. Schmeckfähigkeit für PTC 90%

119.1. Die wichtigsten Merkmale der Rassen des Jetztmenschen

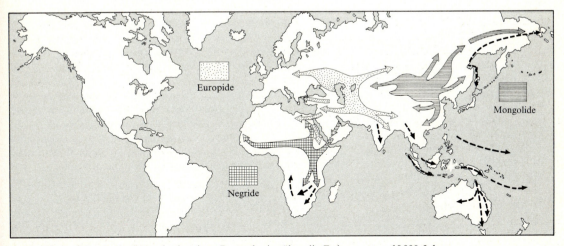

119.2. Vermutliche Ausbreitung der heutigen Rassenkreise über die Erde vor etwa 10 000 Jahren

6.6. Die Sonderstellung des Menschen

6.6.1. Die Entwicklung des Gehirns

Der stammesgeschichtlich älteste Teil des Wirbeltiergehirns ist das *Stammhirn*, das aus Zwischenhirn, Mittelhirn und Nachhirn gebildet wird. Auf ihm sitzen als voluminöse Teile das *Klein-* und das *Großhirn*.

Im **Stammhirn** liegen die wichtigen Schaltungen, die die einlaufenden und ausgehenden Informationen an die zuständigen Empfangsorgane leiten und dabei teilweise schon einen großen Teil der Informationsverarbeitung erledigen. In groben Zügen kann man sagen, daß wesentliche Teile der Instinktreaktionen vom Stammhirn gesteuert werden. Empfindungen wie Hunger und Durst entstehen hier, Frieren und Schwitzen werden von hier aus geregelt und auch Gefühle wie Angst, Wut und Freude haben im Stammhirn ihren Ursprung.

Die Aufgabe des **Kleinhirns** ist demgegenüber sehr fest umrissen. Es dient der unbewußten Bewegungskontrolle des Körpers. Hier sind die Koordinationsprogramme gespeichert, nach denen ein Bewegungsablauf aus Einzelreaktionen von Muskeln zusammengesetzt wird.

Der bewußte Teil der Informationsverarbeitung geschieht im Großhirn. Es enthält Zentren für die Auswertung der Meldungen von den Sinnesorganen. Andere Bereiche kontrollieren die bewußte Steuerung von Bewegungen, wobei die Mitarbeit des Kleinhirns nötig ist. Einige Teile — insbesondere die Stirnlappen — dienen der Informationsverknüpfung, also dem eigentlichen Denken. Auch die Informationsspeicherung wird vom Großhirn geleistet (Gedächtnis).

Ursprünglich diente das Großhirn als Riechzentrum nur einem eng eingegrenzten Zweck. Dementsprechend ist es auf den unteren Stufen der Wirbeltierreihe gegenüber dem Stammhirn nur schwach ausgebildet.

Die Tendenz zum Ausbau des Großhirns wird durch die Einfaltung der Oberfläche zu einer walnußartigen Struktur gefördert, die Platz schafft für die Unterbringung einer großen Anzahl von Nervenzellen. Der heute lebende Mensch besitzt ca. $1,4 \times 10^{10}$ Nervenzellen im Großhirn!

Mit dem Anwachsen des Großhirns nahmen seine Kapazität und seine Leistungsfähigkeit beträchtlich zu. Vögel und Säuger übertreffen Fische und Reptilien in bezug auf die „geistigen" Leistungen bei weitem. Letztere sind in ihren Lebensäußerungen noch weitgehend durch die stammhirngestützten Instinktreaktionen bestimmt, während Vögel und Säuger in ihrem Verhaltensrepertoire eine erhebliche Bereicherung durch Lernvorgänge erfahren. Die größte Lernfähigkeit entwickelte dabei der Mensch, der sein Leben lang neue Informationen aufnimmt. Demgegenüber ist die Lernphase bei den meisten Vögeln und Säugern auf das Jugendalter beschränkt.

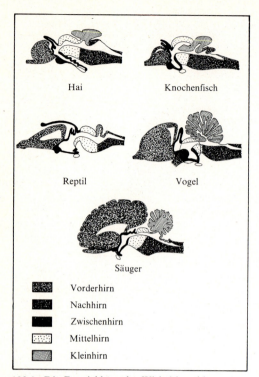

120.1. Die Entwicklung der Wirbeltiergehirne

A Informieren Sie sich in der Literatur (z.B. 32) über die Leistungen der einzelnen Gehirnteile. Welche Wirkungsmechanismen liegen dem Gedächtnis zugrunde?

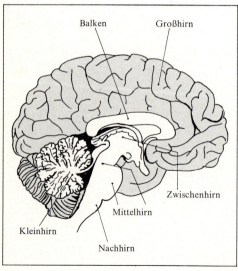

120.2. Die Teile des Gehirns (Stammhirnbereiche weiß)

6.6.2. Die Entstehung der Sprache

Sprachähnliche Kommunikationsmechanismen sind im Tierreich weit verbreitet. Die Verhaltenslehre gibt uns viele Beispiele dazu. Sie reichen von anatomischen Arterkennungsmerkmalen über die Verhaltensweisen der Balz und der Territorialverteidigung bis zu komplexen Verständigungssystemen in sozialen Verbänden. Allen ist gemeinsam, daß sie instinktbestimmt und nur in geringem Maße variabel sind. Nur der Mensch ist in der Lage, eine abstrakte Wortsprache in akustischen Symbolen zu artikulieren. Dazu befähigt ihn einerseits die anatomische Struktur von Kehlkopf und Rachenraum, die durch eine differenzierte Muskulatur zu vielfältigen Bewegungen in der Lage sind. Andererseits enthält das Gehirn zwei ausgeprägte Sprachzentren, eines für das Sprachverständnis (*Sprachzentrum nach Wernicke*) und ein motorisches Zentrum (*Sprachzentrum nach Broca*). Menschenaffen ist es trotz intensiven Trainings nicht möglich, Worte zu formulieren. Ihnen fehlt das motorische Sprachzentrum.

Es gelingt aber, Affen nichtakustische Symbolsprachen zu lehren, mit deren Hilfe eine mehr oder weniger intelligente Unterhaltung möglich ist. Zur Zeit sind farbige Plastiksymbole, Leuchtsymbole auf Bildschirmen und besonders die amerikanische Taubstummensprache ASL bei den Trainingsversuchen in Gebrauch.

Da das Broca'sche Zentrum sich in der Hirnrinde deutlich abzeichnet, findet man Spuren davon an der Innenseite der Schädelkapsel, die in ihrem Wuchs vom Gehirn mit beeinflußt wird. Fertigt man vom Innenraum des Schädels einen Plastikausguß an, so lassen sich von dessen Form Schlüsse auf die Struktur des Gehirns ziehen. Diese Methode wurde an verschiedenen fossilen Schädeln angewandt. Dabei stellte sich heraus, daß der Schädel 1470 (Homo habilis) und auch ein Australopithecus-Schädel Andeutungen eines Broca-Zentrums zeigen. Das bedeutet noch nicht, daß die Nachfahren des Ramapithecus sprechen konnten, aber eine gewisse Differenzierungsfähigkeit ihrer vokalen Äußerungen wird man annehmen können. Parallel zur Entwicklung der Steuerzentren verlief die Ausbildung des eigentlichen Sprechorgans, bestehend aus Mundhöhle, Rachenraum und Kehlkopf. Auch hier lassen die Schädelfunde Schlüsse auf die Sprechfähigkeit zu. So gleicht diese Kopfpartie beim Homo erectus noch auffällig der eines heutigen Kleinkindes. Möglicherweise hielt sich also die Sprechfähigkeit des Homo erectus lange Zeit auf der Stufe langsamen und schwerfälligen Artikulierens. Gegenüber nichtsprechenden Primaten würde dies aber schon einen nicht zu unterschätzenden Selektionsvorteil darstellen. Nahrungsbeschaffung und Anlage von Lagern und Siedlungen werden in der Gruppe wesentlich erleichtert, wenn wirksame Kommunikationssysteme zur Verfügung stehen.

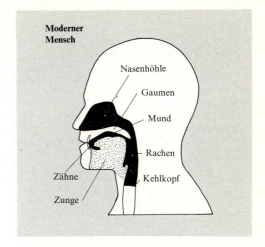
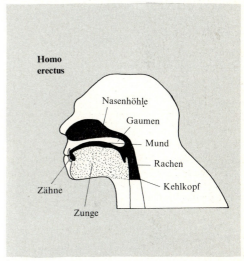
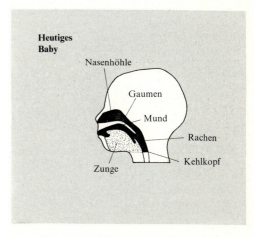

121.1. Vergleich verschiedener Entwicklungsstufen des Sprechapparats

A Erarbeiten Sie eine Zeitskala für den Bereich der letzten 4×10^9 Jahre. Verwenden Sie dabei einen abgewandelten logarithmischen Maßstab (siehe Vorschlag unten).

Suchen Sie aus Handbüchern, Nachschlagewerken und Lexika die wichtigsten Daten der biologischen und der kulturellen Entwicklung und tragen Sie diese in die Tabelle ein.

Vorschlag für die Gestaltung der Tabelle:

Zeit	Daten zur	
	biologischen Entwicklung	kulturellen Entwicklung
heute		
vor 10^1 Jahren		
vor 10^2 Jahren		
vor 10^3 Jahren		
vor 10^9 Jahren		
vor 10^{10} Jahren		

Anhaltspunkte und Vorschläge für die Datensuche: Entstehung des Lebens, der Photosynthese, der Sauerstoffatmung, erste Zentralnervensysteme, Besiedelung des Landes, Vergrößerung des Großhirns, Entstehung des Menschen, erste bildliche Darstellungen, kultische Rituale und Schriftzeichen, die Zeiten der wesentlichsten Hochkulturen, erste wissenschaftliche Leistungen (Astronomie, Kalender), bekannte Wissenschaftler des Altertums, wissenschaftliche Erfindungen und Entwicklungen der Neuzeit, Speicherfähigkeit und Rechengeschwindigkeit von EDV-Anlagen.

Vergleichen Sie den Informationszuwachs in der Zeit der biologischen und der kulturellen Entwicklung.

Versuchen Sie, den Informationszuwachs zu schätzen und graphisch darzustellen. Vergegenwärtigen Sie sich dabei, wie die Kurve aussehen würde, wenn man einen linearen Maßstab zugrunde legt.

6.6.3. Die kulturelle Evolution

Durch den Erwerb der abstrakten Wortsprache wird der Mensch in die Lage versetzt, Erfahrungen an Gruppenmitglieder weiterzugeben. Damit bekommt das Evolutionsgeschehen eine völlig neue Dimension. Die biologische Evolution lief bisher allein nach dem Prinzip ab, daß zufällige Änderungen erblicher Eigenschaften durch Auseinandersetzung mit der Umwelt auf ihre Eignung hin getestet wurden. Bewährtes wurde beibehalten, Ungeeignetes ging unter. Die Eigenschaften eines Individuums haben keinen Einfluß auf die Zusammensetzung der Gene. Die Gesamtheit der durch Mutation und Selektion entstandenen „Erfahrungen" einer Art bezeichnet man als **Gen-Pool**. Durch die Entwicklung der Sprache wird nun etwas möglich, was in der Natur bisher ausgeschlossen war — die **Weitergabe erworbener Eigenschaften.** Dabei ist der Prozeß der Vervollkommnung genau der gleiche: Zweckmäßiges und Bewährtes wird weitergereicht, ungeeignete Gedanken geraten in Vergessenheit. Die auf der Basis dieser Selektionsvorgänge angesammelten Erfahrungen einer Gemeinschaft von Menschen bezeichnet man als **Kulturgut,** den Prozeß seiner Entstehung als **kulturelle Evolution.**

Gegenüber der biologischen Evolution, die mit einem unvorstellbaren Aufwand an Zeit und Material arbeitet, verläuft die kulturelle Evolution explosionsartig schnell. Die Geschwindigkeit der Entwicklung potenziert sich noch dadurch, daß das menschliche Gehirn Aufgaben an materielle Informationsträger delegiert: Durch die Erfindung von Schrift und Buchdruck ist es möglich, Informationen über große Entfernungen und auch lange Zeiträume hinweg zu transportieren. Ein Hund muß in seinem Leben alle Erfahrungen selbst machen. Was seine Vorfahren gelernt haben, nützt ihm wenig. Wenn wir die Aufgabe erhalten, einen Motor zu konstruieren, müssen wir nicht erst die Dampfmaschine neu erfinden, es genügt, ein Buch darüber zu lesen.

So ist im Laufe der letzten Jahrtausende die Zivilisation entstanden, in der wir heute leben. Es gibt kaum einen Bereich des Lebens auf der Erde, der nicht inzwischen in irgendeiner Weise durch die Aktivitäten des Menschen beeinflußt wird. Selbst in entlegenen Gebieten der Erde lassen sich die Reste von Schädlingsvertilgungsmitteln in den Geweben der Wildtiere nachweisen. Es existieren Nutzpflanzen und -tiere, die ihre Entstehung der Arbeit des Menschen verdanken. Landschaften werden umgestaltet, klimatische Faktoren verändert. Aus diesen Gründen ist der Gedanke geäußert worden, daß die biologische Evolution mit der Entstehung des Menschen prinzipiell ihr Ende gefunden hat. Der Prozeß, der seitdem auf der Erde abläuft, ist so stark durch die bewußten Aktivitäten des Menschen bestimmt, daß sich biologische und kulturelle Evolution nur noch als Einheit verstehen lassen.

6.7. Die Zukunft des Menschen

Die Entwicklung, die der Mensch in den letzten Jahrtausenden durchlaufen hat, ist vergleichbar mit der Entstehung der Haustiere. Dieser als *Domestikation* bezeichnete Prozeß verläuft unter künstlichen Bedingungen, wobei die natürlichen, schädigenden Umweltfaktoren weitgehend ausgeschaltet werden. In diesem Sinne kann man sagen, der Mensch habe sich während seiner Entwicklung **selbst domestiziert.** Seine Widerstandsfähigkeit gegen äußere Einflüsse wurde geringer, der Verlust wird durch medizinische und technische Maßnahmen kompensiert. Die instinktiven Reaktionen verkümmern, intellektuelle Aktivitäten übernehmen ihre Funktion. Die Fortschritte der Medizin dämmen die Säuglingssterblichkeit ein und erhöhen die Lebenserwartung (Abnahme des Selektionsdrucks). Als notwendige Folge tritt eine bisher ungeahnte Zunahme der Individuenzahl ein — wie sprechen von **Bevölkerungsexplosion.** Bis zu einem gewissen Grade konnte diese Zunahme in der Vergangenheit durch die Erschließung neuer Lebensräume kompensiert werden. Heute jedoch sind diese Möglichkeiten weitgehend erschöpft, so daß die Menschheit an den Rand einer Krise gerät.

Hier zeigt sich der größte Konflikt der Menschheitsentwicklung. Die medizinischen und technischen Voraussetzungen würden es zwar ermöglichen, den Bevölkerungszuwachs zu stoppen. Dem steht aber eine Barriere von Behinderungen gegenüber, die nur schwer zu überwinden ist. Weltanschauliche und religiöse Argumente in verschiedenen Kulturkreisen stehen einer Geburteneinschränkung im Wege. In Entwicklungsländern ist eine zahlreiche Nachkommenschaft häufig die einzige Möglichkeit, die Versorgung im Alter zu sichern. Und nicht zuletzt verhindert der Entwicklungsstand gerade der bevölkerungsstärksten Gebiete der Erde eine wirksame Verbreitung von geburteneinschränkenden Mitteln und der entsprechenden Aufklärung darüber. Futurologische Studien ergaben, daß der Geburtenzuwachs unter den gegebenen Bedingungen bis zum Anfang des nächsten Jahrtausends nicht zu stoppen ist. Wann sich die Zuwachskurve voraussichtlich abflachen wird, kann bis jetzt nur vermutet werden.

Der zweite Konflikt, der sich aus der stürmischen Entwicklung des Menschen ergibt, ist die Diskrepanz zwischen den neuerworbenen **Fähigkeiten des Großhirns** und den in Jahrmillionen langsam entstandenen **Stammhirnfunktionen.** Unser Leben wird scheinbar ausschließlich durch Überlegungen und rationale Entscheidungen bestimmt. Unbewußt reagieren wir aber noch so, als sei die Entwicklung in der Steinzeit stehen geblieben. Der Grund dafür ist die Dominanz der Stammhirnbereiche, in denen unsere Gefühle und instinktiven Reaktionen gebildet werden. Eine Bedrohung von außen beantwortet der Körper mit erhöhter Alarmbereitschaft. Adrenalin schießt ins

Zeitraum	Steigerung in Mill.	Verdoppelung (in Jahren)
7000—4500 v. Chr.	von 10 auf 20	2500
4500—2500 v. Chr.	von 20 auf 40	2000
2500—1000 v. Chr.	von 40 auf 80	1500
1000 v. Chr. bis 0 Chr. Geb. bis	von 80 auf 160	1000
900 n. Chr.	von 160 auf 320	900
900—1700	von 320 auf 600	800
1700—1850	von 600 auf 1200	150
1850—1950	von 1200 auf 2500	100
1950—1980	von 2500 auf 5000	30

123.1. Entwicklung der Erdbevölkerung

A Werten Sie Tabelle 123.1. aus! Zeichnen Sie eine Kurve der Entwicklung der Erdbevölkerung! Vergleichen Sie die Kurve mit der historischen Entwicklung! Welche geschichtlichen Tatsachen begleiten den steilen Anstieg der Kurve?

	1977	2000
Nordamerika	338	388
Europa	470	571
UdSSR	252	402
Asien	2206	4400
Südamerika	212	756
Afrika	319	860
Ozeanien	21	33
Erde	3890	7410

123.2. Hochrechnung der Erdbevölkerung auf das Jahr 2000 (Angaben in Millionen)

A Werten Sie die Tabelle 123.2. aus! Begründen Sie die unterschiedlichen Zuwachsraten in den verschiedenen Gebieten der Erde! Sprechen Sie über die Schwierigkeiten der Entwicklungspolitik in diesen Gebieten!

A Informieren Sie sich über die klimatischen Veränderungen, die möglicherweise durch die Entwicklung der modernen Industriegesellschaft eintreten können (50)!

A Sprechen Sie über die Bedeutung der utopischen Literatur für die Lösung der Zukunftsaufgaben! Vergleichen Sie Werke von Jules Verne, Aldous Huxley und George Orwell mit den Gegebenheiten der Gegenwart! Welche Bedeutung hat ernsthafte **Sience-fiction-Literatur** unter diesem Gesichtspunkt?

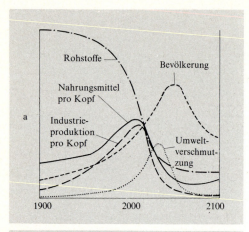

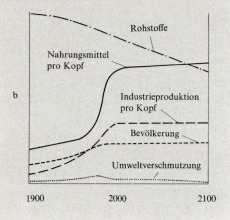

124.1. Hochrechnung der Entwicklung der Zivilisation bis zum Jahre 2100. a) bei unveränderter Tendenz der bisherigen Entwicklung, b) wenn es gelingt, die Entwicklung zu stabilisieren.

A Interpretieren Sie die Kurven in Abb. 124.1.! Warum sinkt die Bevölkerungszahl nach 2050?

R Informieren Sie sich über die Studien des **Club of Rome**! Mit welchen Methoden werden dabei Aussagen über zukünftige Entwicklungen gewonnen? Welche Schwierigkeiten ergeben sich dabei?

A Informieren Sie sich über die Wirkungsmechanismen des krankmachenden Streß und der psychosomatischen Störungen!

A Welche Bedeutung haben die Studien der Verhaltensforschung für die Zukunft des Menschen? Informieren Sie sich über die Begriffe Aggressivität, Rangordnung, Lernverhalten! In welcher Weise kann mit diesen Erkenntnissen Mißbrauch getrieben werden?

Blut, Herzschlagfrequenz und Blutdruck steigen, der Gehalt an energieliefernden Stoffen im Blut nimmt zu. Alles ist darauf abgestimmt, der Bedrohung durch Angriff oder Flucht zu begegnen. Diese Reaktion war bis zur Steinzeit zweckmäßig. Heute aber sind die Gefährdungen durch wilde Tiere oder unmittelbare Feinde äußerst selten geworden. Gleichwohl reagiert der Körper mit denselben Mechanismen auf Bedrohungen. Es besteht nur nicht mehr die Möglichkeit, die Abwehrbereitschaft durch kräftezehrende Muskelarbeit abzubauen. Im Straßenverkehr sind es geringfügige Bewegungen der Füße zur Bedienung von Bremse und Gaspedal. Meist aber ist die Bedrohung so indirekt, daß eine Bewegungsreaktion gänzlich unmöglich wird. Prüfungssituationen, drohende Kündigung am Arbeitsplatz oder Existenzsorgen beschäftigen den Menschen heute. Sein Körper reagiert jedoch noch so, als käme die Bedrohung aus dem nächsten Savannenbusch. Da die Zivilisationsbedingungen aber Langzeitcharakter haben, hält auch die Abwehrbereitschaft dauernd an. Die Symptome, die sich daraus ergeben, fassen wir unter dem Begriff **Manager-Krankheit** zusammen, ein Leiden, das heute nicht mehr nur auf die Führungskräfte der Wirtschaft beschränkt ist. Lösen sich die Konflikte nicht, so treten psychische Störungen hinzu, die wir als **Neurosen** bezeichnen. Sie werden nicht zuletzt dadurch gefördert, daß die Gesellschafts- und Siedlungsstruktur der modernen Zivilisation nicht mehr viel Ähnlichkeit mit der Kleingruppe hat, in die der Steinzeitmensch eingeordnet war.

Es ist die Aufgabe der Menschheit, heute damit zu beginnen, diese Konflikte zu lösen. Ansätze dazu finden wir in den Bemühungen der Futurologie, der Systemtheorie und der Kybernetik, der Soziologie und der Verhaltensforschung, die sich darum bemühen, die Wirkungsmechanismen der zukünftigen Entwicklung zu durchschauen. Gelänge es, diese Zusammenhänge zu entwirren, könnte es möglich werden, Leitlinien für die Gestaltung zukünftiger Gesellschaften und Siedlungen zu finden, das Geburtenproblem und das der zukünftigen Ernährung zu lösen.

Parallel dazu wird man aber nicht darauf verzichten können, völlig neue Denkweisen zu entwickeln, die darauf gerichtet sind, das Überleben der Menschheit auf der Erde zu sichern. Wie weit wir noch davon entfernt sind, in diesen Kategorien zu denken, zeigen die bedenkenlose Ausbeutung der Rohstoffe und Energiereserven, die irreversible Dezimierung der Urwälder sowie die Verschmutzung des Bodens und der Meere. Nationaler Egoismus und ideologische Starrheit tun ein übriges, um die Lösung der Probleme zu behindern oder unmöglich zu machen.

Die jetzt lebenden Generationen müssen entscheiden, ob Homo sapiens wie seine Vorfahren über Millionen Jahre auf der Erde leben kann, oder ob er nach wenigen tausend Jahren Existenz als „Irrläufer der Natur" von diesem Planeten verschwinden wird.

7. Literaturverzeichnis

Bücher:

1. ANGERMANN, H., VOGEL, G., dtv-Atlas zur Biologie
   Deutscher Taschenbuchverlag/München (1967)
2. ARENDT-DÖRMER, Technik der Experimentalchemie
   Quelle und Meyer/Heidelberg (1962)
3. BASTOCK, M., Das Liebeswerben der Tiere
   Fischer/Jena (1969)
4. BECKER, B., DÜNCKMANN, M., Studienbrief Humangenetik, 2. Teil
   Deutsches Institut für Fernstudien/Tübingen (1974)
5. BOBACK, A.W., Unsere Wildenten, Die Neue Brehm Bücherei 131
   Ziemsen/Wittenberg (1958)
6. BOCHENSKI, I.M., Die zeitgenössischen Denkmethoden UTB 6
   Francke Verlag/München (1975)
7. BÖHME, H., HAGEMANN, R., LÖTHER, R., Beiträge zur Genetik und Abstammungslehre
   Volk und Wissen/Berlin (1976)
8. BRESCH, C., Zwischenstufe Leben
   Piper/München (1977)
9. BRESCH, C., HAUSMANN, R., Klassische und molekulare Genetik
   Springer/Berlin, Heidelberg, New York (1972)
10. BRUNS, H., Schutztrachten im Tierreich, Die neue Brehm-Bücherei 207
    Ziemsen/Wittenberg (1958)
11. BREWBAKER, J., Angewandte Genetik
    G. Fischer/Stuttgart (1967)
12. BUKATSCH, F., GLÖCKNER, W., Experimentelle Schulchemie (Physikalische Chemie II)
    Aulis Verlag/Köln (1973)
13. CAMPBELL, B.G., Die Entwicklung zum Menschen
    Gustav Fischer Verlag/Stuttgart (1972)
14. CZIHAK, G., LANGER, H., ZIEGLER, H., Biologie
    Springer Verlag/Berlin (1976)
15. DARWIN, C., Über die Entstehung der Arten durch natürliche Zuchtwahl
    E. Schweizerbarth'sche Verlagshandlung/Stuttgart (1876)
16. DITFURTH, H.v., Im Anfang war der Wasserstoff
    Hoffmann und Campe/Hamburg (1972)
17. DOSE, K., RAUCHFUSS, H., Chemische Evolution und der Ursprung lebender Systeme
    Wissenschaftliche Verlagsgesellschaft/Stuttgart (1975)
18. DÜNCKMANN. M. u.a., 14. Studienbrief Genetik
    Deutsches Institut f. Fernstudien/Tübingen (1973)
19. EIGEN, M., WINKLER, R., Das Spiel
    Piper/München (1975)
20. GEISSLER, E., LIBBERT, E., NITSCHMANN, J., THOMAS-PETERSEIN, G., Kleine Enzyklopädie Leben
    VEB Bibliographisches Institut/Leipzig (1976)
21. GLOWATZKI, G., Die Rassen des Menschen
    Frankh'sche Verlagshandlung/Stuttgart (1976)
22. HADORN, E., WEHNER, R., Allgemeine Zoologie
    Thieme/Stuttgart (1974)
23. HAFNER, L., HOFF, P., Genetik
    Schroedel Verlag/Hannover (1977)
24. HORNUNG, G., MIRAM, W., Verhaltenslehre
    Schroedel Verlag/Hannover (1979)
25. KIMMEL, R., Evolutionslehre
    Studiengemeinschaft/Darmstadt (1975)
26. KINTTORF-WAGNER, Handbuch der Schulchemie
    Aulis-Verlag/Köln (1961)
27. KÜHN, A., Grundriß der Vererbungslehre
    Quelle u. Meyer/Heidelberg (1973)
28. LAWICK-GOODALL, J.v., Wilde Schimpansen
    Rowohlt/Hamburg (1975)
29. LEAKEY, R., LEWIN, R., Wie der Mensch zum Menschen wurde
    Hoffmann und Campe/Hamburg (1978)
30. LORENZ, K., Über tierisches und menschliches Verhalten, Band I und II
    Piper/München (1965)
31. MEDWEDJEW, S.A., Der Fall Lyssenko, Eine Wissenschaft kapituliert
    Deutscher Taschenbuchverlag/München (1974)
32. MIRAM, W., Informationsverarbeitung
    Schroedel Verlag/Hannover (1978)
33. NAGL, W., Chromosomen
    Goldmann/München (1972)
34. OSCHE, G., Evolution
    Herder/Freiburg (1972)
35. SCHARF, K.H., WEBER, W., Cytologie
    Schroedel Verlag/Hannover (1976)
36. SCHARF, K.H., WEBER, W., Stoffwechselphysiologie
    Schroedel Verlag/Hannover (1977)
37. SCHULZ, W., 15. Studienbrief, Evolution
    Deutsches Institut für Fernstudien/Tübingen (1974)
38. SPERLICH, D., Populationsgenetik
    G. Fischer/Stuttgart (1975)
39. STEBBINS, G.L., Evolutionsprozesse – Grundbegriffe der modernen Biologie, Band 2
    Fischer Verlag/Stuttgart (1968)
40. STEITZ, E., Die Evolution des Menschen
    Verlag Chemie/Weinheim (1974)
41. STRASBURGER, E. u.a., Lehrbuch der Botanik für Hochschulen
    Fischer/Stuttgart (1978)
42. TEMBROCK, G., Tierstimmen, Die Neue Brehm-Bücherei 250
    Ziemsen/Wittenberg (1959)
43. TEMBROCK, G., Grundlagen der Tierpsychologie, Wissenschaftliche Taschenbücher Band 4
    Akademie-Verlag/Berlin (1963)
44. TIME-LIFE-BÜCHER, Die Frühzeit des Menschen
    Time-Life-International/Amsterdam
45. TINBERGEN, N., Tiere untereinander
    Paul Parey/Berlin, Hamburg (1967)
46. ULLRICH, W., Tiere recht verstanden
    Urania/Leipzig, Jena, Berlin (1969)
47. WENDT, H., Der Affe steht auf
    Rowohlt Verlag/Hamburg (1971)

Zeitschriftenartikel:

48. CURIO, E., Wie Insekten ihre Feinde abwehren
    Naturwissenschaft und Medizin 11, 3–21 (1966)
    Boehringer/Mannheim
49. ESCHLNHAGEN, D., Evolution
    Unterricht Biologie, 3 (1976)
50. FLOHN, Energie und Klima im 21. Jahrhundert
    Bild der Wissenschaft 11, 82 (1975)
51. FRIEDRICH, G., Biologische Probleme der Domestikation des Schweins
    Biologie in der Schule 11, 476 (1964)
52. HALBACH, U., Modelle in der Biologie
    Naturwissenschaftliche Rundschau 8, 293 (1974)
53. KAPLAN, W., Die Mutation als Motor der Evolution
    Naturwissenschaft und Medizin 16, 3–13 (1967)
    Boehringer/Mannheim
54. KLOFT, W., Insekten vernichten sich selbst
    Naturwissenschaft und Medizin 13 (1966) Boehringer/Mannheim
55. KÖHLER, W., BELITZ, H.J., Computer in der Genetik
    Naturwissenschaftliche Rundschau 8, 262 (1976)
56. KOSTRUCHA, J., Zur Evolutionstheorie: die „Ursuppe"
    Praxis der Naturwissenschaften, Chemie 12, 329 (1975)
57. LORENZ, K., Evolution des Verhaltens
    Naturwissenschaftliche Rundschau 11 (1974) (Bericht: Wetzig, H.)
58. LORENZ, K., Stammes- und kulturgeschichtlichen Ritenbildung
    Naturwissenschaftliche Rundschau 9, 361 (1966)
59. MAYR, E., Wie weit sind die Grundprobleme der Evolution gelöst?
    Naturwissenschaftliche Rundschau 11, 437–438 (1974)
60. MELCHERS, G., Kombination somatischer und konventioneller Genetik für die Pflanzenzüchtung
    Verhandlungen der Gesellschaft Deutscher Naturforscher und Ärzte (1976)
61. MOLZER, H., Ein einfacher Versuch zur molekularen Evolution
    Praxis der Naturwissenschaften, Chemie 12, 334 (1976)
62. NICOLAI, J., Der Brutparasitismus bei Witwenvögeln
    Naturwissenschaft und Medizin 7, 3–15 (1965)
    Boehringer/Mannheim
63. PÜHLER, A., Der Resistenzfaktor, ein extrachromosomaler Ring
    Biologie in unserer Zeit 5, 65–73 (1975)
64. REICHENBERG, I., Bionik, Evolution und Optimierung
    Naturwissenschaftliche Rundschau, 11, 465 (1973)
65. RÖBBELEN, G., Die landwirtschaftliche Revolution und ihre Folgen
    Verhandlungen der Gesellschaft Deutscher Naturforscher und Ärzte 1976, 46–52 (1978)
66. SEXTL, G., SCHWANKNER, R., Ein Beitrag zur Neufassung des STANLEY-MILLER-Experiments zur abiogenen Aminosäuresynthese
    Praxis der Naturwissenschaften, Chemie 12, 309 (1977)
67. STARLINGER, P., Ist Resistenz gegen Antibiotika oder Schädlingsbekämpfungsmittel vermeidbar?
    Verhandlungen der Gesellschaft Deutscher Naturforscher und Ärzte 1972, 90–99 (1973)
68. VOGEL, C., Freilandbeobachtungen zum Sozialverhalten von Affen und Human-Ethologie
    MNU 4, 199 (1976)
69. WICKLER, W., Lug und Betrug als Ergebnis der Selektion
    Naturwissenschaft und Medizin 19 (1967) Boehringer/Mannheim
70. WICKLER, W., Umfunktionierung als Evolutionsprinzip
    Naturwissenschaften und Medizin 34 (1970) Boehringer/Mannheim
71. WÜLKER, W., Weltmodelle
    Biologie in unserer Zeit 5, 148 (1976)

8. Register

Abstammung 13, 64
—, des Menschen **100**
Abstammungslehre 12, 55
Absterben 68
Abstraktionsfähigkeiten 109
Abwehrverhalten, der Wühlmaus 59*
Adaptation 14, 68
Adaptationswert 68
Adenosintriphosphat (ATP) **46**
Aggression 100
Aktualitätsprinzip 64
Allele 65, 66, 80
Allelie, multiple 81
Allelpaar 79
ALLENsche Proportionsregel 38
Aminosäuren **47***, 83
Aminosäuresequenz 47, 49*
Ammoniten 33
analog **16**, 58
Analoge Organsysteme **16**
Analogie **16**, 58
Anatomie **13**, 14, 57
ANAXIMANDER 8
Angiospermen 94
Anneliden 96
Anpassung 16, 18, 58, 66, 68, 70
Antibiotika 70
Antigene 50
Antikörper 50*, 106
Anti-Serum-Reaktionen 106
Arbeitsteilung 43
Archaeopteryx **34***
ARISTOTELES 8
Art 75, 78, 79
Artbastarde 60
Arthropoden 96
Atavismus 19, **20***
Atmosphäre 33, **82**
—, reduzierende 82
Atmung 86
Atmungskette 86*
Aufklärung 8
Augen 101
Auslese 14, 67
—, natürliche 66, 67, 73
Auslesefaktor **69**
Auslesevorteil 68
Auslesewert 68
Auslesezüchtung 55
Außenskelett 42
Aussterben **31**
Australopithecus **111**, 121
—, africanus 115*, **116**
—, boisei **116**

Balzbewegung **60**
Balzlocken 61
Balzverhalten 77
Baupläne **96***, 97*
Becken **103**
Befruchtung 21
Begabungen 100
Beine 13
Bellen von
— Coyote 58
— Fuchs 58
— Hund 58
— Schakal 58
— Wolf 58
Bell-Laute 58
Beobachtung 12*
BERGMANNsche Regel **38**, 78
Bernstein 29*
Beuteltiere **39**
Bevölkerungsexplosion **123**
Bewegungskontrolle 120
Beweise
—, direkte 55
—, indirekte 13
Biochemie **44**
Biogenetische Grundregel **26**, 44, 52, 60
Biomembran **45**
Blattdornen 17
Blindschleiche 19

Blüte 95
Blütenpflanze, Grundorgan 15
Blut 71
Blutgefäße 71
Blutgruppen 106
Blutkörperchen 71
Brückentiere **34**
Brunftzeiten 77
Brustkorb **103**
Brutparasitismus (Witwenvögel) 61
BUFFON 9
Burgess-Fauna **33**

CALVIN-Zyklus 51
CHARDIN de, Teilhard 11
Chemische Evolution **82**
Chemosynthese 45, 51
Chitin 30, 42, 45
Chloroplasten 42, 43, 87
Chromosomen 65
Chromosomenmutation **64**
Chromosomensatz 78, 106*
—, diploid 65
Chromosomenzahl **39**, 40
Citratzyklus 86*
Code, genetischer 47
Computerprogramm 72*
Computersimulation 88
Cordata 97
CORRENS 1
CUVIER 9
Cynognathus 34
Cytochrom-c-Molekül 49*
Cytologie **41**, **106**
Cytoplasma 41

DARWIN, C. 9, 36*, 38, 39, **62**, 63, 88, 90, 100*
DARWIN, E. 9
Darwin-Finken 39*
Datierungsmethoden **27**
Dauerformen **31**
Dauerfrostboden 29
Desoxyribonucleinsäure (DNA) **64**
Deszendenztheorie 12, 19
Deuterostomia (Neumundtiere) 97
DNA 64
Domestikation 55, **73***, 74, 87
domestiziert 73, 123
dominant 79
Dornen 17
Drosophila melanogaster 12, 66*, 81
DUBOIS 111

Ediacara-Fauna **33**
EIBL-EIBESFELD, I. 108
EIGEN, M. 88
Ektoparasiten 53
Embryologie **21**
Embryonalentwicklung 19
Embryonen 22*, 23*
Endemiten **39**
Endoparasit 53, 76
endoplasmatisches Reticulum (ER) 41
Endosymbiose **87***, 88
Entelechie 8
Entstehung des Lebens **88**
—, der Kontinente 92*
Entwicklung 13
—, Gehirn **120**
—, konvergente **16**, 17, 18*, 57
Entwicklungsreihen **43**
Erbkrankheit
—, autosomale 81
—, rezessive 81
Erdbevölkerung 123*
Ereignis 12*
Erdzeitalter 27*, 28*, 93*
Ertragssteigerung **56**
Ethologie **57**, 77
Europiden **118**
Evolutionseinheiten 79
Evolutionsfaktoren 64, 67, 79
Evolutionsgedanke 12

Evolutionsmodelle **71**
Evolutionsprozeß 65
Evolutionstheorie 12
Experiment **12**
Extremformen 32
Extremitäten 101, **104**

Farbenblindheit, totale 81
Fasanenvögel **60**, 61*
Festkörper-Flüssigkeitsgemisch 71
Fette 45
Feuer, Gebrauch von 110, 117
Fischgestalt 18
Fischläuse 19
Fitness 68, 81*
Formenmannigfaltigkeit der Haustiere 73
Fortpflanzungsgemeinschaft 79
Fossilien 27, 31, 32, 33
—, lebende **31**
Fossilisation **29**
Fliegen, flugunfähige 68*
Flügelmutanten (Drosophila) 66*
Flügelreduktion **20***
Flügel, rudimentäre 20
Flugsaurier **31***
Fruchtfliege 12, 65
FUHLROTT 110
Fulguration 91
Fundamente **115***
Funktion 16
Funktionswechsel von Verhaltensweisen 14, 57, **60**
Furchung 21
Furchungsstadien 21
Fuß **104**
Futterlocken 61
Futurologie 124

Galapagos 39
Gameten 65, 67, 80*
Gang, aufrechter 102*
Gattungen 78
Gebiß 101, **105**
Gedächtnis 120
Gehirn 105
—, Entwicklung 117, **120**
Gemüsekohlsorten 56*
Gen 66, 79
—, heterozygot 81
Genanteil 79
Genaustausch 79
Genbestand 65
Gendrift **81**
Generationswechsel **94**
Genetik **10**
Genfrequenz 79
Genhäufigkeit 79, 80, 81
Genkombination 79
Genmutation **64**
Genotyp 20, 66, 73, 79, 80*
Gen-Pool **65**, 66, 68, 75, 79, 80, 81, 122
Genzahl 65
Geographie 75
Gesamt-Genbestand 79
Gesetz **12***
Gesichtsausdrücke 108
Gestalt 16
Gewebe 43
Ginkgobaum 31
Glycogen 45
Glycolyse 52, 86*
Golgi-Apparat 41
Grabbeine 13
Großhirn 101, 120, 123
Grundregel, biogenetische **21**, 60
Grundtyp 13
Gymnospermen 94

HAECKEL, E. 11, **21**, 26, 111
Hängeohren 74
Halbwertzeit **28**
Hand 104
HARDY-WEINBERG-Gesetz 80*, 81
HARDY-WEINBERG-Gleichgewicht 79

126

Hartlaubvegetation 37
Hauptökosysteme 36
Haustiere 55*, 73
Haustierrassen 55, 73
Heilpflanzen 117
HERDER 10
Heterosiszüchtung 55
Heterozygotie 65
Höhlenmalerei 117
Holländerscheckung 74
Homo erectus 111, 115*, 116, 121
— erectus erectus 111
— habilis 116*, 121
— neandertalensis 117
— sapiens 111, 117
— sapiens sapiens 115*, 117
homolog 14, 16
Homologe 65
Homologie 14*, 16, 58
Homologiekreise 16
Homologiekriterien 14, 57, 58, 59*
homomorph 15
Homozygotie 65
HUMBOLDT, A.v. 36
Hunderassen 55*, 73
Hyperzyklus 84, 88
Hypothese 12*, 13

Ichthyostega 34
Idealpopulation 80
Immunreaktionen 50
Individuum 79
Industrie-Melanismus 70
Informationsverarbeitung 120
Insekten 13
—, insektizid-resistente 70
Insektenbiene 13*
Insektenpopulation 79*
Intelligenz 100
Inzuchtgebiete 80
Isolation 39, 75, 76, 77, 78, 118
—, geographische 80

Jungsteinzeit 55

Kakteengestalt 18
Kampf ums Dasein 62, 64, 68
Kannibalismus 110
Karpfenlaus, Saugnapf 15*
Karyogramme 107*
Katastrophentheorie 9
Kaulquappe 26
Kehlkopf 121
Keimesentwicklung 21*
Keimzellen 21, 67
Kiemenbögen 23*
Kindchen-Schema 108
Klammerbeine 13
Kleinhirn 120
Klimazonen 37*
Knochen 30
Koazervate 85
Kohlenhydrate 45
—, Abbau 52
—, Synthese 51
Kombination von Gameten 80*
Kombinationszüchtung 55
Kommunikation 121
Konjugation 21
Konstanz der Arten, Lehre von der 7
Kontinentalverschiebungstheorie 39, 92
Kontinente, Entstehung der 92*
Konvergenz 16, 17*, 18*, 36, 54, 58
Kopplung 67
Kreislaufsystem 21, 22*
Kriterien
— der Kontinuität 14, 57
— der Lage 14, 57
— der spezifischen Qualität 14, 57
Kultstätten 110
kulturelle Evolution 122
Kulturform 55*, 56*
Kulturgut 122
Kulturpflanzen 55, 56
Kunstwerke 117
Kurzbeinigkeit 74
Kurztagpflanzen 77
Kybernetik 91, 124

Laichzeiten 77
LAMARCK 9, 11, 62, 63

LANDOLDTsche Zeitreaktion 84
Langtagpflanzen 77
Laridae 58
Larvenstadien 24
Laufbeine 13
Laute, homologe 58*
LEAKEY, S.B. 111
Leben 44
— auf anderen Himmelskörpern 89
—, Entstehung des 88
Lebensformtyp 17
Leberegel 53*
Leistungsänderung domestizierter Tiere 73
Leitfossilien 31
Lernfähigkeit 109
Lichtsinnesorgane 20
LINNÉ 7
Linsenauge 17*
Lipide 45, 83
LORENZ, K. 91
LUKREZ 8
Lunge 17
Lungenfische 31
LYELL, C. 9
LYSSENKO 11, 63 , 74

Makaken 109
Makromoleküle 84
Malaria 69
Malariaerreger 69
MALTUS, R. 10
Mammut 29
Manager-Krankheit 124
Massenspektrographie 28
MAUPERTUIS 8
Meiose 42
Membranstruktur 42
MENDEL, G. 11
Mensch, Sonderstellung des 120
Metamorphosen 15, 24, 25, 26*
—, des Blattes 15, 16*
Migration 81
Mikrosphären 85
MILLER, L.S. 83
Mimikry 70*, 72*
„missing link" 100
Mitochondrien 41, 87
Mitose 42
Modell 72
Modifikatorgene 66
Möwen 58
—, felsbrütende 59
—, flachbrütende 59
Mollusken 96
Mongolide 118
Moose 94
Morphologie 13, 14
—, vergleichende 14, 57
Mutabilität 66
Mutanten 55, 64*, 65, 70
—, resistente 70
Mutation 20, 47, 52, 64*, 65, 66, 68, 71, 72, 79
Mutationsdruck 69, 73
Mutationsraten 65*, 66
Mutationstypen 64
Mutationszüchtung 55
Muschelschalen 30
Mythen 7

Nauplius-Larve 25
Neandertaler 110, 117
Negride 118
Nervensystem 25
Nesselkapsel 43, 44*
NEUMANN 110
Neurosen 124
Nichtschmecker (PTH) 81
Nicotinamid-adenin-dinukleotid (NAD$^+$) 46
Nierenorgane 24
Nische, ökologische 38, 59, 76
Nukleinbasen 83
Nukleinsäuren 46
Nukleinsäurevermehrung 84
Nukleotide 46
Nutzpflanzen 73

Ökologie 76
ökologisch 91
Olduway-Schlucht 111

Ontogenese 14, 19, 59
Ontogenie 21, 60
OPARIN 85
Organe, 43
—, analoge 16, 17*
—, funktionslose 19
—, homologe 14, 15
—, rudimentäre 19, 20
Organismus 43
—, diploider 67
Organsystem 43
—, homologe 13

Paläontologie 27, 110
Panmixie 75, 77, 79, 80
Parallelentwicklung von Rassenmerkmalen 73, 74*
Parasit 54
Parasitismus 53
Parasitologie 53
Pferde 34, 35*, 110
Pflanzen 95*
—, sukkulente 18
Pflanzengeographie 36
Pflanzenreich 94
Pflanzenzucht 55
Pfotenschlagen (Rötelmaus) 59*
Phänotyp 65, 79, 80*
Phenylketonurie (PKU) 81
Phenylthioharnstoff (PTH) 81
Phosphatide 45
Photosynthese 45, 51*, 86*, 89
Phylogenese 16
Pithecanthropus 111
Ploidiemutation 64
Pluteus 25
Population 66, 67, 69, 79, 80*, 81
—, bisexuelle — fortpflanzende 79
—, Genbestand einer 65
—, ideale 79
Populationsdichte 79
Populationsgenetik 68, 79
Populationsgenom 73
Polyploidiegrad 40*
Primaten 101*, 102*, 103*, 106, 107*
Progressionsreihe 15, 19
Proteine 47
Proteinsynthese 84
Protokoll 12
Protokollaussagen 12*
Protostomia 96

Qualität, spezielle 57
Quastenflosser 31

Rachenraum 121
radioaktiver Zerfall 28
Radiocarbonmethode 28
Ramapithecus 116
Ramphorhynchus 31*
Ranken 16
Rassen 55, 56, 74, 75, 76*, 78*
—, der Jetztmenschen 119*
—, der Menschen 118
Rassenbildung 75*
Reaktionsketten 84, 86
Reduktion 79*
Regenwald 37
Regressionsreihe 19
Rekapitulation 57
Rekombinanten 55, 67
Rekombination 66, 67, 79
—, interchromosomale 67*, 67
—, intrachromosomale 67
Rekonstruktion 31, 90
Resistenz 70
Revolution, neolithische 55
rezessiv 79
Ribosomen 41
RICHARD 111
Riesenhirsch 32*
Ringelwürmer 96
Ritualisierung 60, 61
Ruderalflora 40
rudimentär 19*
Rudimentation 57
Rudimente 19*, 20
Rückentwicklung 14*
Rückmutation 65, 73
Rückschläge 20, 60

Rückzüchtung 20
Rumpfskelette 103*
RUSSEL WALLACE, A. 10

Sauerstoff 33
Saugtrinken 57
Saurier 32*
Savanne 37
Schachspiel 26*
Schadinsekten 79
Schädel **105**
Schädellängen 67*
Scheinputzen, ritualisiertes 60*
SCHEUCHZER 110
Schmecker (PTH) 81
Schmeckfähigkeit 81
Schöpfungsgeschichte 7
Schwimmblase 15
Sehzentrum 101
Selbstvernichtung von Insekten 79
Selektion 14, 64, **67**, 72, 79
—, richtende **69**
—, disruptive **69**
—, dynamische **69***
—, stabilisierende **69**
Selektionsbedingungen 73, 74
Selektionsdruck **69**, 70, 73
Selektionsfaktoren **69**
Selektionstypen **69**
Selektionsvorteil 67, 68, 79
Selektionswert 67, 68
Semipermeabilität 45
serologisch **106**
Sichelzellen 69
Sichelzellenanämie 65*, 68*
Signal 60*
Sozialstruktur 110
Sozialverhalten 108
Soziologie 124
SPEMANN 44
Sperlingsvögel 60
Sprache **109**, **121**
Sprachzentren 121
Sprechapparat 121*
Sproßdornen 17
Sprungbeine 13
ST. HILLAIRE, GEOFFROY 9
Stachelhäuter 97
Stammbaum 35*, 49*, 88*, 98*, 99*, 114*
Stammesentwicklung 95*
Stammesgeschichte von Verhaltensweisen 60
Stammhirn 120
Stammhirnfunktionen 123
STEIN, C. von 10
Steingeräte 117*
Stromatolithen 33
Struktur 58
—, einer empirischen Wissenschaft 12*
Substanz, mutagene 66

Sukkulente 18
SWAMMERDAM 8
Symbiose 87
Symbolhandlung 60
synthetische Theorie **64**
Systeme
—, adaptive **70**
—, Eigenschaften 91*
—, komplexe **70**
—, natürliches 16
Systemtheorie 124

Tarntrachten 70
Taubstummensprache 109, 121
THALES 8
Theorie **12***, 13
—, synthetische **64**
Tiere, domestizierte 73
Tiergeographie **36**
Tier-Mensch-Übergangsfeld (TMÜ) **116**
Tierreich **96**
Tierzucht **55**, 56
Tradition 109
Traditionshomologie **61**
Trochophora-Larve **24**, 96
TSCHERMAK 11
Tundra 37
Tunicaten 97
Typologie, vergleichende 59

Überleben 68
Überproduktion 64
Überspezialisierung 32
Uratmosphäre 83
Urniere 24
Ursuppe **83**, 84, 85, 86, 89
Urzelle 87

Variationskurven 67*
Varietäten 62
Vegetationszonen 37*
Veliger Larve 24*, **25**
Vererbung erworbener Eigenschaften **74**
Vergleiche, anatomische **102**
Verhalten 57
—, homologes 58*
—, ritualisiertes 61
Verhaltensforschung 124
Verhaltensänderung domestizierter Tiere 73
Verhaltensdifferenzierungen 59
Verhaltensweisen **108**
—, angeborene 57
—, homologe 58, 60*
—, instinktive 57
—, ontogenetische Reifung 59
Verhaltensspezialisierung 59
Verhaltensstruktur, homologe 57

Verifikation 12
Verknüpfung durch Zwischenformen 58
Verwandtenehen 80
Verwandtschaft 14
VIRCHOW 110
Vitalität 66
Vorniere 24
VRIES de 11

Wachstum, hyperbolisches 88
Wälder 37
Wal 32*
WALLACE 36
Wandlung
—, modifikatorische 74
—, mutative 74
Warnfarben 70
WEISMANN A. 11
Weltraumflug 89
Werkzeuge, Herstellung von 116
Werkzeuggebrauch 109
Wild 56*
Wildform 55*, 56*
Wildkohl 56*
Wildpflanzen 55
Wildpopulation 73, 79, 81
Windkanal 71
Wirbelsäule **103**
Wirbeltier 13
Wirbeltierextremitäten 14*
Wirbeltiergehirne 120*
Wirbeltierlungen 15*
Wissenschaft, empirische **12**
WÖHLER 83
Wüsten 37
Wurmgestalt 17, 18*
Wurzeldornen 17

Zähne 105
Zeittafel **92**
Zelldifferenzierung 21*
Zelle **85**
Zellkern 41, 43
Zellmembran 85*
Zellorganellen **87**
Zellulose 30, 42, 45
Zitronensäure 52*
Zoëa **25***
Zuchtwahl
—, künstliche 73
—, natürliche 62, 64, 73
Zuchtziele **56**
Züchtung **55**, 56
Zufallsfaktoren 89
Zukunft des Menschen **123**
Zwischenformen 14, 58
— der Embryonalentwicklung 14
Zygote 21